北部湾海洋科学研究论文集

（第4辑）

——海洋化学专辑

郑爱榕　陈　敏　主编

海洋出版社

2013年·北京

图书在版编目(CIP)数据

北部湾海洋科学研究论文集. 第4辑, 海洋化学专辑/郑爱榕, 陈敏主编. —北京: 海洋出版社, 2013.12

ISBN 978-7-5027-8771-4

Ⅰ. ①北… Ⅱ. ①郑… ②陈… Ⅲ. ①北部湾-海洋学-文集②北部湾-海洋化学-文集
Ⅳ. ①P722.7-53

中国版本图书馆 CIP 数据核字(2013)第318560号

责任编辑: 王 溪
责任印制: 赵麟苏

海洋出版社 出版发行

http://www.oceanpress.com.cn
(100081 北京市海淀区大慧寺路8号)
北京华正印刷有限公司印刷 新华书店北京发行所经销
2013年12月第1版 2013年12月第1次印刷
开本: 889mm×1194mm 1/16 印张: 13.25
字数: 305千字 定价: 55.00元
发行部62147016 邮购部68038093 总编室62114335
海洋版图书印、装错误可随时退换

目　次

铁山港及其邻近海域各种溶解态氮的研究

吴敏兰[1]，郑爱榕[1*]，方仔铭[1]，吴烨飞[2]，安明梅[3]，马春宇[1]，吴琴琴[1]

(1. 厦门大学海洋与地球学院,福建 厦门 361005; 2. 福建省海洋环境与渔业资源监测中心,
福建 福州 350000;3. 海南省海洋环境与渔业资源监测中心,海南 海口 325000)

摘要: 根据铁山港及其邻近海域 2010 年 4 月和 8 月的调查资料,分析了该调查海域表底层海水中各种氮的含量、分布和结构特征及其与环境因子的关系。各种溶解态氮的高值主要出现在沿岸海域,且向外海浓度逐渐降低。研究结果表明,春夏两季铁山港及其邻近海域海水中溶解无机氮(DIN)的主要形态为 $NH_4^+ - N$,所占比例超过 50%, $NO_3^- - N$ 次之,约占 30% 左右, $NO_2^- - N$ 最低。总氮中以溶解态氮(TDN)为主,超过 80%,而 TDN 以溶解有机氮(DON)为主,超过 70%。春季 DIN 含量高于夏季,主要与生物活动过程有关。春季 P 为营养盐限制因子,夏季得到陆源径流的补充,限制状况消失。DIN 的含量和分布主要受生物活动过程、营养盐再生和陆源径流、污水排放影响。

关键词: 溶解氮;营养盐结构;分布;铁山港

中图分类号: P734.2　　　　**文献标识码:** A

氮是生物体中蛋白质、核酸、光合色素等有机分子的重要组成元素,是海洋生物生长所必需的营养元素,也是许多海域初级生产力和碳输出的主要限制因子[1]。由于 N 参与了生命活动的整个过程,因此其存在形态和分布不仅受生物活动制约,而且与化学、地质和水文因素密切相关,时空分布差异明显。蓝文陆等人近几年对铁山港进行的营养盐变化特征研究结果表明,2003—2010 年间铁山港营养盐浓度呈现出先增加后回落的趋势[2]。本文根据 2010 年 4 月和 8 月对铁山港及其邻近海域的调查资料,分析了该海域各种形态氮的含量、分布和结构特征及其与环境因子的关系,旨在了解该海域的生态环境状况和为该海域的生态系统健康评价提供基础数据。

1 研究区域与分析方法

本文研究的铁山港及其邻近海域位于北部湾湾顶东侧,地处广西壮族自治区合浦县铁山港区东南,雷州半岛以西。该海域北面为铁山港;东临广东省所辖的安浦港;西面为广西壮族自治区合浦县所辖营盘镇邻近海域,是著名的"南珠"养殖区;南面为北部湾东部海域(详见图1)。

基金项目:国家海洋公益性科研专项200905019 - 6 和201005012。

作者简介:吴敏兰,厦门大学海洋与地球学院2011 级硕士研究生。

* 通讯作者:arzheng@ xmu. edu. cn。

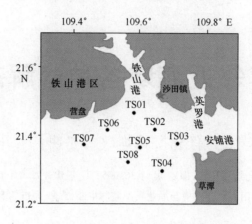

图 1   铁山港及其邻近海域地理位置和采样站位

研究海域内的铁山港是一个三面为陆地环抱、湾口朝南、狭长的喇叭状海湾，口门宽32 km，海湾面积 340 km²，滩涂面积约 26 万亩①。铁山港是广西六大海湾中径流影响相对较小的海湾，没有大、中河流入海，在湾顶、湾中和湾口分别有公馆河、白沙河和铁山港河流入，但年均流量都较小[3]。

安铺港位于广东省雷州半岛西北部，西北邻粤桂共属的英罗港，西北与北部湾相通。安铺湾湾口朝西，湾口在遂溪县角头沙与廉江县龙头沙之间。口宽 12.5 km，纵深 12.6 km。安铺湾纳水河流有九州江、杨柑河、卖皂河等，其中九洲河最大，年平均流量 55.1 m³/s[4]。

铁山港典型生态区海域环境和生态环境的调查分别于春季（2010 年 4 月 28 日至 4 月 29日）和夏季（2010 年 8 月 3 日至 2010 年 8 月 4 日）进行，调查区域范围为 21°27′55.5″—21°17′48.1″ N,109°26′06.2″—109°42′56.6″ E。调查断面 3 条，站位 8 个，站位分布如图 1 所示。调查项目包括水体常规调查、水体营养盐调查和海域沉积物调查。水体常规调查项目为水温(T)、盐度(S)、溶解氧(DO)、pH、总碱度(AlK)、透明度、悬浮颗粒物(SS)。水体营养盐调查项目为总有机碳、溶解有机碳、亚硝酸盐、硝酸盐、铵盐、溶解态氮、溶解态磷、活性磷酸盐、硅酸盐、总氮、总磷。各项调查的检测方法按照《海洋调查规范》[5]进行。

海水温度和盐度由温盐深仪(CTD)现场直接测定。水样的采集用卡盖横式采水器。用于营养盐氮、磷和硅测定的水样用经酸处理的 0.45 μm 醋酸纤维微孔滤膜现场过滤，滤液装于330 mL 聚丙烯塑料瓶中，测氮的滤液中加入 1.5 mL 氯仿固定水样，测磷和硅的滤液中加入1.0 mL HgCl₂固定水样，于 −20℃冷冻保存。测定总氮、总磷的水样直接于 −20℃冷冻保存。水样运回实验室解冻后立即进行各种形态氮、磷和硅的测定。所有调查要素的测定方法均依据《海洋调查规范》进行。NO₃⁻ – N、NO₂⁻ – N、NH₄⁺ – N 浓度之和为溶解态无机氮(DIN)，溶解态氮(TDN)的测定是将过滤水样用过硫酸钾氧化，再用锌镉还原法测定，TDN 减去 DIN 为溶解态有机氮(DON)。总氮(TN)的测定是将未过滤水样用过硫酸钾氧化，再用锌镉还原法测定，TN 减去 TDN 为颗粒氮(PN)。2010 年春夏两季铁山港及其邻近海域海水中各种形态氮的调查结果见表 1。

---

①   亩为非法定单位，1 亩 = 1/15 公顷，全书同。

表1 2010年春夏两季铁山港及其邻近海域海水中各种溶解态氮的均值和含量范围

氮的形态	层次	春季		夏季	
		含量范围(μmol/L)	平均值±标准偏差	含量范围(μmol/L)	平均值±标准偏差
NH_4^+-N	表层	0.286~2.357	1.22±0.74	0.068~1.026	0.32±0.33
	底层	0.786~5.571	1.43±0.86	0.141~3.074	0.78±0.98
	全部测点	0.286~5.571	1.33±0.78	0.068~3.074	0.74±0.56
NO_2^--N	表层	未检出~0.286	0.07±0.10	0.052~0.295	0.13±0.09
	底层	未检出~0.214	0.08±0.09	0.072~0.224	0.13±0.05
	全部测点	未检出~0.286	0.08±0.09	0.052~0.295	0.13±0.07
NO_3^--N	表层	未检出~2.571	0.87±0.95	0.071~2.212	0.66±0.72
	底层	未检出~2.286	0.64±0.83	0.043~1.714	0.31±0.57
	全部测点	未检出~2.571	0.75±0.87	0.043~2.212	0.65±0.49
DIN	表层	0.286~5.214	2.16±1.70	0.301~2.570	1.13±0.81
	底层	0.786~5.571	2.15±1.74	0.321~3.354	1.22±1.22
	全部测点	0.286~5.571	2.16±1.66	0.301~3.354	1.18±1.00
DON	表层	3.056~12.715	9.43±3.06	12.287~20.106	16.04±2.96
	底层	3.684~11.391	8.04±2.28	7.290~21.301	13.92±4.09
	全部测点	3.056~12.715	8.73±2.70	7.290~21.301	14.98±3.62
TDN	表层	8.270~15.024	11.59±2.67	13.301~21.790	17.18±3.10
	底层	8.096~12.676	10.19±1.37	7.907~21.757	15.14±4.37
	全部测点	8.096~15.024	10.89±2.17	7.907~21.790	16.16±3.80
TN	表层	9.547~17.143	12.85±2.96	14.499~36.139	22.29±7.05
	底层	9.199~16.738	11.92±2.36	11.037~22.423	18.51±3.68
	全部测点	9.199~17.143	12.38±2.63	11.037~36.139	20.40±5.77

2 结果与讨论

2.1 总溶解态氮(TDN)分布

2010年春季,铁山港及其邻近海域表层海水TDN浓度均值为(11.59±2.67)μmol/L,低于夏季表层海水[均值(17.18±3.10)μmol/L],这主要与陆源径流输入营养盐有关;春季底层海水TDN浓度均值为(10.19±1.37)μmol/L,同样低于夏季底层海水[均值(15.14±4.37)μmol/L]。

由图2可知,春季表层海水TDN的高值区在铁山港湾口至营盘一带,向草潭方向逐渐降低;底层海水的TDN最高值出现在调查海域中部,可能是受沉积物间隙水上覆和营养盐再矿化的影响,浮游植物吸收营养盐并转化成有机物质,而TDN的主要组分为DON。DON的主要来自浮游植物的分泌作用、生物排出的粪便及分解作用释放到水体中,此外,大气沉降和陆地径流也是DON的来源之一。夏季该海域的盐度明显低于春季,受到陆地径流的影响,高值区主要位于铁山港至安铺港沿岸海域,靠外海处也出现次高值;底层海水的TDN高值区同样出

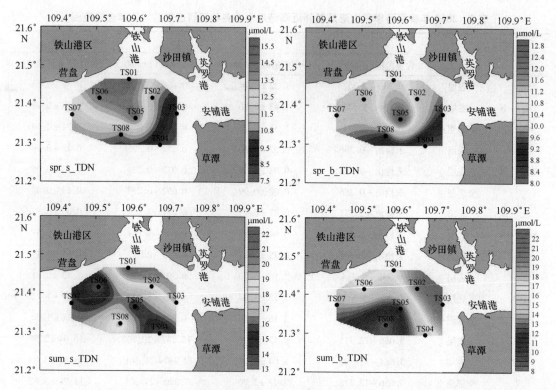

图2　铁山港及其邻近海域春季和夏季表层和底层 TDN 含量的平面分布

现在铁山港至安铺港沿岸海域,向外海处逐渐降低,说明该区域生物活动比较频繁。总体而言,春季 TDN 来自西面的铁山港及营盘沿岸径流输入,夏季来自安铺港及铁山港沿岸陆源径流。

2.2　总溶解态无机氮(DIN)含量与分布

2010 年春季,铁山港及其邻近海域表层海水 DIN 浓度均值为(2.16 ± 1.70)μmol/L,高于夏季表层海水[均值(1.13 ± 0.81)μmol/L],夏季浮游植物活动旺盛,吸收更多的营养盐,说明此时生物活动的消耗对 DIN 含量的影响大于陆源径流的输入;春季底层海水 DIN 浓度均值为(2.15 ± 1.74)μmol/L,同样高于夏季底层海水[均值(1.22 ± 1.22)μmol/L],详见表1。由图3 可知,春季表层海水 DIN 的高值区在安铺港湾口处,次高值在铁山港湾口,向外海方向逐渐降低;底层海水的 DIN 的分布特征与表层相似。夏季最高值位于安铺港湾口处,铁山港至营盘沿岸海域出现次高值,这与营盘养殖区会输入氨含量较高的水有关;底层海水的 DIN 高值区出现在铁山港湾口处海域,向外海逐渐降低。可见,DIN 的含量分布特征主要是受陆源径流和近岸污水输入的影响。春夏季底层海水的 DIN 含量均略高于表层海水,这可能与沉积物间隙水上覆及营养盐再矿化有关。春夏两季均有部分站点由于浮游植物的生长消耗导致 DIN 的含量低于 1 μmol/L,即浮游植物生长所需的无机氮阈值[6]。总体而言,春夏季 DIN 主要来自安铺港附近排污口的污水排放和陆源径流及营盘养殖区,其中夏季底层 DIN 的主要来源可能是沙田镇市政污水的排放。

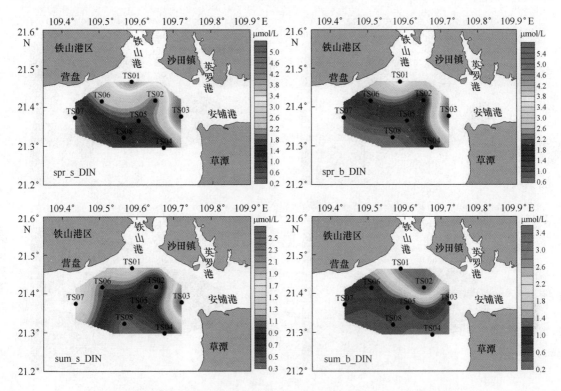

图3 铁山港及其邻近海域春季和夏季表层和底层 DIN 含量的平面分布

2.3 三种形态溶解无机氮的含量与分布

2.3.1 铵盐($NH_4^+ - N$)

2010 年春季,铁山港及其邻近海域表层海水 $NH_4^+ - N$ 浓度均值为$(1.22 \pm 0.74)\ \mu mol/L$,高于夏季表层海水[均值$(0.34 \pm 0.33)\ \mu mol/L$],主要是夏季浮游植物生长较春季时旺盛,吸收更多的营养盐;春季底层海水 $NH_4^+ - N$ 浓度均值为$(1.43 \pm 0.86)\ \mu mol/L$,同样高于夏季底层海水[均值$(0.78 \pm 0.98)\ \mu mol/L$],详见表 1。由图 4 可知,春季表底层海水 $NH_4^+ - N$ 的分布特征与春季 DIN 分布十分相似,这与春季水体铵盐占 DIN 的 70%(表 2)是相符合的。夏季表层最高值位于营盘附近的站位,调查海域中部出现次高值;底层海水的 $NH_4^+ - N$ 高值区出现在铁山港湾口至英罗港湾口之间的海域,向外海逐渐降低。春夏季底层海水的 $NH_4^+ - N$ 含量均高于表层海水。夏季铵盐在表层水营盘附近的高值应该与该区域的南珠养殖基地有关,因为珍贝类养殖需投放大量饵料,且有较多的由贝类产生的粪便,而有机物会被细菌所分解,当转化不完全时是以氨为主要存在形式[7],同时贝类会通过过滤水体中的浮游植物和有机颗粒而摄食,它的摄食压力会影响浮游植物的繁殖,进而减少浮游植物对营养盐的吸收[8]。因此,春季海水中的 $NH_4^+ - N$ 主要来自安铺港和铁山港的市政污水排放和陆源输入,夏季表层以营盘附近的养殖区的来源为主,底层主要是来自沙田镇市政污水的排放。

2.3.2 亚硝酸盐($NO_2^- - N$)

2010 年春季,铁山港及其邻近海域表层海水 $NO_2^- - N$ 浓度均值为$(0.07 \pm 0.10)\ \mu mol/L$,低于夏季表层海水[均值$(0.13 \pm 0.09)\ \mu mol/L$];春季底层海水 $NO_2^- - N$ 浓度均值为$(0.08 \pm$

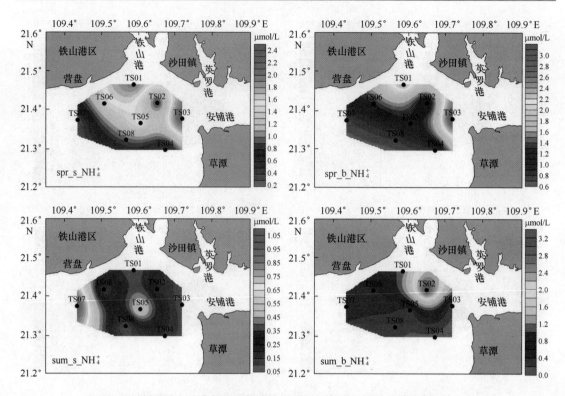

图 4　铁山港及其邻近海域春季和夏季表层和底层 $NH_4^+ - N$ 含量的平面分布图

0.09)μmol/L,同样低于夏季底层海水[均值(0.13 ±0.05)μmol/L],详见表 1。春季表底层的海水均有部分站位的 $NO_2^- - N$ 含量低于检测限,可能是由于春季陆源径流小,补充量低于生物消耗量。由图 5 可知,春季表底层海水 $NO_2^- - N$ 的分布特征与春季 DIN 分布相似;底层海水的 $NO_2^- - N$ 含量略高于表层。夏季最高值位于铁山港湾口处,安铺港湾口出现较高值;底层海水的 $NO_2^- - N$ 的分布与 DIN 一致。总体而言,春季 $NO_2^- - N$ 主要是来自安铺港陆源输入,而夏季则以铁山港的陆源输入和市政污水排放为主,部分来自安铺港。

2.3.3　硝酸盐($NO_3^- - N$)

2010 年春季,铁山港及其邻近海域表层海水 $NO_3^- - N$ 浓度均值为(0.87 ±0.95)μmol/L,高于夏季表层海水[均值(0.66 ±0.72)μmol/L],主要是夏季浮游植物的生长较春季旺盛,吸收更多的营养盐;春季底层海水 $NO_3^- - N$ 浓度均值为(0.64 ±0.83)μmol/L,同样高于夏季底层海水[均值(0.31 ±0.57)μmol/L],详见表 1。春季表底层的海水均有部分站位的 $NO_3^- - N$ 含量低于检测限,主要是由于春季陆源补充低于生物消耗速度。由图 6 可知,春季表底层海水 $NO_3^- - N$ 的分布特征均与 DIN 分布相似。夏季表层海水 $NO_3^- - N$ 最高值位于安铺港湾口处,铁山港至营盘沿岸海域出现次高值;底层海水的高值区出现在铁山港湾口,向外海逐渐降低。春季 $NO_3^- - N$ 主要来自安铺港和铁山港的陆源输入和污水排放,夏季表层中的 $NO_3^- - N$ 主要来自安铺港,底层主要来自铁山港。

2.4　各种形态氮的浓度比例及其相关性

春季 TDN/TN 的均值为 88.4% ±6.9%,夏季则为 80.8% ±13.5%,可见,TN 的主要形态

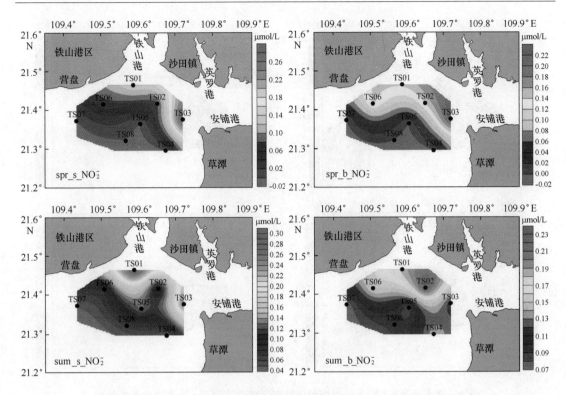

图5 铁山港及其邻近海域春季和夏季表层和底层 $NO_2^- - N$ 含量的平面分布

为溶解态。春季 DIN 与 TDN 比值均值为 20.6% ± 18.0%，DIN/TN 均值为 18.2% ± 16.1%。夏季 DIN 与 TDN 比值均值为 7.2% ± 5.3%，DIN/TN 均值为 6.0% ± 4.8%（见表2）。显然，春夏两季，铁山港及其邻近海域的海水中 TDN 的主要形态为 DON，其所占比例均超过 50%。Capone 等认为，表层水体中有将近 50% 的有机氮是来自生物固氮作用的，特别是在寡营养的海区有着重要的作用[9,10]。

表2 铁山港及其邻近海域春夏两季各种形态氮的浓度比例

各种氮形态比值	春季		夏季	
	变化范围(%)	平均值±标准偏差	变化范围(%)	平均值±标准偏差
$NH_4^+ - N/DIN$	45.2 ~ 100.0	71.0 ± 20.3	4.2 ~ 91.7	47.4 ± 23.9
$NO_2^- - N/DIN$	0.0 ~ 10.5	2.6 ± 3.2	2.9 ~ 42.9	15.8 ± 9.8
$NO_3^- - N/DIN$	0.0 ~ 50.0	26.5 ± 18.8	1.7 ~ 86.1	36.9 ± 25.5
DIN/TDN	2.6 ~ 63.1	20.6 ± 18.0	1.5 ~ 18.4	7.2 ± 5.3
DIN/TN	2.4 ~ 58.4	18.2 ± 16.1	0.8 ~ 16.1	6.0 ± 4.8
TDN/TN	75.7 ~ 98.8	88.4 ± 6.9	53.9 ~ 97.0	80.8 ± 13.5

春季 $NO_2^- - N$ 占 DIN 比例为 2.6% ± 3.2%；$NO_3^- - N$ 占 DIN 比例为 26.5% ± 18.8%；$NH_4^+ - N$ 占 DIN 比例为 71.0% ± 20.3%（见表2）。春季铁山港及其邻近海域水体中的溶解态无机氮 $NH_4^+ - N$ 占绝对优势，$NO_3^- - N$ 次之，$NO_2^- - N$ 所占比例最低。夏季 $NO_2^- - N$ 占 DIN 比例为 15.8% ± 9.8%，与春季相比，比例有所提高；$NO_3^- - N$ 占 DIN 比例为 36.9% ± 25.5%，所占比例相较春季有所上升；$NH_4^+ - N$ 占 DIN 比例为 47.4% ± 23.9%（见表2），该比例与大

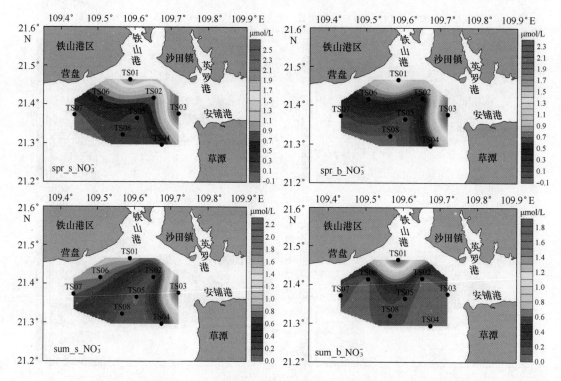

图6　铁山港及其邻近海域春季和夏季表层和底层 $NO_3^- - N$ 含量的平面分布

鹏湾海水中无机氮各形态组成比例相似[11]。夏季铁山港及其邻近海域水体中的溶解态无机氮所占比例从大到小依次为 $NH_4^+ - N$、$NO_3^- - N$、$NO_2^- - N$，仍然以 $NH_4^+ - N$ 为主，与春季相比，$NH_4^+ - N$ 的比例有所下降，可能与浮游植物优先吸收 $NH_4^+ - N$ 有关，而夏季浮游植物的生长较春季旺盛。

由表3可知，不同形态的溶解氮之间，TDN、DON 和 TN 之间呈极显著正相关（$p < 0.01$，$n = 32$），相关系数均为 0.839。DON 与 TDN 呈极显著正相关（$p < 0.01$，$n = 32$），相关系数为 0.948，与 DIN 呈显著负相关（$p < 0.05$，$n = 32$）。$NO_2^- - N$、$NO_3^- - N$ 和 $NH_4^+ - N$ 均与 DIN 呈极显著正相关（$p < 0.01$，$n = 32$），$NO_3^- - N$ 和 $NO_2^- - N$、$NH_4^+ - N$ 之间呈极显著正相关（$p < 0.01$，$n = 32$），表明 $NO_3^- - N$ 与它们有同样的来源和消耗过程，但 NO_2^- 和 $NH_4^+ - N$ 关系并不显著，说明它们不具有很强的同源性[7]。

表3　各种形态氮间的相关性

不同形态氮	$NO_2^- - N$	$NO_3^- - N$	$NH_4^+ - N$	DIN	TDN	DON	TN
$NO_2^- - N$	1						
$NO_3^- - N$	0.637**	1					
$NH_4^+ - N$	0.344	0.484**	1				
DIN	0.601**	0.856**	0.865**	1			
TDN	0.381*	-0.046	-0.206	-0.122	1		
DON	0.152	-0.317	-0.466**	-0.433*	0.948**	1	
TN	0.264	-0.163	-0.287	-0.239	0.839**	0.839**	1

＊＊表示在 0.01 水平（双侧）上显著相关。

＊表示在 0.05 水平（双侧）上显著相关。

2.5 主要营养盐与环境因子的相关性分析

营养盐结构的时空变化对海区的生态环境会起到关键的作用[12],合适的 N/P、Si/N 和 Si/P 值有利于浮游植物的生长和繁殖,过高或过低都会改变浮游生物的种群结构,甚至富营养化,引发赤潮,从而影响该海区的生态系统。表 4 所示的是铁山港及其邻近海域春夏两季表底层海水中不同营养盐浓度比值,与 Redfield 比值相比,春夏两季表底层海水中的 N/P 值略高,春季的 Si/N 值偏高,而 Si/P 值远远大于 Redfield 比值。春夏两季的 N/P 值相差不多,而春季的 Si/N 值和 Si/P 值则远远高于夏季。铁山港海域的浮游植物以硅藻为优势种群[13],夏季时硅藻大量繁殖,吸收硅酸盐,因此夏季时海水中硅酸盐含量降低,从而 Si/N 值和 Si/P 值低于春季。春季底层海水中的 N/P、Si/N 和 Si/P 值均低于表层,夏季则是底层高于表层。底层由于沉积物的释放和营养盐再生,营养盐含量有所升高,而夏季时存在温跃层,表层的营养盐得不到底层的补充,因此夏季底层营养盐比值有所升高。

表 4　春夏两季铁山港及其邻近海域海水中主要营养盐比值

层次		N/P		Si/N		Si/P	
		春季	夏季	春季	夏季	春季	夏季
表层	变化范围	3.0 ~ 68.8	4.3 ~ 45.5	1.5 ~ 59.5	0.0 ~ 3.6	44.4 ~ 392.1	0.0 ~ 31.7
	平均值	22.2 ± 21.8	18.8 ± 17.8	15.6 ± 20.6	1.3 ± 1.6	142.6 ± 112.9	12.2 ± 14.1
底层	变化范围	6.2 ~ 58.1	2.7 ~ 56.7	0.8 ~ 24.4	0.0 ~ 9.2	12.8 ~ 198.3	0.0 ~ 85.8
	平均值	19.7 ± 17.5	20.1 ± 19.1	8.1 ± 7.7	3.2 ± 3.8	107.7 ± 72.4	30.8 ± 33.4

Justic 和 Dorch 提出了一个系统评价每种营养盐的化学计量阈值标准[12,14,15]:(1)若 Si/P 和 N/P 均大于 22,则 P 为限制因子;(2)若 N/P 小于 10 和 Si/N 大于 1,则 N 为限制因子;(3)若 Si/P 小于 10 和 Si/N 小于 1,则 Si 为限制因子。同时还要考虑浮游植物生长的最低阈值,Nelson 认为该阈值为 Si = 2 μmol/L,DIN = 1 μmol/L,P = 0.1 μmol/L[6]。铁山港及其邻近海域春季时 Si/P 值远大于 22,部分站点的 N/P 值也大于 22,同时春季浮游植物的生长开始增强,有一半的站位的磷酸盐浓度低于 0.1 μmol/L,因此,可以认为该海区部分区域 P 为限制因子。夏季时由于陆源径流和生活污水的排放对营养盐的补充,P 的限制状况逐渐消失,根据 2010 年广东省海洋环境质量公报,湛江市排放的市政污水中总磷超标污染指数大于 1,最高达 3.02[16]。相对 N 和 P 来说,Si 过剩,特别是在春季的时候,该结果与韦蔓新等人在铁山港的调查结果一致[13]。

表 5 和表 6 所示的是经 SPSS16.0 两两相关分析的结果,表 5 是主要营养盐比值与其他环境因子之间的关系,表 6 是各种形态氮与其他生态环境因子的关系。

表 5　主要营养盐比值与生态环境因子的相关性

调查时间	营养盐比值	T	S	pH	AlK	SS
春季	N/P	0.552*	-0.637**	-0.692**	-0.011	-0.014
	Si/N	-0.261	-0.011	0.292	-0.495	-0.180
	Si/P	0.006	-0.056	0.222	0 - .006	-0.301
夏季	N/P	0.118	-0.414	-0.418	-0.565*	0.388
	Si/N	-0.290	-0.159	-0.104	-0.073	0.507*
	Si/P	-0.190	-0.447	-0.263	-0.435	0.841**

**表示在 0.01 水平(双侧)上显著相关。

*表示在 0.05 水平(双侧)上显著相关。

表6　各种形态氮与生态环境因子的相关性

时间	不同形态的氮	T	S	AlK	SS	Chl a	DSi	SRP
春季	$NO_2^- - N$	0.503*	−0.356	−0.149	−0.214	−0.082	−0.120	0.360
	$NO_3^- - N$	0.636**	−0.371	−0.134	−0.152	−0.055	−0.166	0.043
	$NH_4^+ - N$	0.374	−0.271	0.038	0.167	−0.021	−0.234	0.216
	DIN	0.537*	−0.341	−0.061	−0.013	−0.045	−0.204	0.144
	TDN	−0.095	−0.362	0.045	0.718**	−0.470	−0.346	0.056
	DON	−0.406	−0.081	0.073	0.585*	−0.385	−0.153	−0.043
	TN	−0.002	−0.284	0.157	0.575*	−0.483	−0.194	−0.056
夏季	$NO_2^- - N$	0.561*	−0.536*	−0.591*	0.571*	−0.625	0.457	−0.262
	$NO_3^- - N$	0.069	−0.638**	−0.659**	0.488	−0.103	0.532*	−0.340
	$NH_4^+ - N$	0.093	0.166	0.044	−0.121	0.465	−0.034	0.078
	DIN	0.155	−0.331	−0.440	0.270	0.027	0.354	−0.183
	TDN	0.408	−0.393	−0.494	0.320	−0.772*	0.117	−0.608*
	DON	0.386	−0.321	−0.397	0.262	−0.815*	0.025	−0.589*
	TN	0.443	−0.151	0.070	0.089	−0.515	0.026	−0.301

**表示在0.01水平(双侧)上显著相关。

*表示在0.05水平(双侧)上显著相关。

由表5可知,春季N/P值与T之间呈显著正相关($p < 0.05, n = 16$),与S呈极显著负相关($p < 0.01, n = 16$),说明N/P值受水团运动的影响,陆源径流输入的氮含量可能高于磷,同时N/P值还与pH呈极显著负相关($p < 0.01, n = 16$)。夏季N/P值与A呈显著负相关($p < 0.05, n = 16$),Si/N值与SS呈显著正相关($p < 0.05, n = 16$),Si/P值与SS呈极显著正相关($p < 0.01, n = 16$),说明硅酸盐的含量与悬浮颗粒物的浓度呈正相关。

由表6可知,春季的$NO_2^- - N$、DIN以及夏季$NO_2^- - N$的与水温之间呈显著正相关($p < 0.05, n = 16$),春季的$NO_3^- - N$与水温之间呈极显著正相关($p < 0.01, n = 16$),夏季的$NO_2^- - N$与盐度之间呈显著负相关($p < 0.05, n = 16$),$NO_3^- - N$与盐度之间呈极显著负相关($p < 0.01, n = 16$),而沿岸海水的水温高于外海海水,盐度低于外海海水,说明陆源径流会输入DIN。夏季的$NO_2^- - N$与碱度之间呈显著负相关($p < 0.05, n = 16$),$NO_3^- - N$与碱度之间呈极显著负相关($p < 0.01, n = 16$)。

春季的TDN与SS之间呈极显著正相关($p < 0.01, n = 16$),春季的DON、TN和夏季的$NO_2^- - N$与SS存在显著正相关关系($p < 0.05, n = 16$),而TDN和TN的主要形态为DON,因此DON的含量与悬浮颗粒物的浓度有密切关系。夏季的TDN和DON与Chl a之间呈显著负相关($p < 0.05, n = 16$),说明夏季浮游植物生长旺盛,其营养盐消耗量大,部分DON会氧化分解成无机态氮供浮游植物吸收,春季浮游植物刚开始大量生长,无表现出明显相关性。夏季的$NO_3^- - N$与DSi之间呈显著正相关($p < 0.05, n = 16$),说明它们有着相似的来源和消耗过程[17]。夏季的TDN和DON与SRP存在显著负相关关系($p < 0.05, n = 16$)。

2.6　与其他海域的比较

表7所示的是其他海域溶解态无机氮的含量,铁山港及其邻近海域海水的$NO_2^- - N$和

$NO_3^- - N$ 含量均低于广西及广东沿岸海域;$NH_4^+ - N$ 含量仅高于长江口及浙江近岸海域,与南海和北部湾北部海域相近。总体上,铁山港及其邻近海域海水的 DIN 含量并不高,低于其他海域,且相较铁山港 2003—2010 年的平均含量低,说明该海域 DIN 含量有所下降,这可能与北海市近年来入海污染物总量有所减少和降雨量略有下降有关。

表7 与其他海域的比较

海域	$NO_2^- - N$(μmol/L)	$NO_3^- - N$(μmol/L)	$NH_4^+ - N$(μmol/L)	DIN(μmol/L)	调查时间
长江口及浙江近岸海域[18]	0.17 ± 0.29	14.6 ± 17.4	0.43 ± 0.84	15.2 ± 17.3	2008 - 07—08
	0.29 ± 0.29	31.4 ± 26.6	0.38 ± 0.46	32.1 ± 26.6	2009 - 04—05
胶州湾[19]	—	—	—	5.92	2006 - 08
	—	—	—	11.10	2007 - 04
大鹏湾[11]	0.14 ± 0.21	0.86 ± 1.57	2.93 ± 2.93	3.93	1998—2007 - 04
	0.14 ± 0.43	0.50 ± 0.86	2.93 ± 2.29	2.64	1998—2007 - 08
南海[16]	0.05	12.87	1.34	14.22	1998 - 06 ~ 07
北海营盘[7]	—	—	—	2.00	2008 - 09
	—	—	—	1.36	2009 - 04
廉州湾[20]	0.57 ± 0.86	28.21 ± 56.47	2.57 ± 5.82	30.29 ± 56.42	1997 - 07
钦州湾[8]	—	—	—	42.54	1999 - 05
广西近海[21]	—	—	—	3.16	2006 - 07
	—	—	—	2.96	2007 - 04
三娘湾[22]	—	—	—	2.85	2000 - 03
北部湾北部海域①	0.38 ± 0.62	5.94 ± 10.82	1.01 ± 0.37	7.33 ± 11.22	2011 - 04
	0.21 ± 0.34	1.26 ± 2.81	0.91 ± 0.85	2.35 ± 2.96	2011 - 08
铁山港[2]	—	—	—	5.42	2003—2010 春
	—	—	—	12.49	2003—2010 夏
本研究	0.08 ± 0.09	0.75 ± 0.87	1.33 ± 0.78	2.16 ± 1.66	2010 - 04
	0.13 ± 0.07	0.65 ± 0.49	0.74 ± 0.56	1.18 ± 1.00	2010 - 08

3 小结

(1)各种形态的溶解态氮(三种无机氮、DIN 和 TDN)的高值区主要出现在沿岸海域,特别是铁山港湾口和安铺港湾口。春夏两季铁山港及其邻近海域海水中的溶解态氮均是自沿岸向外海浓度逐渐降低,主要受陆源径流输入和近岸污水排放的影响。

(2)2010 年春季铁山港及其邻近海域海水中 TDN 浓度均值为(10.89 ± 2.17)μmol/L,夏季均值为(16.16 ± 3.80)μmol/L,春季海水 DIN 浓度均值为(2.16 ± 1.66)μmol/L,夏季均值为(1.18 ± 1.00)μmol/L,春季 $NO_2^- - N$、$NO_3^- - N$ 和 $NH_4^+ - N$ 含量均值分别为(0.08 ± 0.09)μmol/L、(0.75 ± 0.87)μmol/L 和(1.33 ± 0.78)μmol/L,夏季 $NO_2^- - N$、$NO_3^- - N$ 和 $NH_4^+ - N$

---

① 吴敏兰等,北部湾北部海域不同形态溶解氮的含量与分布特征。

含量均值分别为(0.13 ± 0.07)μmol/L、(0.65 ± 0.49)μmol/L 和(0.74 ± 0.56)μmol/L。春季 DIN 含量高于夏季,主要与生物活动过程有关。与邻近海域比较,铁山港及其邻近海域表层水体中的溶解态氮含量处于较低的水平,相较 2003—2010 年的铁山港的调查数据,该区域溶解态氮的含量有所下降。

(3)春夏两季,铁山港及其邻近海域海水中 DIN 的主要形态为 $NH_4^+ - N$,其所占比例超过 50%,各形态溶解无机氮占 DIN 的比例从大到小依次为 $NH_4^+ - N$、$NO_3^- - N$、$NO_2^- - N$。TN 的形态以 TDN 为主,超过 80%,而 TDN 的形态以 DON 为主,超过 70%。不同形态的溶解氮之间,TDN、DON 和 TN 之间呈极显著正相关,$NO_2^- - N$、$NO_3^- - N$ 和 $NH_4^+ - N$ 均与 DIN 呈极显著正相关,$NO_3^- - N$ 和 $NO_2^- - N$、$NH_4^+ - N$ 之间呈极显著正相关。

(4)铁山港及其邻近海域海水中的 N/P 值基本处于正常水平,略高于 Redfield 比值,而 Si/N 值偏高,且 Si/P 值远远大于 Redfield 比值。两季的 N/P 值相差不多,但春季的 Si/N 值和 Si/P 值则远远高于夏季。春季 Si/P 值过高,P 为营养盐限制因子,夏季时得到陆源径流和近岸市政污水排放的补充,P 的限制状况消失。相对 N 和 P,该海域的 Si 过剩。

(5)不同形态的溶解氮与环境因子之间,其中春季的 $NO_2^- - N$、$NO_3^- - N$、DIN 以及夏季 $NO_2^- - N$ 的与水温之间呈显著正相关,夏季的 $NO_2^- - N$、$NO_3^- - N$ 与盐度之间呈显著负相关。夏季的 $NO_2^- - N$、$NO_3^- - N$ 与碱度之间呈显著负相关,春季的 TDN、DON、TN 和夏季的 $NO_2^- - N$ 与 SS 存在显著正相关关系。夏季的 TDN 和 DON 与 Chl a 之间呈显著负相关。夏季的 $NO_3^- - N$ 与 DSi 之间呈显著正相关。春夏两季铁山港及其邻近海域海水中的不同形态氮的浓度与 pH 和 DO 不存在明显相关性。

致谢:感谢参加国家海洋公益性科研专项 200905019 - 62010 年春、夏季航次的全体科考人员的大力支持。

参 考 文 献

[1] 陈敏. 化学海洋学[M]. 北京:海洋出版社,2009.

[2] 蓝文陆,彭小燕. 2003—2010 年铁山港湾营养盐的变化特征[J]. 广西科学,2011,18(4):380 - 384,391.

[3] 中国海湾志编纂委员会. 中国海湾志:第十二分册(广西海湾)[M]. 北京:海洋出版社,1999.

[4] 中国海湾志编纂委员会. 中国海湾志:第十分册(广东省西部海湾)[M]. 北京:海洋出版社,1999.

[5] GB/T 12763.4 - 2007. 海洋调查规范第 4 部分:海水化学要素调查[S].

[6] Fisher T R, Peele E R, Ammerman J W, et al. Nutrient limitation of phytoplankton in Chesapeake Bay [J]. Marine Ecology Progress Series, 1992, 82: 51 - 63.

[7] 杨艳,黎广钊. 北海营盘马氏珠母贝养殖海域春秋季水化学环境参数变化特征[J]. 广西科学院学报,2012, 26(2): 152 - 155.

[8] 韦蔓新,童万平,赖延和,等. 钦州湾内湾贝类养殖海区水环境特征及营养状况初探[J]. 黄渤海海洋,2011, 19(4): 51 - 55.

[9] Capone D G, Burns J A, Montora J P, et al. Nitrogen fixation by *Trichodesmium spp.*: An important source of new nitrogen to the tropical and subtropical North Atlantic Ocean [J]. Global Biogeochem. Cycles, 2005, 19, GB2024, doi: 10.1029/2004GB002331.

[10] Karl D, Letelier R, Tupas L, et al. The role of nitrogen fixation in biogeochemical cycling in the subtropical North Pacific Ocean [J]. Nature, 1997, 388: 533 - 538.

[11] 周凯，李绪录，夏华永．大鹏湾海水中各形态无机氮的分布变化[J]．热带海洋学报，2011，30(3)：105-111.

[12] 张辉，石晓勇，张传松，等．北黄海营养盐结构及限制作用时空分布特征分析[J]．中国海洋大学学报，2009，39(4)：773-780.

[13] 韦蔓新，童万平，赖廷和，等．铁山港湾生原要素的变化特征及其影响因素[J]．海洋湖沼通报，2001，(4)：23-27.

[14] Justic D, Rabalais N N, Turner R E. Stoichiometry nutrient balance and origin of coastal eutrophication[J]. Marine Pollution Bulletin, 1995, 30：41-46.

[15] Dortch Q, Whitledge T E. Does nitrogen or silicon limit phytoplankton product ion in the Mississippi River plume and nearby regions [J]. Continental Shelf Research, 1992, 12: 1293-1309.

[16] 广东省海洋与渔业局．2010年广东省海洋环境质量公报，2011，4.

[17] 郭水伙．南海水体三项无机氮含量的垂直变化特征及其他环境要素的相关性[J]．台湾海峡，2009，28(1)：71-76.

[18] 王益鸣，吴烨飞，王键，等．浙江近岸海域表层沉积物中氮的存在形态及其含量的分布特征[J]．台湾海峡，2012，31(3)：345-352.

[19] 张哲，王江涛．胶州湾营养盐研究概述[J]．海洋科学，2009，33(11)：90-94.

[20] 赖廷和，韦蔓新．廉州湾五项营养盐变化与环境因子的关系[J]．广西科学院学报，2003，19(1)：35-39.

[21] 辛明，王保栋，孙霞，等．广西近海营养盐的时空分布特征[J]．海洋科学，2010，34(9)：5-9.

[22] 韦蔓新，赖廷和，何本茂．钦州三娘湾营养盐的分布及其化学特性[J]．广西科学，2011，8(4)：291-294.

Study of dissolved nitrogen in Tieshan Harbor and its adjacent seas

WU Min-lan[1], ZHENG Ai-rong[1*], FANG Zai-ming[1], WU Ye-fei[2],
AN Ming-mei[3], MA Chun-yu[1], WU Qin-qin[1]

(1. College of Ocean and Earth Sciences, Xiamen University, Xiamen 361005, China; 2. Marine Environment and Fishery Resources Monitoring Center of Fujian, Fuzhou 350000, China; 3. Marine Environment and Fishery Resources Monitoring Center of Hainan, Haikou 350000, China)

Abstract：Based on the data from cruises in April and August, 2010 in Tieshan Harbor and its adjacent seas, we studied the content and distribution characteristics of different dissolved nitrogen forms and analyzed the relationship between dissolved nitrogen and environmental factors, meanwhile we analyzed the nutrient structural feature in these waters. We found that the content of different dissolved nitrogen forms were high in the coastal area. The results showed that the main form was NH_4^+ - N in DIN, whose percent was above 50% in spring and summer, and NO_3^- - N took second place which accounted for about 30%, while NO_2^- - N was least. The percent of TDN in TN was the highest, more than 80%, in addition, the main form in TDN was DON, whose proportion was higher than 70%. The content of dissolved inorganic nitrogen in spring was higher than in summer, and this was mainly related to biological activities. P was the limiting factor in spring, and this limiting condition disappeared in summer because of the supplement from terrestrial runoff. The content and distribution of dissolved inorganic nitrogen were mainly influenced integrate by the biological processes, nutrients regeneration, terrestrial runoff and sewage.

Key words: dissolved nitrogen; nutrient structure; distribution; Tieshan Harbor

开阔海域水体中痕量多环芳烃的 SPE – GC – MS 联用分析

刘晓艳,孙炯辉,丘灿荣,黄水英,王　蕴,钱碧华,梁俊华,
纪嘉彬,黄梦雪,蔡明刚

(厦门大学海洋与地球学院,厦门 361005)

摘要:开阔海域水体中持久性有机污染物浓度很低,一般需要大体积采水;然而限于采样技术和船时等因素,现场实际采样往往对海水体积有着很大限制。本研究建立了基于小体积采样技术测定开阔海域水体中痕量 PAHs 的固相萃取—气质联用(SPE – GC – MS)分析方法。4 L 开阔海域水样经 0.7 μm GF/F 膜过滤后,获得溶解态样品,水样经分析无需用硅胶纯化,直接经 Envi – C18 固相萃取柱富集、洗脱后,采用 GC – MS 内标定量法分析其中 16 种 US – EPA 优控 PAHs 的含量。结果表明,5 种回收率指示物(萘 – d_8、二氢苊 – d_{10}、菲 – d_{10}、屈 – d_{12}、苝 – d_{12})的回收率分别为 59.8 % ±7.0 %、84.4 % ±3.8 %、92.3 % ±5.6 %、96.9 % ±3.9 %和 95.6 % ±8.4 %;相对标准偏差则介于 4.9 % ~9.7 %之间。16 种 PAHs 的检出限范围为 0.061 ~ 0.744 ng/L。结合对应的回收率以及实际富集倍数,该法可用于分析 PAHs 浓度为 0.01 ng/L 的开阔海域水样。本方法降低了前处理流程、快速实用,大大降低了目前开阔海域水体中痕量 PAHs 分析所需的采样体积,使在上述区域内实现 PAHs 大尺度、高精度分析成为可能。应用该法对南中国海及北部湾实际样品进行分析,获得了较满意的效果。

关键词:多环芳烃,水体,固相萃取—气质联用,痕量分析,开阔海域

1　引言

多环芳烃(Polycyclic Aromatic Hydrocarbon, PAHs)是指由两个或两个以上的苯环以线状、角状或者簇状排列的碳氢化合物[1]。PAHs 往往具有"三致"(致癌、致畸、致突变)的特征,且在环境中具有强的持久性[2]。其主要来源于人类活动,主要是由各种矿物燃料(如煤、石油、天然气等)、木材,纸以及其他含碳氢化合物的不完全燃烧或在还原气氛下热解形成的[3]。海洋环境中的 PAHs 主要是来自地面径流、污水排放以及燃料不完全燃烧后的废气随大气颗粒沉降[4]。

基金项目:国家自然科学基金(#40930847,#40306012)、海洋公益性行业科研专项(No. 200805095)、国家海洋局海洋溢油鉴别与损害评估技术重点实验室开放基金资助项目(2012)、国家海洋局海洋 – 大气化学与全球变化重点实验室开放课题(201204)、厦门大学基础创新科研基金立项(CXB2011021)以及厦门大学大学生创新创业训练计划项目等项目联合资助。

通讯作者:蔡明刚(1974—),男,博士,副教授,海洋有机化学。

PAHs 在水中的溶解度较低,且随分子量增加,其溶解度逐渐降低[5]。一方面,PAHs 具有较强的疏水性和颗粒活性,易被海水中的颗粒物所吸附并最终进入沉积物中[6];另一方面,PAHs 的半挥发性使其可参与大气循环,随干湿沉降进入开阔海域,并在沉积物和生物体中富集,破坏海洋生态系统,直接危害人体健康[7]。近年来,国内外许多学者对海洋沉积物中的PAHs 进行了大量的分析研究[8~11]。然而,由于水体中的 PAHs 浓度相对较低[12],目前对开阔海域水体中 PAHs 的研究十分有限,大部分研究仍集中于沿岸海域[13~15]。由于开阔海域水体中 PAHs 含量较低,分析往往需要对几十甚至上百升水样进行富集,且占用大量船时,这对于现场采样实际上是十分困难的。

目前,国内外海水 PAHs 的富集方法主要有液 – 液萃取(liquid – liquid extraction,LLE)、固相萃取(solid phase extraction,SPE)、固相微萃取(solid phase micro – extraction,SPME)以及 XAD 树脂萃取法等。其中,LLE 是比较常用的富集手段,但该法对水样体积要求较高,同时需要需大量超纯溶剂,费时费力,重复性差,且易污染环境,危害人体健康[16~18]。XAD 树脂富集水体中的 PAHs 时,同样需要大体积采样[19]。SPE 通过采用 Envi – C₁₈ 小柱,有效防止交叉污染,且以 C_{18} 作为萃取相,样品回收率高,精密度好[20]。同时,该法具有快速简单,无乳化现象,操作安全,溶剂需要量少等优点[21,22]。SPME 可一步完成萃取、浓缩等过程,具有简单快速,易于实现自动化的特点[23,24],但其对操作人员的操作要求甚高,重现性不够稳定,同时由于富集倍数限制,无法适用开阔海域痕量分析。因此,本文根据开阔海域的实际情况,对美国 EPA 水体中 PAHs 的前处理方法(USEPA 3561)作了适当修改和调整,将替代物添加提前到采样环节,提高了质量控制;采用 C_{18} 固相萃取法处理 4L 水样,同时优化了前处理流程,使之更适用于外海水样;利用 GC – MS 内标定量法测定分析了水样中 16 种优控 PAHs 的含量,该方法方法准确可靠、简便易行,可有效满足开阔海域痕量 PAHs 的分析要求,为开展我国边缘海 PAHs 环境行为和地球化学研究提供技术保障。

2 实验部分

2.1 仪器与试剂

2.1.1 仪器

气相色谱 – 质谱联用仪(Agilent 6890NGC/5975BMSD,America, Agilent technologies);色谱柱为 HP:DB – 5 色谱柱(60 m ×0. 25 mm ×0. 25 μm,America, Agilent technologies);旋转蒸发仪(Laborota – 4000,Germany, Heidolph Instruments);Supelco – Envei SPE 装置(America, Supelco Inc.)。

2.1.2 试剂及标样

乙酸乙酯、正己烷、二氯甲烷、丙酮、甲醇等有机溶剂,均为色谱纯(America, TEDIA, Inc.);无水 Na_2SO_4(使用前 450 ℃焙烤 5h);PAHs 标准物质:16 种 USA – EPA 优控 PAHs 标样[内含萘、苊、二氢苊、芴、菲、蒽、荧蒽、芘、苯并(a)蒽、屈、苯并(b)荧蒽、苯并(k)荧蒽、苯并(a)芘、茚并(1,2,32cd)芘、二苯并(a,h)蒽、苯并(ghi)芘]、PAHs 回收率指示物标样(内含萘 – d8、苊 – d10、菲 – d10、屈 – d12、芘 – d12)及 PAHs 内标物(2 – Fluorobiphenyl)等均购自 Accustandards Inc. (America, New Heaven, CT,)。

2.1.3　玻璃器皿及其他材料

Envi - C18 小柱(500 mg,Supelco, Rohm and Haas Co. , Spring House, PA, USA);GF/F 膜(0.7 μm,Whatman, England)及铝箔使用前均在 450 ℃下灼烧 4 h 备用;所用离心管、小漏斗、胶头滴管、鸡心瓶等玻璃器皿均用铬酸洗液浸泡,并依次用自来水、去离子水清洗,晾干后于马弗炉中以 450 ℃焙烧 4 ~ 5 h,使用前用溶剂淋洗。所用 5 L 棕色样品瓶,旋转蒸发头等清洗晾干后,再依次用二氯甲烷、正己烷淋洗 3 次,用铝箔封口备用。

2.2　实验方法

2.2.1　样品的前处理

4 L 水样,经 GF/F 膜过滤后,分离出水体中的颗粒相,滤液保存于 5 L 棕色瓶中。Envi - C_{18} 小柱依次用 5 mL 甲醇、Milli - Q 超纯水淋洗 3 次活化后,待用。水相经 SPE 装置以 6 mL/min 的速度通过已活化的 C_{18} 萃取柱,小柱装入铝箔袋中密封,于 - 20 ℃下冷冻保存,直至实验分析。

在实验室中,向已富集 PAHs 的 C_{18} 小柱中加入 100 μL 浓度为 1×10^{-6} 的替代物(萘 - d8、苊 - d10、菲 - d10、屈 - d12、苝 - d12),用 20 mL 乙酸乙酯淋洗 C_{18} 小柱,收集洗脱液,用无水 Na_2SO_4 除去其中的水分。旋转蒸发洗脱液,用正己烷进行溶剂替换;浓缩后加入内标(2 - Fluorobiphenyl),定容至 200 μL 待测。

2.2.2　仪器检测

样品在 GC - MS 上进行分析,分析条件为:进样口温度 290 ℃,电子轰击源 EI 源,电子倍增管电压 1 300 eV,载气为高纯氦气,载气流速 1 mL/min;程序升温:80 ℃始温,保持 1 min,以 4 ℃/min 的速率升至 180 ℃,再以 2 ℃/min 升至 220 ℃,最后以 4 ℃/min 升至 290 ℃(保留 30 min);进样方式:无分流进样;进样量:1 μL。

3　结果与讨论

3.1　精密度与回收率

以 4 L Milli - Q 超纯水过 C_{18} 固相萃取装置,其他按照实验方法,分别做 7 份平行,测得 PAHs 5 种回收率指示物(萘 - d8、苊 - d10、菲 - d10、屈 - d12、苝 - d12)的回收率分别为 59.8% ± 7.0%、84.4% ± 3.8%、92.3% ± 5.6%、96.9% ± 3.9% 和 95.6% ± 8.4%,相对标准偏差介于 4.9% ~ 9.7% 之间(见表 1)。

3.2　方法空白与流程简化

采用 Milli - Q 超纯水进行空白实验,实验结果表明,空白样品中除萘有检出外,其他 PAHs 均无检出。但萘的本底值远低于开阔海水实际样品中的含量,故对测定不会造成干扰。

开阔外海海域的水体相对洁净,经实验验证比较,无需过硅胶柱,可满足直接进样分析要求。另一方面,过硅胶柱还增加了目标物的损失,不利于外海水痕量有机污染物的分析。因此,对 US - EPA 中水体 PAHs 的前处理流程(USEPA 3561)进行简化,省去该步骤,提高了目标物的回收率。

3.3 标准工作曲线及定量

由于开阔海域水体中 PAHs 的浓度较低,故以正己烷为溶剂,分别配制浓度为 10 μg/L、20 μg/L、50 μg/L、100 μg/L、200 μg/L、和 400 μg/L 等 6 个浓度梯度的 16 种 PAHs 混标溶液,用 GC – MS 进行测定(见图 1),以待测组分与内标物的含量比为横坐标,以二者的峰面积比为纵坐标做标准工作曲线,据此对样品中的 PAHs 进行定量计算。图 2 为菲的标准曲线($R = 0.999$)(见图 2)。

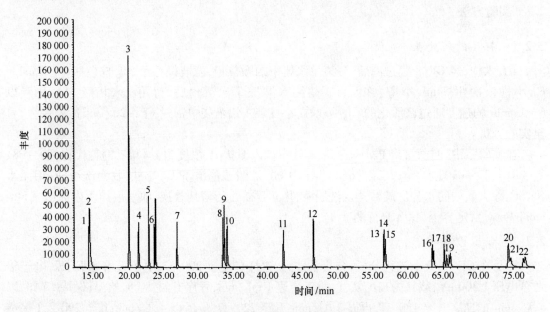

图 1　16 种 PAHs 混合标准物质、替代物及内标总离子图

1. 萘 – d8(D8 – Naphthalene);2. 萘(Naphthalene);3. 2 – Fluorbiphenyl;4. 苊(Acenaphthylene);5. 二氢苊 – d10(d10 – Acenaphthene);6. 二氢苊(Acenaphthene);7. 芴(Fluorene);8. 菲 – d10(d10 – Phenanthrene);9. 菲(Phenanthrene);10. 蒽(Anthracene)、11. 荧蒽(Fluoranthene);12. 芘(Pyrene);13. 苯并(a)蒽(Benzo[a]anthracene);14. 屈 – d_{12}(d12 – chrysene);15. 屈(Chrysene);16. 苯并(b)荧蒽(Benzo[b]fluoranthene);17. 苯并(k)荧蒽(Benzo[k]fluoranthene);18. 苯并(a)芘(Benzo[a]pyrene);19. 苝 – d_{12}(d_{12} – perylene);20. 茚并(1,2,32cd)芘(Indeno[123cd]pyrene);21. 二苯并(a,h)蒽(Dibenz[a,h]anthracene);22. 苯并(ghi)芘(Benzo[ghi]perylene)

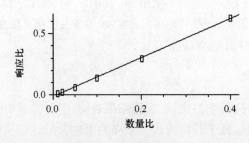

图 2　菲的标准曲线

3.4 检出限

标准工作曲线中最低浓度(10 μg/L)中,各 PAHs 在仪器上的 3 倍信噪比即为该仪器的检出限。以此计算,可得 16 种 PAHs 的检出限范围为 0.061 ~ 0.744 ng/L。结合对应的回收率以及实际富集倍数,该法可用于分析 PAHs 浓度为 0.01 ng/L 的开阔海域水样。Schulz – Bull 等(1998)报道了北大西洋水体中 PAHs 含量介于 0.005 ~ 0.065 之间[25]。对比该浓度范围,可知本方法的检出限可适用于上述海域。

3.5 实际开阔海域水样中 PAHs 分析

将本法应用于南中国海和北部湾海水样品中 16 种优控 PAHs 的测定,部分结果列于表 1 中。罗孝俊(2004)报道了珠江口及其邻近南海海域夏季水体中 PAHs 范围为 15.04 ~ 34.64 ng/L。本研究结果与之一致[26]。

表 1　开阔海域海水实际样品中 PAHs 的分析结果　　　　　单位:ng/L

Station	Nap	Acy	Ace	Flu	Phe	Ant	Flt	Pyr	BaA	Chr	BbF	BkF	BaP	InP	DiA	BgP
B – 1	27.19	2.36	2.26	7.21	15.06	2.12	4.29	4.04	ND	ND	ND	ND	ND	ND	ND	ND
B – 2	21.90	1.70	2.08	6.15	8.61	2.20	2.91	2.60	ND	ND	ND	ND	ND	ND	ND	ND
B – 3	28.73	2.01	7.03	9.08	2.67	2.58	2.50	ND	ND	ND	ND	ND	ND	ND	ND	ND
B – 4	48.84	1.55	2.02	6.43	9.45	1.91	2.10	1.93	ND	ND	ND	ND	ND	ND	ND	ND
S – 1	0.07	0.62	0.13	0.35	0.31	0.33	0.13	0.14	0.10	ND	ND	ND	ND	ND	ND	ND
S – 2	0.12	0.40	0.13	0.23	0.43	0.30	0.14	0.02	ND	ND	ND	ND	ND	ND	ND	ND
S – 3	0.33	2.54	0.49	0.99	2.99	1.54	0.83	0.86	0.45	ND	ND	ND	ND	ND	ND	ND
S – 4	1.15	0.28	0.65	1.13	2.16	0.90	0.44	0.44	0.24	ND	ND	ND	ND	ND	ND	ND

注:ND 为未检出;B 为北部湾样品;S 为南海北部样品.

4　结论

本研究采用了 C_{18} 小柱经 SPE 富集过滤 4L 开阔海域水样,用 GC – MS 内标定量法测定 16 种 USA – EPA 优控 PAHs 的含量。结果表明,5 种回收率指示物的回收率分别为:萘 – d8:59.8% ±7.0%;二氢苊 – d_{10}:84.4% ±3.8%;菲 – d_{10}:92.3% ±5.6%;屈 – d_{12}:96.9% ±3.9%;苊 – d_{12}:95.6% ±8.4%。相对标准偏差介于 4.9% ~9.7% 之间。检测限范围为 0.0049 ~0.039 ng/L。应用该法对南中国海及北部湾实际样品进行分析,获得了较满意的效果,表明其可满足于开阔海域小体积水样分析的要求。

参 考 文 献

[1] Federica Abbondanzi, Tiziana Campisi, Martina Focanti, Roberta Guerra, Antonella Iacondini. Assessing degradation capability of aerobic indigenous microflora in PAH – contaminated brackish sediments [J]. Marine Environmental Research, 2005, 59: 419 –434.

[2] JIANG Bin, ZHENG Hai – long, HUANG Guo – qiang, DING Hui, LI Xin – gang, SUO Hong – tu, LI Rui.

Characterization and distribution of polycyclic aromatic hydrocarbon in sediments of Haihe River Tianjin, China[J]. Journal of Environmental Sciences, 2007, 19: 306 – 311.

[3] Yim, U. H, Hong S. H. , Shim W. J. Distribution and characteristics of PAHs in sediments from the marine environment of Korea [J]. Chemosphere, 2007, 68: 85 – 92.

[4] Guo Wei, He Mengchang, Yang Zhifeng, Lin Chunye, Quan Xiangchun, Wang Haozheng. Distribution of polycyclic aromatic hydrocarbons in water, suspended particulate matter and sediment from Daliao River watershed, China[J]. Chemosphere, 2007, 68: 93 – 104.

[5] Witt G. and Matthäus W. . The impact of salt water inflows on the distribution of polycyclic aromatic hydrocarbons in the deep water of the Baltic Sea [J]. Marine Chemistry, 2001, 74: 279 – 301.

[6] Thomas S, Poeton. Biodegradation of Polycyclic Hydrocarbons by marine bacteria: effect of solid phase on degradation kinetics [J]. Water Research, 1999, 33 (3): 868 – 880.

[7] Tolosa Imma, Stephen J. de Mora, Fowler Scott W. Villeneuve Jean – Pierre, Bartocci Jean, Cattini Chantal. Aliphatic and aromatic hydrocarbons in marine biota and coastal sediments from the Gulf and the Gulf of Oman [J]. Marine Pollution Bulletin, 2005, 50: 1619 – 1633.

[8] Yim U. H. , Hong S. H. , Shim W. J. , Oh J. R. , Chang M. . Spatio – temporal distribution and characteristics of PAHs in sediments from Masan Bay, Korea[J]. Marine Pollution Bulletin, 2005, 50: 319 – 326.

[9] Loredana Culotta, Concetta De Stefano, Antonio Gianguzza, Maria Rosaria Mannino, Santino Orecchio. The PAH composition of surface sediments from Stagnone coastal lagoon, Marsala (Italy)[J]. Marine Chemistry, 2006, 99: 117 – 127.

[10] Luo Xiao – Jun, Chen She – Jun, Mai Bi – Xian, Yang Qing – shu, Sheng Guo – ying, Fu Jia – mo. Polycyclic aromatic hydrocarbons in suspended particulate matter and sediments from the Pearl River Estuary and adjacent coastal areas, China[J]. Environmental Pollution, 2006, 139: 9 – 20.

[11] Doong Ruey – an, Lin Yu – tin. Characterization and distribution of polycyclic aromatic hydrocarbon contaminations in surface sediment and water from Gao – ping River, Taiwan[J]. Water Research, 2007, 38: 1733 – 1744.

[12] Doong Ruey – an, Lin Yu – tin. Characterization and distribution of polycyclic aromatic hydrocarbon contaminations in surface sediment and water from Gao – ping River, Taiwan[J]. Water Research, 2004, 38: 1733 – 1744.

[13] Mitra S. , Bianchi T. S. . A preliminary assessment of polycyclic aromatic hydrocarbon distributions in the lower Mississippi River and Gulf of Mexico[J]. Marine Chemistry, 2003, 82: 273 – 288.

[14] Ko Fung – Chi, Baker Joel E. . Seasonal and annual loads of hydrophobic organic contaminants from the Susquehanna River basin to the Chesapeake Bay[J]. Marine Pollution Bulletin, 2004, 48: 840 – 851.

[15] Luo Xiaojun, Mai Bixian, Yang Qingshu, Fu Jiamo, Sheng Guoying, Wang Zhishi. Polycyclic aromatic hydrocarbons and organochlorine pesticides in water columns from the Pearl River and the Macao harbor in the Pearl River Delta in South China [J]. Marine Pollution Bulletin, 2004, 48: 1102 – 1115.

[16] Mitra S. ,Bianchi T. S. . A preliminary assessment of polycyclic aromatic hydrocarbon distributions in the lower Mississippi River and Gulf of Mexico[J]. Marine Chemistry, 2003, 82: 273 – 288.

[17] Witt G. . Occurrence and transport of polycyclic aromatic hydrocarbons in water bodies of the Baltic Sea [J]. Marine Chemistry, 2002, 79: 49 – 66.

[18] GESINE WITT, HERBERT SIEGEL. The consequences of the Oder flood in 1997 on the distribution of polycyclic aromatic hydrocarbons (PAHs) in the Oder River Estuary [J]. Marine Pollution Bulletin. 2000, 40 (12): 1124 – 1131.

[19] Luo Xiaojun, Mai Bixian, Yang Qingshu, Fu Jiamo, Sheng Guoying, Wang Zhishi. Polycyclic aromatic hydrocarbons (PAHs) and organochlorine pesticides in water columns from the Pearl River and the Macao har-

bor in the Pearl River Delta in South China[J]. Marine Pollution Bulletin, 2004, 48: 1102 – 1115.

[20] Elena Martinez, Meritxell Gros, Sílvia Lacorte, Damià Barceló. Simplified procedures for the analysis of polycyclic aromatic hydrocarbons in water, sediments and mussels[J]. Journal of Chromatography A, 2004, 1047: 181 – 188.

[21] Li Kai, Woodward Lee Ann. , Karuc Alexander E. , Li Qing X. . Immunochemical detection of polycyclic aromatic hydrocarbons and 1 – hydroxypyrene in water and sediment samples [J]. Analytica Chimica Acta, 2000, 419: 1 – 8.

[22] Hagestuen Erik D. , Arruda Andrea F. , Campiglia Andres D. . On the improvement of solid – phase extraction room – temperature phosphorimetry for the analysis of polycyclic aromatic hydrocarbons in water samples [J]. Talanata, 2000, 52: 727 – 737.

[23] Doong R. , Chang S. M. and Sun Y. Ch. . Solid – phase microextraction for determining the distribution of sixteen US Environmental Protection Agency polycyclic aromatic hydrocarbons in water samples [J]. Journal of chromatography A, 2000, 879 (2): 177 – 188.

[24] King A. J, Redman J. W. , Zhou J. L. . Determination of polycyclic aromatic hydrocarbons in water by solid – phase microextraction – gas chromatography – mass spectrometry [J]. Analytica Chimica Acta, 2004, 523: 259 – 267.

[25] Schulz – Bull D. E. , Petrick G. and Bruhn R. Chlorobiphenyls (PCBs) and PAHs in water masss of the northern North Atlantic [J]. Marine Chemistry, 1998, 61 (1 – 2): 101 – 114.

[26] 罗孝俊. 珠江三角洲河流、河口和邻近南海海域水体、沉积物中多环芳烃与有机氯农药研究[D]. 广州:中国科学院广州地球化学研究所.

Determination of Trace Polycyclic Aromatic Hydrocarbons in Open Seawater Based on the Small – volume Technique by Solid Phase Extraction – Gas Chromatography – Mass Spectrometry

LIU Xiao – yan, SUN Jiong – hui, QIU Can – rong HUANG Shui – ying, WANG Yun, QIAN Bi – hua, LIANG Jun – hua, JI Jia – lin, HUANG Meng – xue, CAI Ming – gang

(*Department of Oceanography, College of Oceanography and Environmental Sciences, Xiamen University, Xiamen, China* 361005)

Abstract: A simplified gas chromatography – mass spectrometry method with the small – volume sampling and solid phase extraction (SPE) technique was developed for the identification and determination of 16 dissolved polycyclic aromatic hydrocarbons (PAHs) of the open seawater. 4L water sample was filtrated under vacuum through 0. 7μm glass fiber filters (GF/F) to obtain dissolved phases, which was then passed through the envi – c18 SPE column directly without purified by column chromatography on silica gel. The PAH fraction were concentrated, and then measured with gas chromatography – mass spectrometry (GC – MS). Quantification was performed by using internal standard calibration method. Final PAH concentrations were corrected from the recoveries of the deuterated surrogate standards. Surrogate recoveries were 59. 8% ± 7. 0% for naphthalene – d_8, 84. 4% ± 3. 8% for acenaphthene – d_{10}, 92. 3% ± 5. 6% for phenanthrene – d_{10}, 96. 9% ± 3. 9%

for chrysene – d_{12}, and 95. 6% ± 8. 4% for perylene – d_{12}. Relative standard deviation (RSD) of the methods ranged from 4. 9% to 9. 7%. The detection limits of the method ranged from 0. 0049 to 0. 039 ng/L, better than the relative reports. The method performance in this paper analyzed successfully the trace PAHs in seawater samples from South China Sea and Beibu Gulf in South China.

Keywords: polycyclic aromatic hydrocarbons, seawater, solid phase extraction (SPE), gas chromatography – mass spectrometry, trace analysis, open seawater

春季北部湾北部海域初级生产力的分布及其影响因素

许新雨，陈 敏*，曾 健，邱雨生，郑敏芳，何映雪，何文涛

（厦门大学海洋与地球学院，厦门 361005）

摘要：利用[14]C 示踪法测定了 2011 年春季北部湾北部海域的初级生产力，结果表明，研究海域积分初级生产力介于 144.6～1 072.5 mg/(m^2·d) 之间，平均值为 384.8 mg/(m^2·d)。琼州海峡西口与铁山港外附近海域具有较高的初级生产力，对应于温度、盐度和营养盐的锋面结构，反映出水文、化学条件影响着海域初级生产力的分布。通过光合作用指数与环境因子的关系分析表明，除光照强度主要影响初级生产力的垂直分布外，温度和溶解无机氮浓度是影响北部湾北部海域初级生产力的主要环境因子，高温、高溶解无机氮的环境有利于研究海域浮游生物的光合作用，但磷或其他微量营养盐更可能是初级生产力的潜在限制性营养盐。

关键词：初级生产力；影响因子；北部湾；春季

1 引言

海洋初级生产力是指海水中的自养生物利用太阳能，通过光合作用将 CO_2 转化成有机碳的过程，其中的自养生物主要指的是海水中的浮游植物。初级生产力是海洋渔业资源的基础，了解海洋初级生产力的时空分布规律及其调控因素，对于揭示海洋生态系的结构与功能，评判海域的生态健康状况，明确海洋吸收大气 CO_2 的能力等均具有重要意义。影响海洋初级生产力时空分布的因素包括物理因素（温度、光照、水体层化作用、冷暖涡旋、上升流等）、化学因素（主要营养盐等）和生物因素（浮游动物的摄食等）[1~3]。对于不同的海域，影响初级生产力时空变化的主要因素会有所不同，其中温度、光照、营养盐是大多数海域初级生产力水平的重要影响因子[2,3]。

北部湾位于南海北部，三面环岸，是一个天然海湾。东临雷州半岛和海南岛，通过琼州海峡与南海北部相通，北面和西面分别与广西沿岸和越南相邻，南面与南海相通。北部湾主要受到 3 个水系的影响，分别是北部的沿岸冲淡水、东部的琼州海峡过道水和南部的南海水，三种水团在不同季节此消彼长。北部湾春季开始盛行西南风，沿岸径流较弱，南海水团比较强盛，

基金项目：海洋公益性行业科研专项（2010050012 – 3）；科技基础性工作专项（2008FY110100）；国家自然科学基金杰出青年基金（41125020）。

作者简介：许新雨（1987—），男，吉林人，硕士研究生，从事同位素海洋化学研究。E – mail：604042435@ qq. com。

* 通讯作者：陈敏（1970—），男，广东兴宁人，博士，教授，从事同位素海洋化学研究。E – mail：mchen@ xmu. edu. cn。

一直侵入到北部沿岸附近[4]。春季琼州海峡过道水也相对较弱,但是它携带粤西沿岸水常年西向流入北部湾[5]。迄今为止,有关北部湾初级生产力的研究仍较少,刘子琳等[6]测得1994年5—6月间北部湾的初级生产力平均为(351±172)mg/(m² · d),其空间分布呈现近岸区高于湾中部,北部高于南部的特征,光合作用生物以微型和微微型生物占优势。吴易超等[7]根据2006—2007年908专项的调查资料,开展了北部湾初级生产力及其粒级结构的研究,揭示出北部湾初级生产力存在明显的季节变化,秋季初级生产力明显高于春、夏、冬等季节,且微型浮游生物对初级生产力的贡献最大。

本研究利用[14]C示踪法实测了2011年春季北部湾北部海域的初级生产力,目的在于揭示初级生产力的空间分布规律,探究其环境影响因子。

2　方法

2.1　样品采集

研究区域位于北部湾21.3°N—20.1°N,108.3°E—109.6°E区间,调查时间为2011年4月21日—2011年4月26日,共采集了12个站位不同深度的水样(图1)。采样站位主要落在3条断面上:(1)沿岸断面,包括HB05站、HB17站、HB18站、HB29站、HB30站和HB32站,这些站位沿北部湾北部沿岸和雷州半岛西侧沿岸分布;(2)琼州海峡西侧断面,包括HB35站、HB23站、HB12站和HB01站,位于琼州海峡西侧并向西延伸;(3)南北向断面,在沿岸断面、琼州海峡西侧断面之间的海域,还设置了HB19站和HB21站,由此与HB18站、HB23站形成一个南北向断面。在每个研究站位,以塞氏盘测量水体的透光度,并假设光线在水柱中呈指数衰减来计算各水层的光强,之后按光照强度的变化采集了4~5层不同深度的水样,其对应的光照强度分别为表面光强的100%、50%、30%、10%和1%。

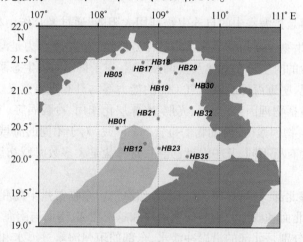

图1　2011年春季北部湾初级生产力研究的采样站位

2.2　初级生产力的测定

初级生产力采用[14]C示踪法测定[3,8]。每层各取100 cm³海水样品一式三份,分别盛入2

个白瓶和 1 个黑瓶中。往黑、白瓶中各加入 3.7×10^4 Bq ^{14}C – NaHCO$_3$，混合均匀后，放置于甲板上模拟不同深度光照条件的培养箱中培养 24 h。培养过程中，通过抽取表层海水作为培养箱中的循环水，以保持培养温度与海水温度接近。培养结束后，立即用直径为 25 mm、孔径为 0.2 μm 的混合纤维素酯膜过滤，收集颗粒物，滤膜冷冻保存。含有颗粒物的滤膜样品带回陆上实验室后，用浓盐酸熏蒸 2 h，低温烘干。转入塑料闪烁瓶中，加入 Optiphase HiSafe 3 闪烁液，通过液体闪烁计数仪（Perkin Elmer Tri – Card 2900TR）测量 ^{14}C 的放射性活度，并由下式计算初级生产力：

$$PP = \frac{(R_s - R_b) \cdot W}{R \cdot t} \tag{1}$$

式（1）中，PP 为初级生产力[mg/(m^3 · d)]；R_s 为白瓶样品测得的 ^{14}C 放射性活度（Bq）；R_b 为黑瓶样品测得的 ^{14}C 放射性活度（Bq）；R 为加入的 ^{14}C 放射性活度（Bq）；W 为海水总 CO$_2$ 含量（mg/m^3）；t 为培养时间（d）。

每个站位水柱的积分生产力 IPP[mg/(m^2 · d)]和平均初级生产力 APP[mg/(m^3 · d)]分别由下式计算获得：

$$IPP = \sum_{i=1}^{n} \frac{(PP_n + PP_{n-1})(D_n - D_{n-1})}{2} \tag{2}$$

$$APP = \frac{IPP}{D_n} \tag{3}$$

式（2）、式（3）中的 PP_n 为第 n 层深度的初级生产力[mg/(m^3 · d)]；D_n 为第 n 层采样深度（m）。

2.3 相关要素的测定

温度、盐度、密度由 SBE917 Plus 温盐深剖面仪测得。总溶解无机氮（NO$_3^-$ + NO$_2^-$ + NH$_4^+$）、活性磷酸盐按《海洋化学调查技术规程》[9]的方法进行测定，硝酸盐、亚硝酸盐、铵盐和活性磷酸盐的检出限分别为 0.05 μmol/dm^3、0.02 μmol/dm^3、0.02 μmol/dm^3 和 0.02 μmol/dm^3。后文中，若样品的营养盐含量低于检出限，则以 0 代表其含量进行图形绘制。Chl a 根据《海洋生物生态调查技术规程》[10]的方法测定。

3 结果

3.1 沿岸断面

北部湾北部沿岸断面 6 个站位温度的变化范围为 20.798 ~ 22.637℃，最低值出现在 HB05 站 18 m 层，最高值出现在 HB30 站 0 m 层（表1）。从温度的断面分布看，西侧 HB05 站的温度随着深度的增加而降低，分层现象较为明显；其他站位的温度在垂向上基本呈均匀分布态势，其中 HB18、HB29 站水体的温度较其东、西侧站位来得低（图 2a）。沿岸断面 6 个站位盐度的变化范围为 32.080 ~ 32.588，最低值出现在 HB29 站 3 m 层，最高值出现在 HB05 站 0 m 层（表1）。从盐度的断面分布看，不同站位间的盐度差异较明显，但各站位盐度的垂向分布较为均匀；HB18 站和 HB29 站的盐度明显低于其他站位，而 HB05 站的盐度较高（图 2b）。

表1　2011 年春季北部湾北部海域的初级生产力

站号	纬度 /N	经度 /E	水深 /m	层次 /m	T /℃	S	PP [mg/($m^3 \cdot d$)] （以碳计）	IPP [mg/($m^2 \cdot d$)] （以碳计）	APP [mg/($m^3 \cdot d$)] （以碳计）
HB01	20°28.58′	108°19.54′	40	0	21.721	32.886	22.80	285.1	7.5
				5	21.538	32.905	17.04		
				10	21.351	32.897	11.16		
				30	17.269	32.826	0.24		
				38	17.222	32.814	4.08		
HB05	21°22.63′	108°15.20′	20	0	22.292	32.588	33.48	229.3	12.7
				5	22.263	32.586	17.76		
				10	21.681	32.553	5.04		
				18	20.798	32.402	6.12		
HB12	20°15.07′	108°46.92′	49	0	22.239	32.735	57.96	313.6	10.5
				5	22.789	32.798	12.84		
				10	21.522	32.771	5.76		
				30	18.179	32.902	3.24		
HB17	21°27.69′	108°44.76′	12	0	22.455	32.299	74.40	246.0	24.6
				3	22.475	32.295	12.60		
				5	22.482	32.293	24.00		
				10	22.463	32.298	7.44		
HB18	21°21.91′	109°02.53′	10	0	22.129	32.134	39.60	144.6	18.1
				4	22.142	32.121	11.76		
				6	22.039	32.138	11.88		
				8	21.942	32.126	6.36		
HB19	21°10.42′	109°01.09′	16.5	0	22.402	32.712	80.76	362.9	25.9
				5	22.375	32.714	17.04		
				10	21.320	32.711	14.16		
				14	20.249	32.672	6.00		
HB21	20°37.38′	109°00.05′	34.7	0	21.485	32.533	41.28	226.0	7.5
				5	21.500	32.554	6.96		
				10	21.294	32.598	4.68		
				30	17.998	32.699	2.88		
HB23	20°10.78′	109°00.82′	32	0	21.746	32.536	37.44	1 072.5	35.8
				5	21.253	32.616	21.72		
				10	20.784	32.901	64.32		
				30	18.473	32.830	6.60		
HB29	21°18.07′	109°17.07′	11	0	21.835	32.099	22.44	155.9	17.3
				3	21.903	32.080	24.48		
				5	21.928	32.087	14.16		
				9	21.550	32.122	9.24		
HB30	21°11.69′	109°33.33′	10.7	0	22.637	32.523	356.16	458.9	57.4
				2	22.618	32.469	36.12		
				5	22.621	32.504	2.88		
				8	22.629	32.512	2.52		
HB32	20°47.21′	109°32.20′	13	0	21.739	32.324	58.44	339.1	28.3
				5	21.755	32.322	31.08		
				10	21.754	32.321	3.72		
				12	21.750	32.325	17.52		

续表

站号	纬度/N	经度/E	水深/m	层次/m	T/℃	S	PP [mg/(m³·d)](以碳计)	IPP [mg/(m²·d)](以碳计)	APP [mg/(m³·d)](以碳计)
HB35	20°03.57′	109°28.29′	31	0	20.768	32.292	51.24	784.1	27.0
				5	20.770	32.322	38.28		
				10	20.698	32.327	23.16		
				29	20.446	32.332	19.68		

北部沿岸断面的溶解无机氮(DIN)和活性磷酸盐(SRP)含量分别介于0.56～12.62 μmol/dm³和小于0.02～0.26 μmol/dm³之间;DIN最高值出现在HB05站10 m层,最低值出现在HB30站0 m层(图2c);SRP仅在HB17站近底层检测出,其余站位的SRP均低于检测限(图2d)。各站位DIN含量的垂直分布较为均匀,西侧HB05站DIN含量明显高于其他站位(图2c)。

北部沿岸断面的Chl a含量介于0.07～3.87 mg/m³,由西向东,Chl a呈逐渐增加趋势,位于断面东侧的HB29、HB32站,Chl a含量随深度的增加而降低,其余站位Chl a垂向分布较为均匀(图2e)。

北部沿岸断面的初级生产力介于2.52～356.16 mg/(m³·d),最高值和最低值分别出现在HB30站的0 m层和近底层(8 m);各站位的积分生产力落在144.6～458.9 mg/(m²·d)之间,最高值和最低值分别出现在HB30站和HB18站(表1)。从断面分布看,所有站位的初级生产力均随着深度的增加而降低,且由西往东,上层水体的初级生产力整体上呈增加的态势(图2f)。

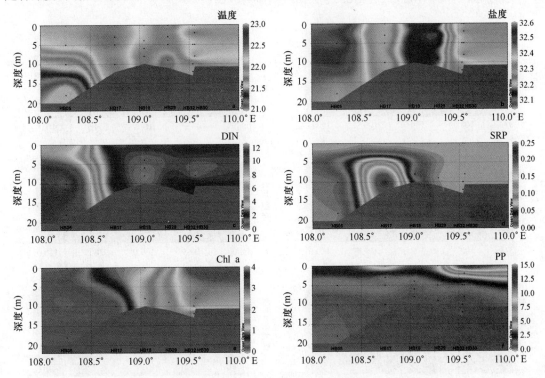

图2　沿岸断面温度、盐度、DIN、SRP、Chl a和初级生产力的分布
a:温度,℃;b:盐度;c:DIN,μmol/dm³;d:SRP,μmol/dm³;e:Chl a,mg/m³;f:PP,mg/(m³·d)

3.2 琼州海峡西侧断面

琼州海峡西侧断面 4 个研究站位的温度变化范围为 17.222～22.789℃,最高值出现在 HB12 站 5 m 层,最低值出现在 HB01 站 38 m 层(表 1)。从温度的分布可见,断面西侧近底层存在冷水团,冷水出现在 HB01 站的 30 m 和 38 m 层、HB12 站的 46 m 层和 HB23 的 30 m 层,水温均小于 18.5℃,比周围海域近底层水温低 2～4℃。在冷水团上方的 20－30 m 层,存在强的温跃层(图 3a)。各站位盐度的垂向分布较为均匀,但不同站位水体的盐度存在差异,由西往东,盐度呈现降低的趋势,但西侧冷水团的盐度也仅为 32.7～32.9,呈低盐特征(图 3b)。

琼州海峡西侧断面的 DIN 和 SRP 分别介于 0.78～12.62 $\mu mol/dm^3$ 和小于 0.02～0.32 $\mu mol/dm^3$ 之间。各站位 DIN 含量的垂直分布较为均匀,其中位于西侧的 HB01 和 HB12 站,DIN 含量较低,东侧的 HB23、HB35 站,DIN 含量较高,从而在 HB12 站与 HB23 站之间形成 DIN 的锋面(图 3c)。SRP 的分布与 DIN 不同,其垂向含量存在变化,西侧的 HB01、HB12、HB23 站 20 m 以浅 SRP 大多低于检测限,而中深层含量明显升高;东侧的 HB35 站则呈现随深度增加而降低的趋势(图 3d)。该断面冷水团具有高 SRP、低 DIN 的特征(图 3c,图 3d)。

琼州海峡西侧断面的 Chl a 含量垂向分布较为均匀,在 DIN 锋面所在站位(HB12 站、HB23 站)存在较高的 Chl a,特别是 HB12 站的近底层水体,Chl a 含量达到 1.65 mg/m^3(图 3e)。

琼州海峡西侧断面初级生产力的变化范围为 0.24～64.32 $mg/(m^3 \cdot d)$,水柱积分生产力介于 285.1～1 072.5 $mg/(m^2 \cdot d)$ 之间(表 1)。从 PP 的断面分布看,各站位的初级生产力大多呈现随着深度增加而降低的趋势;冷水团所在区域(HB01 站、HB12 站)的初级生产力明显较低,而位于东侧的 HB23 站和 HB35 站,初级生产力较高(图 3f)。

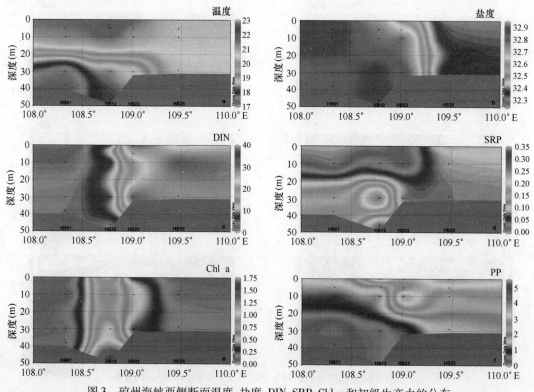

图 3　琼州海峡西侧断面温度、盐度、DIN、SRP、Chl a 和初级生产力的分布

a. 温度,℃;b. 盐度;c. DIN,$\mu mol/dm^3$;d. SRP,$\mu mol/dm^3$;e. Chl a,mg/m^3;f. PP,$mg/(m^3 \cdot d)$

3.3 南北向断面

从 HB18、HB19、HB21、HB23 站构成的南北向断面看,靠近北部沿岸的站位具有相对高温、低盐的特征,而离岸较远的站位温度较低、盐度较高(图 4a,图 4b)。HB21 站近底层(30 m)同样存在冷水团,水温为 17.998℃,盐度为 32.70(表 1)。

南北向断面 DIN、SRP 的分布总体呈现从北部沿岸往外增加的态势,并在 HB21 站附近形成营养盐锋面(图 4c,4d)。HB21 站和 HB23 站的近底层尽管都为冷水团所占据,但二者的营养盐分布明显不同,HB21 站近底层 DIN、SRP 均较低,而 HB23 站近底层的 DIN、SRP 明显较高(图 4c,图 4d)。该断面 Chl a 的分布显示,除 HB21 站近底层具有很高的 Chl a 含量外,Chl a 整体上由北部沿岸向外呈降低态势(图 4e)。

南北向断面 4 个研究站位的初级生产力介于 2.88 ~ 80.76 mg/$(m^3 \cdot d)$,最高值出现在 HB19 站 0 m 层,最低值出现在 HB21 站 30 m 层;水柱积分生产力的变化范围为 144.6 ~ 1072.5 mg/$(m^2 \cdot d)$(表 1)。初级生产力的垂直分布大多随深度增加而降低,HB23 站在次表层存在初级生产力的极大值(图 4f)。

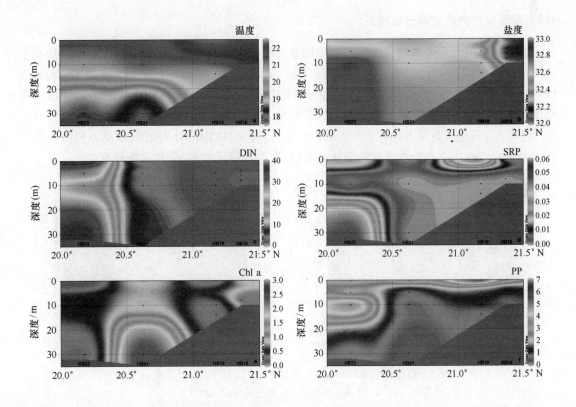

图 4　南北向断面温度、盐度、DIN、SRP、Chl a 和初级生产力的分布

a. 温度,℃ ;b. 盐度 ;c. DIN,μmol/dm^3 ;d. SRP,μmol/dm^3 ;e. Chl a,mg/m^3 ;f. PP,mg/$(m^3 \cdot d)$

4 讨论

4.1 初级生产力水平

春季北部湾北部海域的积分初级生产力介于 144.6 ~ 1072.5 mg/(m² · d)之间,平均值为 384.8 mg/(m² · d),该数值与刘子琳等[6]报道的北部湾春季测值[351 mg/(m² · d)]十分接 近,但高于 908 专项 2007 年春季在北部湾的测值[178.6 mg/(m² · d)][7],即使考虑相同的区 域,本研究获得的初级生产力水平亦高于 2007 年春季的数值[7],可能反映了初级生产力的年 际变化。与中国其他海湾春季的测值比较,北部湾北部海域的积分初级生产力与三亚湾 [276.5 ~ 594.8 mg/(m² · d)][11]、大亚湾[342 mg/(m² · d)][12];362.1 mg/(m² · d)][11]、廉 州湾[351.2 mg/(m² · d)][13]、渤海[(276.7 ± 284.4)mg/(m² · d)][14]的报道值接近,高于罗 源湾[68.5 ~ 217.5 mg/(m² · d)][15]、胶州湾[134.5 ~ 176.0 mg/(m² · d)][11]和莱州湾 [203.9 mg/(m² · d)][11],但明显低于浙江沿岸上升流区[1 250 mg/(m² · d)][16]。

4.2 初级生产力的空间分布特征

春季北部湾北部海域的初级生产力均随着深度的增加而降低(图 2f,图 3f,图 4f),反映了 光照强度变化对光合作用的影响。水柱积分生产力的高值分别出现在琼州海峡西侧断面靠近 海峡口的 HB23 站和 HB35 站,以及铁山港外的 HB30 站、HB32 站和 HB19 站,最高值出现在 HB35 站(图 5a)。消除了积分深度变化的影响后,水柱平均生产力(APP)的高值仍出现在上 述 5 个站位,只是最高值出现在 HB29 站(图 5b)。显然,铁山港外附近海域及琼州海峡西口 邻近海域是浮游生物光合作用较为活跃的海域,这与其特定的水文、化学条件有关。

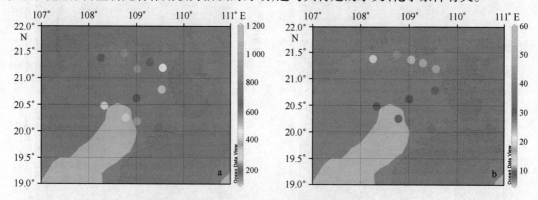

图 5 春季北部湾北部海域积分初级生产力和平均生产力的分布
a:IPP,mg/(m² · d);b:APP,mg/(m³ · d)

铁山港外附近海域(HB30 站、HB32 站和 HB19 站)较高的初级生产力可能与沿岸水的影 响有关,HB30、HB32 和 HB19 站附近存在明显的温度、盐度锋面(图 2a,图 2b,图 4a,图 4b), 它们均位于相对高温、高盐的环境中,其周边存在的低盐水体反映出陆地径流的影响,陆源营 养物质的输入以及相对高温的环境,均有利于浮游生物进行光合作用。

琼州海峡邻近海域较高的初级生产力可能与琼州海峡的西向流[17, 18]有关,一方面,此海 流携带了较为丰富的营养盐至琼州海峡附近海域(图 3c,3d),另一方面,琼州海峡西向流通过琼州海峡后,与其西侧冬季残留水形成的冷水团[17]相遇,密度差异导致西向水体发生涌升,并在西向水与冷水团之间形成盐度、主要营养盐的锋面(图3b,图3c,图3d),有利于锋面东侧的生物光合作用。刘子琳等[6]也观测到琼州海峡西侧存在高的生物量和初级生产力,并认为其与琼州海峡西向流形成的上升流有关。值得指出的是,李炎等[19]对冬季北部湾北部海区温度、密度、浊度和叶绿素空间变化的研究显示,温度锋面与浊度高值带、叶绿素高值带之间具有一定的对应关系,温度锋面的高温侧引导琼州海峡西口输入的高浊高营养盐水体沿锋面镶入,形成琼州海峡西口附近海域叶绿素的高值区。本研究观察到的2011年春季琼州海峡附近海域初级生产力的分布与其颇为类似。

4.3 影响初级生产力的主要环境因子

光合作用指数是指单位质量Chl a在单位时间内所同化合成的有机碳质量,它反映出特定海洋环境中浮游植物光合作用的能力,是浮游植物生理状态的指标。在分析影响初级生产力的环境因子时,与直接采用初级生产力测值相比,采用光合作用指数可避免因浮游植物生物量空间变化的影响,从而更准确地反映影响海域初级生产力的主要环境因素。本研究利用平均初级生产力(APP)与水柱平均Chl a含量计算获得各研究站位的平均光合作用指数,并分析其与环境因子的关系。

春季北部湾北部海域研究站位的光合作用指数介于5.4～229.5 mgC/(mgChl a·d)之间,平均值为66.9 mgC/(mgChl a·d)。光合作用指数的高值基本都出现在琼州海峡西侧断面,最高值出现在HB35站。就各站位光合作用指数的垂直分布看,光合作用指数均随着深度的增加而降低,这与光强随水深增加而减弱,进而使光合作用能力降低的变化规律相一致。由光合作用指数与水柱平均温度、平均DIN之间的关系可以看出,在高温、高DIN环境中,光合作用指数较高(图6),而光合作用指数与盐度、SRP之间并未观察到明显的相关关系存在。因此,就北部湾北部海域而言,温度和DIN共同影响着研究海域的初级生产力水平,是影响初级生产力的主要环境因子,高温、高DIN的环境条件最有利于研究海域浮游植物的光合作用。温度对研究海域初级生产力的影响可从冷水团具有很低的初级生产力得以充分的体现(图3a,图3f),而DIN对初级生产力的影响可从琼州海峡西侧断面(图3c,图3f)和南北向断面(图4c,图4f)得以体现,此外,光合作用指数与DIN平均浓度之间存在的良好线性关系同样也证实了DIN对初级生产力的明显影响(图7)。

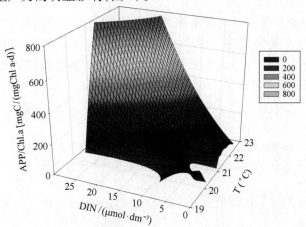

图6 春季北部湾北部海域光合作用指数与水柱平均温度、平均DIN浓度之间的关系

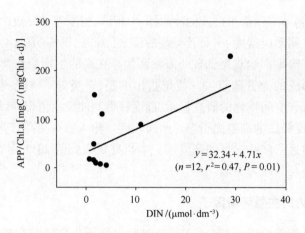

图 7　春季北部湾北部海域光合作用指数与水柱平均 DIN 浓度的关系

　　需要指出的是,DIN 对初级生产力存在影响并不意味着 DIN 是北部湾北部海域初级生产力的潜在限制性营养盐。从光合作用指数与水柱平均 DIN 浓度之间的线性拟合关系可以看出,当研究海域 DIN 浓度等于 0 时,仍存在一定数值的光合作用指数,这意味着 DIN 可能不是研究海域的限制性营养盐。实际上,在本研究的 12 个站位中,有 6 个站位(HB21 站、HB29 站、HB18 站、HB05 站、HB32 站和 HB30 站)的 SRP 在整个水柱中均低于检出限,另外 6 个研究站位水柱中的 DIN/SRP 比值均明显大于 16,HB23 站更是高达 1356,因此,磷或其他营养盐更可能是北部湾北部海域初级生产力的潜在限制性营养盐。

5　结论

　　2011 年春季北部湾北部海域的积分初级生产力介于 144.6～1072.5 mg/(m^2·d)之间,平均值为 384.8 mg/(m^2·d)。初级生产力的高值出现在琼州海峡西口与铁山港外附近海域,往往与温度、盐度和营养盐的锋面结构相对应,显示出水文、化学条件对初级生产力的影响。光合作用指数与环境因子的关系表明,温度和 DIN 是影响研究海域初级生产力的主要环境因子,高温、高 DIN 的环境条件有利于研究海域浮游植物的光合作用。

　　致谢:"东南沿海半封闭海湾生态系统对人类活动干扰的响应评价、生态重构技术及示范"项目的诸多同仁在航次实施、样品采集与数据共享等方面给予了大量帮助和支持,潘伟然老师及其研究团队提供了温度、盐度的数据;林元烧老师及其研究团队提供了 Chl a 数据;郑爱榕老师及其研究团队提供了营养盐的数据,谨致谢忱。

参 考 文 献

[1]　宁修仁,刘子琳. 我国海洋初级生产力研究二十年[J]. 东海海洋,2000,18(3):13-20.

[2]　宋星宇,黄良民,石彦荣. 河口、海湾生态系统初级生产力研究进展[J]. 生态科学,2004,23(3):265-269.

[3]　林志裕,童金炉,陈敏,等. 夏季黄、东海初级生产力的分布及其变化[J]. 同位素,2011,24(增刊):95-102.

[4]　孙振宇,胡建宇,李炎,等. 北部湾北部海区冲淡水及沿岸混合水分布的季节变化[A]//胡建宇,李炎主

编. 北部湾海洋科学研究论文集(第2辑)[C]. 北京:海洋出版社,2009,85－91.

[5] Shi Maochong, Chen Changsheng, Xu Qichun, et al. The role of Qiongzhou Strait in the seasonal variation of the South China Sea circulation[J]. Journal of Physical Oceanography, 2002, 32: 103－121.

[6] 刘子琳,宁修仁,蔡昱明. 北部湾浮游植物粒径分级叶绿素a和初级生产力的分布特征[J]. 海洋学报, 1998,20(1):50－57.

[7] 吴易超,郭丰,黄凌风. 北部湾初级生产力的分布特征与粒级结构[A]//林元烧,蔡立哲主编. 北部湾海洋科学研究论文集(第3辑)[C]. 北京:海洋出版社,2011,11－22.

[8] 陈敏,黄奕普,郭劳动,等. 北冰洋:生物生产力的沙漠?[J]. 科学通报,2002,47(9):707－710.

[9] 国家海洋局908专项办公室. 海洋化学调查技术规程[M]. 北京:海洋出版社,2006.

[10] 国家海洋局908专项办公室. 海洋生物生态调查技术规程[M]. 北京:海洋出版社,2006.

[11] 宋星宇. 典型海湾初级生产力及其影响因素研究[D]. 中国科学院南海海洋研究所博士学位论文,2004.

[12] 邢娜,刘广山,黄奕普,等. 春季大亚湾初级生产力的空间分布特征[A]//潘金培,王肇鼎,吴信忠主编.海湾生态环境与生物资源持续利用[C]. 北京:科学出版社,2001,16－25.

[13] 吕瑞华,夏滨,毛兴华. 廉州湾及其邻近水域初级生产力研究[J]. 黄渤海海洋,1995,13(2):52－60.

[14] 郝锵. 渤海叶绿素和初级生产力[A]. 孙松主编. 中国区域海洋学—生物海洋学[M]. 北京:海洋出版社,2012,3－11.

[15] 李文权,王宪,郭劳动,等. 罗源湾初级生产力评价[J]. 厦门大学学报(自然科学版),1989,28(增刊):65－70.

[16] 宁修仁,刘子琳,胡钦贤. 浙江沿岸上升流区叶绿素a和初级生产力的分布特征. 海洋学报,1985,7(6):751－762.

[17] 孙湘平. 北部湾的水文特征与环流[A]//苏纪兰,袁业立主编. 中国近海水文[M]. 北京:海洋出版社,2005,285－293.

[18] 张国荣,潘伟然,兰健,等. 北部湾东部和北部近海冬、春季水体输运特征[A]//胡建宇,李炎主编. 北部湾海洋科学研究论文集(第2辑)[C]. 北京:海洋出版社,2009,127－138.

[19] 李炎,胡建宇,黄以琛,等. 北部湾北部海区冬季海洋锋的浊度与叶绿素响应[A]//胡建宇,李炎主编. 北部湾海洋科学研究论文集(第2辑)[C]. 北京:海洋出版社,2009,173－186.

Primary production and its relation to environmental factors in the northern Beibu Gulf in spring

XU Xin－yu, CHEN Min, Zeng Jian, QIU Yu－sheng, ZHENG Min－fang,

HE Ying－xue, HE Wen－Tao

(*College of Ocean and Earth Sciences, Xiamen University, Xiamen* 361005, *China*)

Abstract: Primary production in the northern Beibu Gulf was measured by ^{14}C tracer assay in spring 2011. The integral primary production in the water column ranged from 144.6 to 1072.5 mg/($m^2 \cdot$ d), with an average of 384.8 mg/($m^2 \cdot$ d). The high primary production was observed nearby the fronts of temperature, salinity and nutrients in the west side of the Qiongzhou Strait and the outside of the Tieshan bay, indicating the effect of hydrological and chemical environments. The relationship between the photosynthesis index and the environmental factors indicates that besides solar radiation, temperature and dissolved inorganic nitrogen are major factors affecting primary production. The environments with high temperature and dissolved inorganic nitrogen favor the plankton photosynthesis in the northern Beibu Gulf. However, phosphorus and other minor nutrients may be the limiting nutrient for the primary production in the northern Beibu Gulf.

Key words: primary production, environmental factors, Beibu Gulf, spring

北部湾总磷含量的分布特征与季节变化

陈　丁,郑爱榕

(厦门大学海洋与地球学院,福建 厦门 361005)

摘要:磷是海洋生物所必需的营养盐之一,是控制海洋初级生产力的重要因子。本文根据 2006—2007 年我国近海海洋综合调查与评价专项("908 专项")ST09 区块的调查研究数据,对北部湾海域总磷含量的分布特征与季节变化趋势进行探讨。研究结果表明,北部湾海域四季海水总磷含量平均值为 0.037～0.053 mg/L,全年平均值为 0.043 mg/L。平面分布趋势基本为近岸高远岸低,主要高浓度区域在湾北部白龙尾岛附近、琼州海峡西口以及海南岛西侧八所港附近,与悬浮颗粒物的关系较明显;垂直分布总体上为表层至底层依次增大;4 个季节总磷平均浓度的变化趋势由大到小依次是夏季、春季、冬季、秋季。调查海域总磷含量受琼州海峡输入的影响相对大于湾北部广西近岸径流的输入。

关键词:北部湾;总磷

1　引言

磷是海洋生物所需的营养盐之一,是控制海洋初级生产力的重要因子。海水中的磷以无机磷和有机磷两种化学形式存在,每种形式又分为溶解和颗粒两种形态。总磷指海水中溶解态的及颗粒态的所有含磷化合物的总和。以不同形式存在于海水中的磷,处在相互转换的循环之中:颗粒磷通过细菌或化学作用可转化为溶解有机磷,而溶解有机磷通过细菌作用也可转化为成无机磷[1]。海洋中磷的分布和各季节的变化是海洋生产量、海区肥沃性的一种标志。

北部湾是南中国海大陆架西北部的一个天然半封闭浅海湾,三面被陆地和岛屿环绕,西向凸出、湾口朝南呈扇形;东面经琼州海峡与南海北部沿岸相通;西面是越南北部;湾南部湾口与南海相通,是南海东部、北部海水与大陆物质交换的重要区域[2-4]。多年来对北部湾海洋环境状况的观测数据较少,本文根据我国近海海洋综合调查与评价专项(908 专项)ST09 区块的调查研究数据,对北部湾海域总磷含量的分布特征与季节变化趋势进行探讨,希望能够为北部湾海区环境质量评价及相关管理方案的制定提供参考依据。

2　材料和方法

调查研究所用样品分四个航次采集,夏季航次于 2006 年 7 月 12 日—2007 年 8 月 10 日实施;冬季航次于 2006 年 12 月 18 日—2007 年 2 月 1 日实施;春季航次于 2007 年 4 月 10 日—2007 年 5 月 5 日实施;秋季航次于 2007 年 10 月 10 日—2007 年 11 月 18 日实施。每个航次设采样站位 40 个,如图 1 所示,每个站分表层、10 m、30 m 和底层采样。四个航次获取的数据量分别为 140、139、138 和 144 个,共获取数据 561 个。

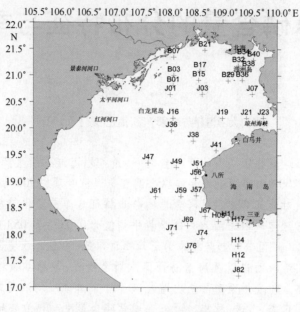

图 1　北部湾总磷采样站位

水样用 SBE 917 温盐深剖面仪配备的 8L 葵式 Go – flo 采水器采集,采集后于调查船上采用过硫酸钾氧化法现场测定。

3　结果

3.1　平面分布

研究区域海水总磷在各季节、各层次的浓度见表 1,由表可知,北部湾海域海水总磷含量平均值为 0.037 ~ 0.053 mg/L,全年平均值为 0.043 mg/L,低于珠江口的浓度(0.055 mg/L)[5],但高于南海表层水的浓度(0.007 ~ 0.019 mg/L)[6]。

表 1　北部湾海域海水总磷浓度　　　　　　　　　　　　　　　　单位:mg/L

时间	层次	量值范围	平均值	时间	层次	量值范围	平均值
夏季	表层	0.008 ~ 0.107	0.052	春季	表层	0.006 ~ 0.115	0.030
	10 m	0.006 ~ 0.120	0.051		10 m	0.006 ~ 0.250	0.043
	30 m	0.007 ~ 0.103	0.048		30 m	0.009 ~ 0.194	0.042
	底层	0.009 ~ 0.120	0.057		底层	0.013 ~ 0.224	0.055
	整个水体	0.006 ~ 0.120	0.053		整个水体	0.006 ~ 0.250	0.042
冬季	表层	0.011 ~ 0.080	0.032	秋季	表层	0.005 ~ 0.111	0.029
	10 m	0.009 ~ 0.148	0.036		10 m	0.004 ~ 0.136	0.035
	30 m	0.011 ~ 0.079	0.030		30 m	0.004 ~ 0.061	0.020
	底层	0.007 ~ 0.166	0.050		底层	0.008 ~ 0.157	0.055
	整个水体	0.007 ~ 0.166	0.038		整个水体	0.004 ~ 0.157	0.037

综合四个季节总磷分布的趋势来看,北部湾海域总磷浓度基本为近岸高远岸低,冬春季湾南部与北部浓度相差不大,夏秋季基本为北高南低。四个季节 0 m、10 m、30 m 及底层的平面分布趋势基本一致。总磷主要高浓度区域有 3 个:湾北部白龙尾岛附近、琼州海峡西口以及海南岛西侧八所港附近。

由图 2(a~d)可见,海南岛西侧东方市八所港附近,由表层到底层海水,均常年存在总磷的高值区,该区域与悬浮颗粒物浓度的高值区十分吻合[7],并向西南扩散至湾的中线附近。根据同航次调查数据(图见连忠廉等,2008[7]),北部湾海域总磷浓度与悬浮颗粒物浓度分布趋势非常接近,秋冬两季尤为明显。对总磷和悬浮颗粒物浓度做相关性分析,发现总磷与悬浮颗粒物存在一定的正相关关系(四个季节二者的相关关系分别为:夏季:$TP = 0.000\ 9\ SS + 0.047, r^2 = 0.181\ 1, n = 140$;冬季:$TP = 0.005\ 4\ SS + 0.017\ 2, r^2 = 0.698\ 6, n = 139$;春季:$TP = 0.003\ 8\ SS + 0.028\ 3, r^2 = 0.386\ 4, n = 138$;秋季:$TP = 0.006\ 6\ SS + 0.011\ 6, r^2 = 0.783\ 8, n = 144$),但与叶绿素 a 的相关关系不显著,说明北部湾总磷含量受非生物来源的颗粒物的影响大于浮游植物的影响。

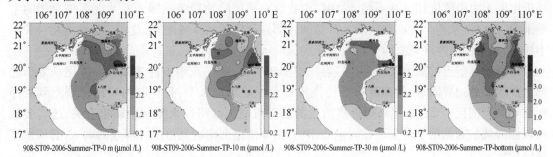

图 2a　北部湾夏季海水总磷浓度平面分布

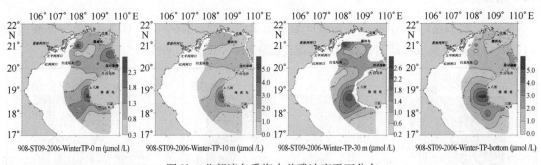

图 2b　北部湾冬季海水总磷浓度平面分布

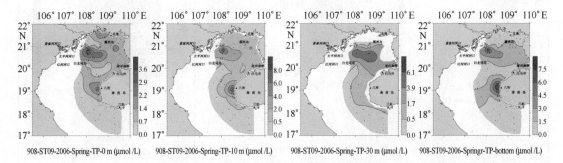

图 2c　北部湾春季海水总磷浓度平面分布

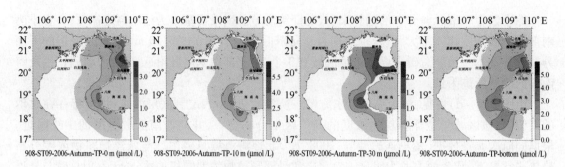

图 2d　北部湾秋季海水总磷浓度平面分布

　　琼州海峡西口的高浓度区域主要存在于夏秋两季,并向西递减;由于琼州海峡夏半年存在明显的西向流[8],夏季南海海水通过琼州海峡进入北部湾[9],因此将海峡东面接纳珠江冲淡水的含较高浓度总磷的南海表层水带入北部湾,并向西扩散。相反地,北部湾湾顶部钦州港外近岸海水总磷浓度相对并不高,说明广西壮族自治区陆地径流的输入并非北部湾总磷的主要来源。此外,从整个北部湾区域尤其是湾北部靠近广西的海域来看,总磷与盐度的相关关系不显著,也说明研究区域总磷受广西沿岸径流输入影响较小。

　　白龙尾岛附近的高值区在夏、冬、春三季都较明显,并向东南方向递减。白龙尾岛处于北部湾中线中越边界附近,西部近岸有径流量较大的红河输入[4],且在红河口南部观察到悬浮颗粒物的高值区[10],白龙尾岛附近高浓度的总磷可能与红河带来悬浮颗粒物有关,还需要该站以西海域的数据给予证实。在海南岛南侧,由于湾南部南海低浓度外海水的输入,总磷浓度整体较低。

3.2　断面分布

　　分别在北部湾北部、中部以及南部区域选取 B15 ~ B21、J16 ~ J23、H17 ~ J82 三条断面作为代表,讨论研究区域总磷的垂直分布情况[见图 3(a ~ d)]。

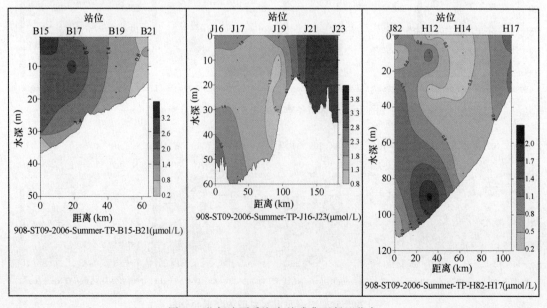

图 3a　北部湾夏季海水总磷典型断面分布

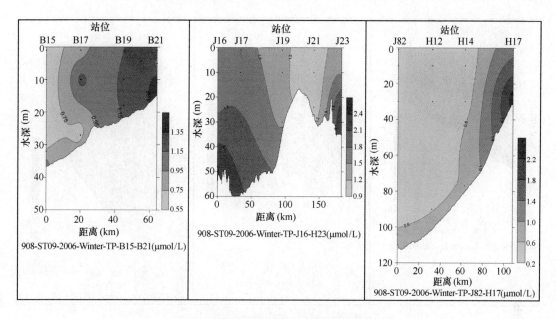

图 3b　北部湾冬季海水总磷典型断面分布

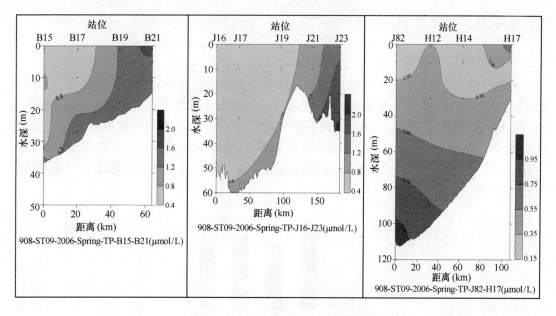

图 3c　北部湾春季海水总磷典型断面分布

从 3 个断面的整体分布趋势来看,除夏季 B15 ~ B21 断面为离岸最远站的表层浓度最高,以及秋季 H17 ~ J82 断面为 30 m 层最高以外,其余各季节各断面的总磷浓度基本上为底层高,表层低。在 J16 ~ J23 断面东侧,即琼州海峡西口的各站,四季的等值线走向均以竖直方向为主,说明对于琼州海峡这样水深较浅,水体运动较剧烈的海域来说,总磷在垂直方向上的分布相对均匀。

从每个站的垂直分布情况来分析,北部湾总磷的垂直分布总体上为表层至底层依次增大,该分布类型的站数分别占夏、冬、春、秋季总站数的 35% 、53% 、63% 及 47% ;另外,夏季中层

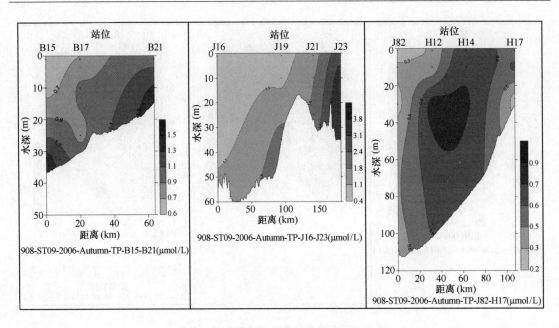

图 3d　北部湾秋季海水总磷典型断面分布

略低表底层较高的类型,约占总站数的47%。

3.3　季节变化

　　调查区域四个季节总磷平均浓度的变化趋势由大到小依次是夏季、春季、冬季、秋季(见图3),将研究海域分为3个区域来看,湾北部琼州海峡以北的季节变化趋势由大到小依次为夏、春、秋、冬,湾中部海南岛西侧由大到小依次为夏、春、冬、秋,南部湾口附近海域由大到小依次为冬、秋、夏、春。说明北部湾北部及中部与南部湾口附近的总磷含量的影响因素存在差异,在春、夏季丰水期,陆地径流或琼州海峡输入的总磷对湾北部及中部的影响大于南部湾口附近。

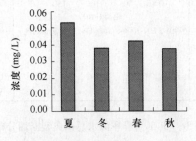

图 3　北部湾海水总磷的季节变化

4　小结

　　北部湾总磷平面分布趋势基本为近岸高远岸低。冬春两季的平面分布上,湾南部与北部的总磷浓度相差不大;而在夏秋两季,总磷的分布基本为湾北部高于湾南部。4 个季节 0 m、10 m、30 m 及底层的平面分布趋势基本一致。主要高浓度区域在湾北部白龙尾岛附近、琼州海峡西口以及海南岛西侧八所港附近。总磷浓度与悬浮颗粒物浓度关系较明显,受非生物来源颗粒物的影响大于浮游植物的影响。调查海域总磷含量受琼州海峡输入的影响相对大于湾北部广西近岸径流的输入,广西陆地径流的输入并非北部湾总磷的主要来源。垂直分布总体上为表层至底层依次增大;四个季节总磷平均浓度的变化趋势由大到小依次是夏季、春季、冬季、秋季。

参 考 文 献

[1] 陈淑美,卢美鸾,傅天保, 九龙江口水体中各形态磷的行为[J]. 台湾海峡, 1997. 16(3): 299 – 305.
[2] 陈波,北部湾水系形成及其性质的初步探讨[J]. 广西科学院学报,1986,2(2),92 –95.
[3] 刘忠臣等,中国近海及邻近海域地形地貌[M],2005.
[4] 孙湘平,中国近海区域海洋[M]. 北京:海洋出版社,2006.
[5] 林以安,苏纪兰,扈传昱,等. 珠江口夏季水体中的氮和磷[J]. 海洋学报(中文版),2004,5:63 –73.
[6] 潘建明,扈传昱,陈建芳,等,南海海域海水中各形态磷的化学分布特征[J]. 海洋学报,2004,26(1):40 –47.
[7] 连忠廉,邱雨生,郑爱榕,北部湾夏季悬浮物分布特征[J]. 北部湾海洋科学研究论文集(第 1 辑),2008,北京.
[8] 夏华永,李树华,侍茂崇. 北部湾三维风生流及密度流模拟[J]. 海洋学报,2001,23(6):11 –23.
[9] 杨士瑛,陈波,李培良,用温盐资料研究夏季南海水通过琼州海峡进入北部湾的特征[J]. 海洋湖沼通报,2006,1:1 –7.
[10] van Maren, D. S. P. Hoekstra. Dispersal of suspended sediments in the turbid and highly stratified Red River plume[J]. Continental Shelf Research, 2005, (25): 503 –519.

Distribution and seasonal variation of total phosphorus in Beibu Gulf of China

Chen Ding, Zheng Ai – rong

(*Institute of Subtropical Oceanography, Department of Oceanography, Xiamen University, Xiamen 361005, China*)

Abstract: Phosphorus is an indispensable nutrient for marine organism as well as an important dominative factor of the primary production in ocean ecosystem. In this paper, distribution and seasonal variation of total phosphorus (TP) in Beibu Gulf of China was studied according to the data from the Chinese marine integrated survey and evaluation – ST09 block (2006—2007). The results show that average TP concentrations of seawater from Beibu Gulf of China are 0. 037mg/L to 0. 053mg/L for four seasons, and 0. 043 mg/L for the whole year. The horizontal distribution is mainly higher concentrations in nearshore areas and lower concentrations in offshore areas. There are high concentration areas, one of which exists near the Bailongwei island in the north of the gulf and another near the west outlet of Qiongzhou strait, while the third one near Basuo Port in the west of Hainan island.

TP concentrations have some relationship with Suspended Particulate Matter. The vertical distribution is mainly that TP concentrations increase from surface waters to the bottom waters. Average concentrations of TP in four seasons are summer > spring > winter > autumn. Waters inputted from Qiongzhou Strait have more effect on TP in Beibu Gulf than terrestrial input from Guangxi province.

Key words：Beibu Gulf；Total phosphorus

北部湾亚硝酸盐含量分布特征与
季节变化研究

王春卉,郑爱榕*

(厦门大学海洋与地球学院,福建 厦门 361005)

摘要:本文根据 2006 年 7 月至 2007 年 11 月 4 个航次调查数据,对北部湾海域亚硝酸盐含量的分布特征及季节变化进行了初步研究,并初步探讨了该海域亚硝酸盐的主要来源。结果显示:(1)北部湾海域夏季亚硝酸盐浓度范围为未检出(ND) ~ 0.016 mg/L,平均为 0.001 mg/L;冬季亚硝酸盐浓度范围为 ND ~ 0.009 mg/L,平均为 0.003 mg/L;春季亚硝酸盐浓度范围为 ND ~ 0.046 mg/L,平均为 0.009 mg/L;秋季亚硝酸盐浓度范围为 ND ~ 0.025 mg/L,平均为 0.005 mg/L。(2)北部湾调查海域亚硝酸盐的季节变化较大,总体趋势由大到小依次为春季、秋季、冬季、夏季,春、夏、秋季各水层亚硝酸盐总体趋势表现为北高南低,沿岸高远岸低,浅层和深层分布有差别;冬季则四层分布一致,南北两块高值中心向外递减的梯度变化趋势比较明显。(3)陆源径流输入、生物作用及低氧是影响北部湾亚硝酸盐平面分布的主要因素;反硝化作用是导致春季亚硝盐浓度高于其他季节的主要原因。

关键词:亚硝酸盐 北部湾 季节变化

1 引言

无机氮是海水中的重要营养元素,是海洋浮游植物的基本营养物质之一。海水中无机氮主要包括硝酸盐($NO_3^- - N$),亚硝酸盐($NO_2^- - N$)和铵盐($NH_4^+ - N$),其中,$NO_3^- - N$ 与 $NH_4^+ - N$ 是主要的含氮营养盐,$NO_2^- - N$ 在海洋中的浓度通常很低(< 0.001 mg/L);它主要作为硝化反硝化过程及植物体内被摄取的硝酸盐在硝化酶的作用下转化为氨及氨基酸过程的中间产物;但在上升流区和由有氧环境向缺氧环境转变的过渡带内,亚硝酸盐浓度也会很高(> 0.028 mg/L)。海水中大量亚硝酸盐存在时,意味着细菌的活性很高。浮游植物在过度摄食期间也会排泄亚硝酸盐。因此,研究海洋中亚硝酸盐的浓度及其分布规律,对了解海洋中的生物过程,完善氮的生物地球化学循环模式有着重要意义。

北部湾是我国南海西北部的一个半封闭型的海湾。北部湾海水化学的研究范围主要集中于湾北部的沿岸海域,对北部湾包括亚硝酸盐在内的无机氮分布特征的研究相对较少,并且也仅限于近岸内湾[1~5]。本文根据我国近海海洋综合调查与评价专项("908 专项")ST09 区块于 2006 年 7 月—2007 年 11 月期间 4 个航次对北部湾亚硝酸盐的测定结果,对北部湾亚硝酸

*郑爱榕,女,福建人,博士,教授,从事海洋环境化学研究. E - mail:arzheng@ xmu. edu. cn。

盐含量的分布特征及季节变化进行全面分析,并初步探讨其来源和影响因素。

2 研究站位及方法

2.1 调查站位

2006 年夏季(7 月 15 日—8 月 7 日)、冬季(12 月 25 日—翌年 1 月 22 日)、2007 春季(4 月 12 日—5 月 1 日)和 2007 年秋季(10 月 14 日—11 月 15 日)于北部湾(17.063 °—21.569 °N,107.404 °—110.103 °E)进行 4 个航次调查(国家"908 专项"ST09 区块水体调查),调查船为中国科学院南海海洋研究所"实验 2"号科学调查船,调查海区包括琼州海峡和海南岛三亚以西的北部湾水域和海南岛南部水域,共设 76 个大面站(图 1)。为方便讨论,本文将调查区域分为 3 个小分区,分别表示为 B 区(广西沿海区)、J 区(琼州海峡以西至海南岛西部海域)和 H 区(海南岛以南海区)。

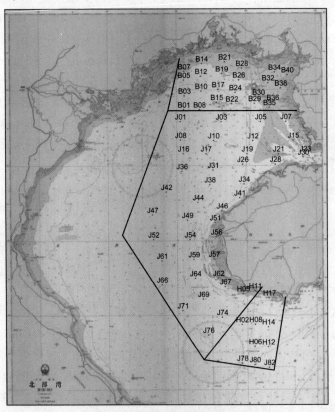

图 1 北部湾亚硝酸盐调查站位

2.2 样品采集与分析方法

采用美国 Seabird 仪器公司的 SBE917 温盐深剖面仪所附的体积为 8 L 的 Go‑flo 采水器在各采样站位分别采集表层、10 m、30 m 和底层水样。取 1~3 L 水样在现场用预先在 40~50℃下烘干并称重的 0.45 μm 的醋酸纤维素滤膜过滤。

分别移取各层过滤后的水样 25 mL 于 30 mL 广口瓶中,按"908"专项的《海洋化学调查技术规程》[6]进行测定水样中的亚硝酸盐含量。

2.3 质量控制方法

为确保分析质量,每个航次前均对本研究所用的仪器进行了检定和校准。并在采样站位中选取 15 个站位进行精密度和回收率实验,4 个航次样品亚硝酸盐分析的精密度范围为 ±0.0% ~ ±5.0%,回收率范围为 95.8% ~100.1%,能满足分析的要求。样品检测下限为:0.02 μmol/L。

3 各季时空变化

3.1 夏季

1)平面分布(图 2)

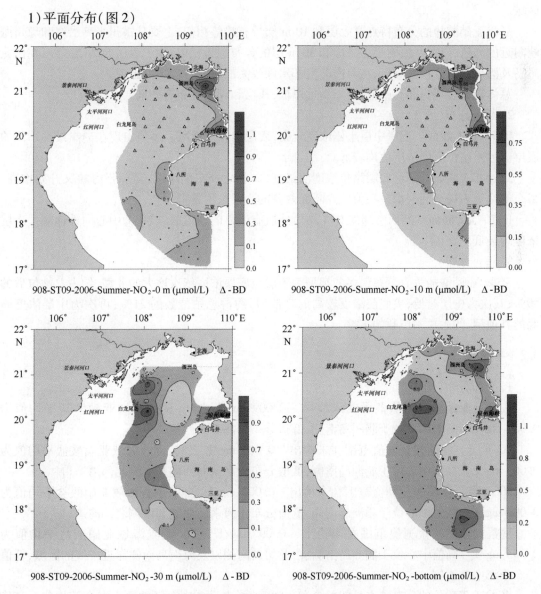

图 2 北部湾调查海域夏季海水亚硝酸盐浓度平面分布

表层　亚硝酸盐测值范围在未检出—0.016 mg/L 之间,调查海域亚硝酸盐平均值为 0.001 mg/L。高值中心位于涠洲岛以东和琼州海峡西口,海南岛西北离岸较远的各站浓度大部分较低。

10 m 层　亚硝酸盐测值范围在未检出—0.012 mg/L 之间,调查海域亚硝酸盐平均值为 0.001 mg/L。高值中心位于涠洲岛以东和琼州海峡东口,海南岛西北离岸较远的各站浓度大部分较低。

30 m 层　亚硝酸盐测值范围在未检出—0.014 mg/L 之间,调查海域亚硝酸盐平均值为 0.003 mg/L。高值中心位于白龙尾岛附近和琼州海峡西口,低值出现在海南岛西南靠近中线的区域。

底层　亚硝酸盐测值范围在未检出—0.016 mg/L 之间,调查海域亚硝酸盐平均值为 0.004 mg/L。高值中心位于白龙尾岛附近和涠洲岛以东,低值出现在海南岛西南靠近中线的区域。

夏季亚硝酸盐的分布特点是表层和 10 m 层分布趋势相似,主要是雷州半岛沿岸和琼州海峡附近的高值,以及八所附近。底层和 30 m 层的分布趋势相似,除了表层的高值区外,在白龙尾岛及湾中线附近也有高值,在海南岛南部水深较大的地方有较高值出现。

总体趋势表现为北高南低,沿岸高远岸低,浅层和深层分布有差别。

2)断面分布(图 3)

B15～B21 断面　近岸中层水体浓度较高,表层向离岸递减。高值出现在离岸最远站位的底层。远岸站位表层浓度值均较低。

J16～J23 断面　西侧底层站位浓度值最高,向表层及东侧递减,至琼州海峡又开始增高。最东侧站位表层至底层都是高值区。断面西侧的表层浓度最低。

H17～J82 断面　断面中部的 H14 站位底层有明显的高值区,以它为中心向外递减。表层浓度均最低。

3)垂直分布

夏季,亚硝酸盐垂直分布最多的类型为表层至底层浓度依次增大的 Ⅱ 型,约占总站位数的 50%;其次为中层略低,表底层浓度较高的其他型,约占总站位数的 21%;再次为中层浓度略高的其他型,约占总站位数的 13%。

3.2　冬季

1)平面分布(图 4)

表层　亚硝酸盐测值范围在未检出～0.009 mg/L 之间,调查海域亚硝酸盐平均值为 0.002 mg/L。高值中心位于涠洲岛南侧,低值分布于海南岛西侧。

10 m 层　亚硝酸盐测值范围在未检出～0.009 mg/L 之间,调查海域亚硝酸盐平均值为 0.003 mg/L。高值中心位于涠洲岛南侧,低值分布于海南岛西侧和南侧北部湾湾口。

30 m 层　亚硝酸盐测值范围在未检出～0.008 mg/L 之间,调查海域亚硝酸盐平均值为 0.003 mg/L。高值中心位于涠洲岛南侧,低值分布于海南岛西侧和南侧北部湾湾口。

底层　亚硝酸盐测值范围在未检出～0.009 mg/L 之间,调查海域亚硝酸盐平均值为 0.003 mg/L。高值中心位于涠洲岛南侧、白龙尾岛南侧以及海南岛南侧靠近中线的区域,低值分布于海南岛西侧。

冬季亚硝酸盐的分布特点是四层分布非常一致,表示冬季海区的垂直混合较均匀。高值

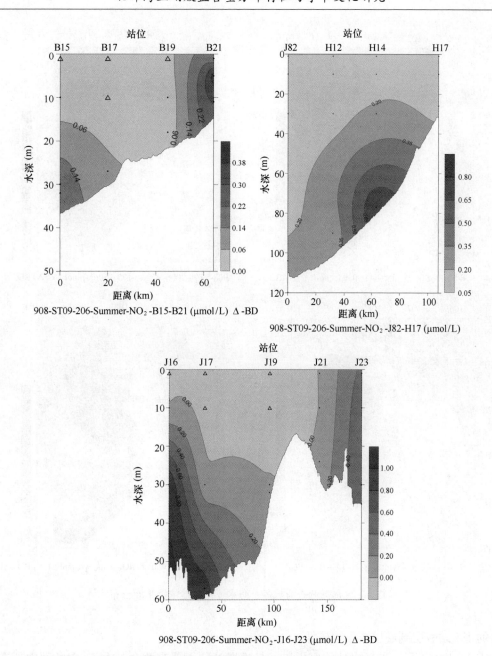

908-ST09-206-Summer-NO$_2$-B15-B21 (μmol/L) Δ-BD

908-ST09-206-Summer-NO$_2$-J82-H17 (μmol/L)

908-ST09-206-Summer-NO$_2$-J16-J23 (μmol/L) Δ-BD

图 3　北部湾调查海域夏季海水亚硝酸盐浓度典型断面分布

区分为明显的两块区域,在北部主要为以涠洲岛为中心延伸至白马井的大范围海区,其中 30 m 层和底层的高值范围还延伸至白龙尾岛以南。南部主要是海南岛西南的海区,其中表层和底层在三亚以南为高值区,10 m 层和 30 m 层在该位置为低值区。

总体表现为四层分布一致,南北两块高值中心向外递减梯度比较明显。

2)断面分布(图 5)

B22 ~ B28 断面　离岸最远的站位底层有明显的极大值,向近岸及表层递减。近岸各站的亚硝酸盐浓度均很低。

J16 ~ J23 断面　断面中部站位表层至底层均有较大值,等值线基本与海底垂直。琼州海

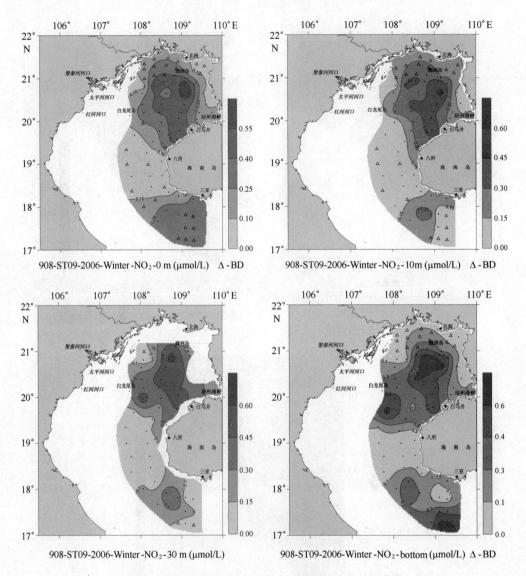

图4 北部湾调查海域冬季海水亚硝酸盐浓度平面分布

峡口的 J23 站表层到底层浓度均较低。

H17～J82 断面 最远岸站位底层以及最近岸站位表层有两个极大值,向断面中部递减,断面中部站位底层有极小值。

3)垂直分布

冬季,亚硝酸盐表层至底层浓度分布较均匀,该垂直分布Ⅲ型约占总站位数的47%;其次为表层至底层依次增大的Ⅱ型,约占总站位数的26%;再次为表层浓度较大的其他型,约占总站位数的10%。

3.3 春季

1)平面分布(图6)

表层 亚硝酸盐测值范围在未检出～0.044 mg/L 之间,调查海域亚硝酸盐平均值为

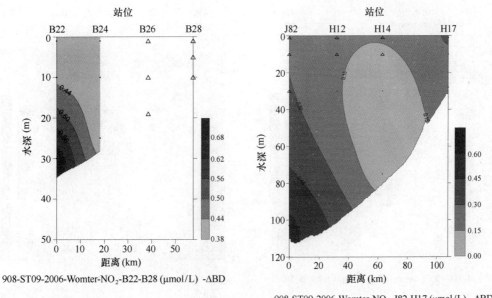

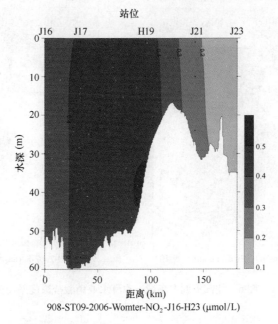

图5　北部湾调查海域冬季海水亚硝酸盐浓度典型断面分布

0.007 mg/L。高值中心位于涠洲岛附近海区和琼州海峡西口,其余海域浓度依次降低。

　　10 m层　亚硝酸盐测值范围在未检出~0.045 mg/L之间,调查海域亚硝酸盐平均值为0.009 mg/L。高值中心位于涠洲岛附近海区和琼州海峡西口,海南岛西南各站浓度均较低。

　　30 m层　亚硝酸盐测值范围在未检出~0.033 mg/L之间,调查海域亚硝酸盐平均值为0.007 mg/L。高值中心位于涠洲岛附近、琼州海峡西口以及白龙尾岛北侧,其余海域浓度依次降低。

　　底层　亚硝酸盐测值范围在未检出~0.046 mg/L之间,调查海域亚硝酸盐平均值为0.013 mg/L。高值中心位于涠洲岛附近、琼州海峡西口以及白龙尾岛北侧,低值出现在海南岛

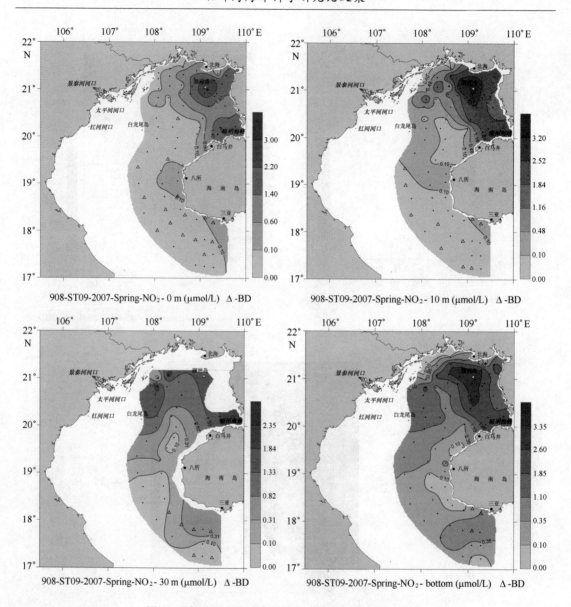

图 6　北部湾调查海域春季海水亚硝酸盐浓度平面分布

西南近岸站位。

　　春季亚硝酸盐的分布特点是四层分布略有不同。四层都有涠洲岛附近海区和琼州海峡西口的高值区,但深层比表层多了白龙尾岛的高值中心。八所与白马井之间的近岸有小范围的低值区。

　　总体表现为北高南低,北部海区近岸高远岸低,四层分布略有不同。

　　2)断面分布(图 7)

　　B15～B21 断面　断面中部的底层有较大范围的高值区,并向表层递减。最小值出现在两个区域,分别为最近岸站位的表层和中层以及离岸较远的 B17 站的表层。

　　J16～J23 断面　琼州海峡口有明显的大范围高值区,而断面西侧的表层数站浓度均较低。浓度梯度最大的地方在 J21 站西侧,该处等值线基本与海底垂直。断面西侧底层也有较高值。

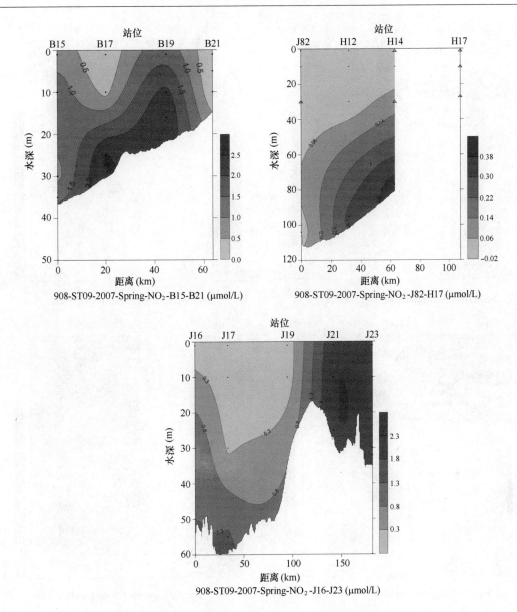

图7　北部湾调查海域春季海水亚硝酸盐浓度典型断面分布

　　H17～J82断面　断面中部的底层有最大值,并向表层以及近岸均匀递减,最近岸站位从表层到底层浓度均极低。

　　3)垂直分布

　　春季,亚硝酸盐垂直分布多数为表层至底层浓度依次增大的Ⅱ型,约占总站位数的65%;其余站位大部分垂直分布较均匀的Ⅲ型,约占总站位数的25%。

3.4　秋季

　　1)平面分布(图8)

　　表层　亚硝酸盐测值范围在未检出～0.025 mg/L之间,调查海域亚硝酸盐平均值为0.004 mg/L。高值中心位于涠洲岛东侧海域,其余海区浓度基本较低。

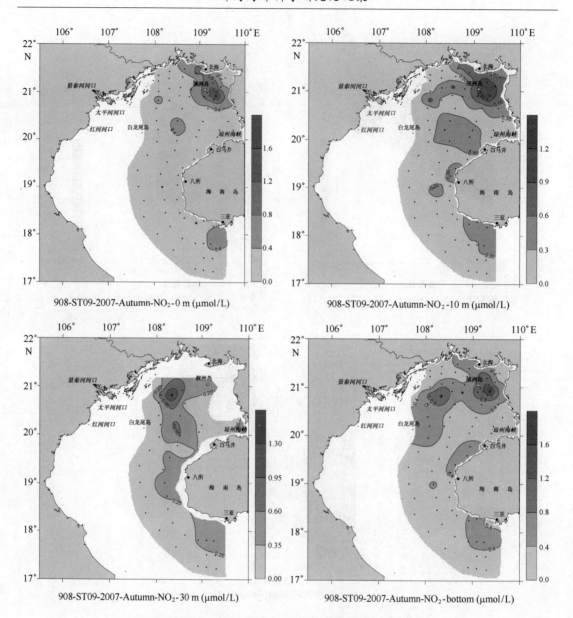

图8 北部湾调查海域秋季海水亚硝酸盐浓度平面分布

10 m 层 亚硝酸盐测值范围在未检出 ~0.017 mg/L 之间,调查海域亚硝酸盐平均值为 0.004 mg/L。高值中心位于涠洲岛东侧海域,整个中线附近海区浓度基本较低。

30 m 层 亚硝酸盐测值范围在未检出 ~0.019 mg/L 之间,调查海域亚硝酸盐平均值为 0.004 mg/L。高值中心位于湾北部中心海区,整个中线附近海区浓度基本较低。

底层 亚硝酸盐测值范围在未检出 ~0.025 mg/L 之间,调查海域亚硝酸盐平均值为 0.006 mg/L。高值中心位于湾北部中心海区以及涠洲岛东侧,海南岛西南侧海区浓度基本较低。

秋季亚硝酸盐的分布特点是四层的分布趋势都比较接近,但是表层和 10 m 层的高值中心较偏东,在雷州半岛附近;30 m 层和底层的较偏西,在白龙尾岛北面。除了表层以外,其余 3 层都在白马井和八所之间的近岸以及三亚附近近岸有比较高浓度的区域。

总体表现为北高南低,沿岸高远岸低,浅层和深层分布比较接近,高浓度中心随深度逐渐向西移动。

2)断面分布(图9)

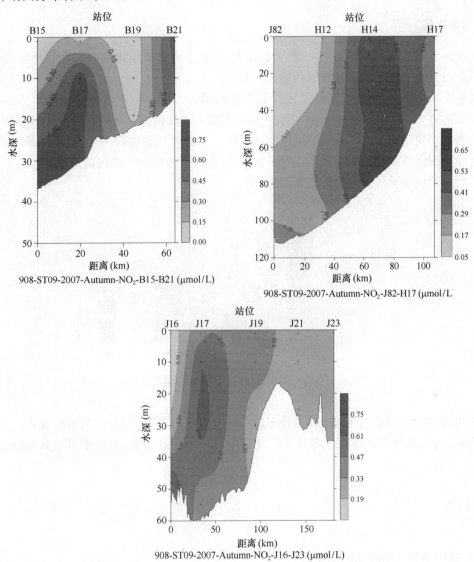

908-ST09-2007-Autumn-NO₂-B15-B21 (μmol/L)

908-ST09-2007-Autumn-NO₂-J82-H17 (μmol/L)

908-ST09-2007-Autumn-NO₂-J16-J23 (μmol/L)

图9　北部湾调查海域秋季海水亚硝酸盐浓度典型断面分布

B15～B21断面　离岸最远站位的底层有较大范围的高值区,并向相邻站位的中层延伸。另一个高值区出现在最近岸站位的表层。低值区在离岸较近的B19站的表层和中层。近岸区域的等值线基本与海底垂直。

J16～J23断面　断面最西侧站位的底层以及相邻的J17的中层有较高值,并向东侧递减。低值出现在断面最西侧站位的表层。

H17～J82断面　等值线明显与海平面垂直,断面中部的H14站从表层到底层为高值区,并由它向两侧递减。低值出现在离岸最远站位的表层。

3）垂直分布

秋季,亚硝酸盐垂直分布类型基本为两种,一种是表层至底层浓度变化不大（Ⅲ型）,约占总站位数的46%；另一种是表层至底层依次增大（Ⅱ型）,约占总站位数的42%。

3.5　四季比较

从湾内不同区域的季节变化来看,亚硝酸盐在 B 区的季节变化趋势由大到小依次为春、秋、夏、冬,J 区为春、秋、冬、夏,H 区为秋、冬、夏、春。

从整个调查海区来看,亚硝酸盐四季的变化趋势由大到小依次为春季、秋季、冬季、夏季（见图10）,夏季与秋季分布趋势较一致,浅层高值区基本在雷州半岛附近以及琼州海峡,深层除了与表层相同以外还有白龙尾岛附近的高值区。冬季四层的混合均匀,高值区基本在涠洲岛附近以及海南岛南部的深层水体。到了春季,这个高值区比冬季略向雷州半岛靠近了一些,底层开始出现白龙尾岛附近的高值区。

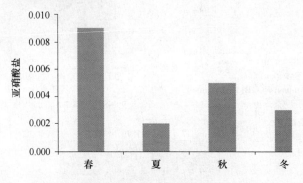

图10　北部湾调查海域海水亚硝酸盐的季节变化

总之,北部湾亚硝酸盐浓度较低,分布趋势基本表现为北高南低,琼州海峡及雷州半岛附近多为高值区,春秋季浓度高于冬夏季。夏季表底层分布有差异,其余季节表底层分布差异不大。

4　讨论

4.1　与其他海区亚硝酸盐的比较

亚硝酸盐在开阔自然海区中的浓度通常很低（<0.001 mg/L）,从表1 中可以看出,春、夏、秋、冬四季整个调查海区亚硝酸盐的平均浓度分别为0.009 mg/L、0.002 mg/L、0.005 mg/L 和0.003 mg/L。与历史数据的比较可知,此次调查结果显示湾北的 B 区亚硝酸盐浓度的还略高于北部湾湾顶的北海湾[3],但季节变化趋势基本相似,春季均明显高于其他各季,显示出区位特性及影响因素的一致性；但 J 区与 H 区亚硝酸盐浓度各季明显低于湾顶海域。除了春季,北部湾亚硝酸盐浓度与大鹏湾较为相似[7],但明显高于邻近的南海中部[8]；夏季,北部湾次表层亚硝酸盐浓度（平均为0.001 mg/L）要远低于南海次表层的历史数值[9]。调查显示,北部湾海域亚硝酸盐浓度四季均属于正常范围,无明显偏高现象。

表 1 北部湾调查海域亚硝酸盐浓度与其他海域历史数据的对比

调查海域	调查时间（年）	调查结果 $NO_2^- - N(mg/L)$				参考文献
		春	夏	秋	冬	
大鹏湾	1999—2007	0.002	0.005	0.006	0.003	周凯等[7]
南海中部	1983—1985	0.008	0.001	0.001	0.002	陈劲毅等[8]
南海次表层	1982	—	0.011			韩舞鹰和王双奎[9]
	1985	—	0.009			
北海湾	1998—1999	0.014	0.0036	0.0036	0.0006	韦蔓新等[3]
北部湾	2006—2007	0.009	0.002	0.005	0.003	本研究

4.2 北部湾海域亚硝酸盐的分布变化与环境因素的关系

亚硝酸盐是一种非保守性物质，它可以参与海洋生态系统中营养物质循环。海洋生物摄取、硝化作用、再矿化作用、浮游动物的排泄、有机质碎屑的分解、光还原反应以及沉积物中无机氮的掩埋与再生等化学、生物学过程都能影响海水中亚硝酸盐浓度的分布变化。此外，在某些海域，比如河口和海湾等沿岸水域，海水运动及沉积作用也是影响水域中亚硝酸盐分布的重要因素。因此，海洋中亚硝酸盐浓度分布是生物、化学、物理等过程综合作用的结果。

4.2.1 平面分布

四个季节亚硝酸盐浓度高值分布区集中在调查海域中 B 区以及 J 区的北部，该区域受广西沿岸冲淡水以及从琼州海峡过来的粤西沿岸冲淡水的影响明显，这些流给海区注入丰富的营养盐，使得该海域生物活动频繁，通过生物作用及硝化、反硝化等一系列生物化学的综合作用，使得上述海域的亚硝酸盐浓度比调查海域其他区域要高得多，这与渤海等其他海域调查结果相似[10]。

硝化作用是在有氧条件下，首先将 NH_4^+ 氧化成 NO_2^-，然后再将 NO_2^- 氧化成 NO_3^- 的过程。在低溶解氧情况下，氨氮被氨氧化细菌氧化为亚硝酸盐，硝化反应是造成亚硝酸盐浓度较高的原因。例如，夏季北部湾 DO 浓度在白龙尾岛周围较低（低于 5.5 mg/L），其低值区域从表层向底层逐渐扩大（胡王江等，本论文集），而该区域 30 m 层以下为同期调查海域亚硝酸盐的浓度高值中心。在低氧环境中，$NO_2^- - N$ 转化成 $NO_3^- - N$ 的几率降低，也是导致其浓度较高的原因。熊代群等在海河淡水与渤海湾咸水混合的河口区也发现了亚硝酸盐浓度较高的调查站位（>0.20 mg/L），且高值点溶解氧含量极低（1.71 mg/L），处于相对缺氧状态[11]。

此外，有研究表明在西北太平洋测得 50% ~63% 浮游植物所吸收的硝酸盐重新以亚硝酸盐的形式释放回海水中去[12]，这样就会对亚硝酸盐的生物地球化学循环过程中的输入和移出提供附加的生物活化机制。北部湾四季亚硝酸盐浓度的高值分布区与叶绿素 a 的高值区有很好的重叠性。例如春季，调查海域叶绿素 a 浓度高值分布区位于湾顶的 B 区，表层及次表层集中在雷州半岛以西的近岸海域，底层高值区在湾北部近岸海域；同期北部湾各水层亚硝酸盐浓度的高值分布区与叶绿素 a 的高值区基本吻合，由此可见，浮游植物等生物作用也是北部湾亚硝酸盐浓度平面分布的影响因素之一。

4.2.2　垂直分布

在自然条件下海水中的 $NO_2^- - N$ 似乎不容易发生进一步的光化还原作用[13],沉积物中 $NO_2^- - N$ 与水体的交换作用并不显著[14],因此,海水中亚硝酸盐浓度的垂直分布主要受海洋内部对流活动的影响,随着对流活动的增加,各季节表、底层差异逐渐减小。此外,海洋水体中温、盐跃层同样对亚硝酸盐浓度的垂直分布产生一定影响[15]。北部湾春、夏季海洋水体垂直层化明显,海洋内部垂直对流受到抑制,且表层浮游植物大量繁殖,也降低了表层亚硝酸盐浓度,亚硝酸盐垂直分布多表现为表层至底层浓度依次增大;秋季,海域受东北季风影响增强,海洋内部垂直对流逐渐变大,亚硝酸盐垂直分布基本为两种类型,一是表、底层浓度变化不大(约占总站位数的 46%,近岸站位),另一种是表层至底层依次增大(约占总站位的 42%,远岸站位);冬季海洋内部垂直对流较强,亚硝酸盐浓度表、底层基本一致。

4.2.3　季节变化

$NO_2^- - N$ 是介于 $NH_4^+ - N$ 和 $NO_3^- - N$ 之间的一种中间氧化态,它可以作为 $NH_4^+ - N$ 氧化或 $NO_3^- - N$ 还原的一种过渡形式,在海洋中这两种反应主要受到生物的作用而活化,因此,海水中亚硝酸盐的浓度通常在生物活动旺盛的春、夏季节较高,生物活动较弱的秋、冬季较低[16]。北部湾亚硝酸盐浓度四季的变化趋势由大到小依次是春季、秋季、冬季、夏季,春季 $NO_2^- - N$ 浓度最高,看似符合上述规律。但是,调查数据显示,春季、夏季、秋季和冬季北部湾叶绿素 a 浓度依次为 1.16 mg/m³、1.33 mg/m³、1.55 mg/m³ 和 1.62 mg/m³,春季叶绿素浓度并非最高[17],由此可见该海域生物作用对各季节亚硝酸盐浓度的影响差异不明显。且根据 2006年和 2007 年广西环境质量公报[18,19],广西 2006 年和 2007 年均出现了冬春连旱的气候,因此,本研究的 4 个航次,夏季相对而言为丰期,秋季为平水期,而春、冬两季为枯水期,但夏、秋季丰水季节海水中亚硝酸盐的浓度不如春季高,说明陆源径流的影响并不是春季亚硝酸盐浓度高于其他季节的原因。然而,从整个调查海区来看,硝酸盐四季的变化趋势由大到小依次是冬季、秋季、夏季、春季(国家"908 专项"ST - 09 区块水体调查研究报告:化学报告),由此推测由于冬季水体垂直作用强烈,从底层带来大量的 $NO_3^- - N$,待春季太阳辐射逐渐增强,冬季富集在表层的 $NO_3^- - N$ 发生光还原反应生成大量 $NO_2^- - N$,这可能是导致春季北部湾水亚硝酸盐浓度迅速升高且高于其他季节的主要因素。

5　结论

(1)北部湾海域夏季亚硝酸盐浓度范围为未检出(ND)~0.016 mg/L 之,平均为 0.001 mg/L;冬季亚硝酸盐浓度范围为 ND ~0.009 mg/L,平均为 0.003 mg/L;春季亚硝酸盐浓度范围为 ND ~0.046 mg/L,平均为 0.009 mg/L;秋季亚硝酸盐浓度范围为 ND ~0.025 mg/L,平均为 0.005 mg/L。(2)北部湾调查海域亚硝酸盐的季节变化较大,总体趋势由大到小依次为春季、秋季、冬季、夏季,春、夏、秋季各水层亚硝酸盐总体趋势表现为北高南低,沿岸高远岸低,浅层和深层分布有差别;冬季则四层分布一致,南北两块高值中心向外递减的梯度变化趋势比较明显。北部湾亚硝酸盐浓度明显高于邻近的南海中部,夏季北部湾次表层亚硝酸盐浓度(平均为 0.001 mg/L)要远低于南海次表层的历史数值。调查显示,北部湾海域亚硝酸盐浓度四季均属于正常范围,无明显偏高现象。(3)陆源径流输入、生物作用及低氧是影响北部湾亚硝酸盐平面分布的主要因素;反硝化作用是导致春季亚硝盐浓度高于其他季节的主要原因。

致谢:感谢我国近海海洋综合调查与评价(908 专项)ST09 区块 4 个航次调查的全体外业和内业调查人员。

参 考 文 献

[1] 蓝文陆,彭小燕. 2003—2010 年铁山港湾营养盐的变化特征[J]. 广西科学, 2011, 4: 42 – 48.

[2] 韦蔓新,童万平,何本茂,等. 北海湾各种形态氮的分布及其影响因素[J]. 热带海洋, 2000, 3:59 – 66.

[3] 韦蔓新,童万平,何本茂,等. 北海湾无机氮的分布及其与环境因子的关系[J]. 海洋环境科学, 2000, 19(2):25 – 29.

[4] 韦蔓新,何本茂,赖廷和. 北海半岛近岸水域无机氮的变化特征[J]. 海洋科学, 2003, 9:76 – 80.

[5] 辛明,王保栋,孙霞,等. 广西近海营养盐的时空分布特征[J]. 海洋科学, 2010, 9:36 – 42.

[6] 国家海洋局 908 专项办公室. 海洋化学调查技术规程[M]. 海洋出版社,2006.

[7] 周凯,李绪录,夏华永. 大鹏湾海水中各形态无机氮的分布变化[J]. 热带海洋学报, 2011, 30(3):105 – 111.

[8] 陈劲毅,陈国祥,杨绪林,等. 南海中部水体中三种无机氮的分布特征[J]. 热带海洋, 1988, 2:71 – 77.

[9] 韩舞鹰,王汉奎. 南海 NO_2 – N 薄层的研究[J]. 海洋学报, 1991, 13(2): 200 – 206.

[10] 石强,陈江麟,李崇德. 渤海硝酸盐氮和亚硝酸盐氮季节循环分析[J]. 海洋通报, 2001, 20(6):33 – 39.

[11] 熊代群,杜晓明,唐文浩等. 海河天津段与河口海域水体氮素分布特征及其与溶解氧的关系[J]. 环境科学研究, 2005, 18(3):1 – 5.

[12] Miyasaki T, E Wada and A Hattori. Nitrite production from ammonia and nitrate in the euphotic layer of the western North Pacific Ocean. Mar. Sci. Comm. , 1975(1):381 – 394.

[13] Overland J E and Preisendorfer R W. A significance test for Principal components applied to a cyclone climatology. Mon. Wea. Rev. 1982,110(1):1 – 4.

[14] Valklump J and Martens C S. Benthic Nitrogen Regeneration. In: Nitrogen in the marine environment (D. Capone and E. Carpenter, editors). Academic Press, New York,1983, 411 – 458.

[15] 蔡清海. 闽中渔场的温、盐跃层分布与亚硝酸盐的层化现象. 热带海洋, 1991, 10(2):33 – 40.

[16] 赖利 J P,斯基罗 G. 化学海洋学,第二卷,北京:海洋出版社, 1982.

[17] 吴易超、郭丰、黄凌风、贾晓燕. 北部湾叶绿素 a 含量的时空分布特征及季节变化. 北部湾海洋科学研究论文集 – 海洋生物与生态专辑. 2011,1 – 10.

[18] 广西壮族自治区环境质量公报,2006,广西壮族自治区环境保护局.

[19] 广西壮族自治区环境质量公报,2007,广西壮族自治区环境保护局.

Study on distribution and seasonal variation of nitrite in Beibu Gulf

WANG Chun – hui, ZHENG Ai – rong

(*Department of Oceanography and Institute of Subtropical Oceanography, Xiamen University, Xiamen, 361005, China*)

Abstract: By investigation of nitrite in sea water of Beibu Gulf from July 2006 to December 2007, the total nitrite nitrogen(NO_2^- – N) was calculated. Seasonal variation and main sources of NO_2^- – N in

Beibu Gulf were also discussed. The results showed: (1)The concentration ranges of $NO_2^- - N$ of Beibu Gulf in summer, winter, spring and autumn were ND ~ 0. 0. 016 mg/L, ND ~ 0. 009 mg/L, ND ~ 0. 046 mg/L and ND ~ 0. 025 mg/L respectively. The average $NO_2^- - N$ concentrations in summer, winter, spring and autumn were 0. 001 mg/L, 0. 003 mg/L, 0. 009 mg/L and 0. 005 mg/ L separately. (2)The results showed obvious seasonal change of $NO_2^- - N$ in Beibu Gulf: spring > autumn > winter > summer. Higher concentration of $NO_2^- - N$ occurred, respectively, in the north area, the coastal area and the bottom layer, except Winter which showed the well vertical mixing and presented two higher concentration region located at the North and the South of Beibu Gulf respectively. (3) These results indicated the land - source nutrients discharge, biological function and the low DO are the key factors which influenced the distribution of $NO_2^- - N$ in Beibu Gulf. Denitrification resulted in the higher concentration of $NO_2^- - N$ in Spring.

Key words: nitrite; Beibu Gulf; seasonal variation; influence factor

北部湾悬浮颗粒物的含量与分布特征

杨惠灵，邢　娜*，邱雨生，杨伟锋，陈志刚，连忠廉，陈　敏

(厦门大学海洋与地球学院，福建 厦门 361005)

摘要：对北部湾悬浮颗粒物浓度的时间及空间特征进行了春、夏、秋、冬4个季节调查研究。季节尺度上，夏季悬浮颗粒物平均浓度最高，春季最低，秋季和冬季其平均浓度接近。垂直分布表明：四个季节颗粒物平均浓度最低值均出现在表层水体，而最高浓度出现在底层水体，沉积物的再悬浮是底层水体颗粒物浓度的重要来源。水平分布显示：雷州半岛西部海域和海南岛西部海域颗粒物浓度常年较高，而北部湾中心区域相对较低，北部湾内部高于海南岛南部湾口海域。与中国近海相比，北部湾水体悬浮颗粒物浓度与黄海、东海接近，但低于渤海，具有典型的近海特征。

关键词：北部湾；悬浮颗粒物；含量与分布

1　引言

北部湾位于南海西北部，东接雷州半岛，北依广西，西邻越南，南通过北部湾口与南海相通，为天然半封闭海湾。湾内海底地形平坦，海流、水团错综复杂，主要分布有南海水、琼州海峡过道水和北部湾沿岸水三大水系。北部湾悬浮物主要来源于陆源、生源及底层沉积物的再悬浮，以固相形式存在于海水中。陆源主要是岩石风化通过河流输入海洋，常伴有化学和生物作用，会使水质发生变化而形成局部污染；生源颗粒物包括海洋活体浮游生物及海洋生物死亡分解的残骸碎屑，其分布及变化与浮游生物活动密切相关；底层沉积物的再悬浮则是海浪、潮流等共同作用的结果。海水中悬浮颗粒物在元素的清除、迁出等海洋地球化学循环过程中起着重要作用。另外，近岸海域悬浮颗粒物对海水的光学性质具有重要影响。因此，研究海水中悬浮物的浓度及其分布变化特征，有助于评价海域的水质状况及了解污染物的迁移规律。此前，我国对黄海、渤海、东海等海域和长江、黄河、珠江等河口的悬浮颗粒物研究较多[1~13]，对北部湾悬浮物分布特征的研究相对较少[14,15]。本文通过近海海洋综合调查与评价专项("908专项")ST09 区块的 2006 年冬季和 2007 年春、秋航次，结合 2006 年夏季航次研究结果[14]，对北部湾悬浮颗粒物浓度的时间及空间分布特征进行了春、夏、秋、冬4个季节调查研究，并与其他海区悬浮颗粒物的含量进行对比分析。

资助项目：国家"908 专项"(908 – 01 – ST09)。

作者简介：杨惠灵(1986—)，女，硕士研究生。

* 通讯作者：邢娜；助理教授；E – mail：xingna@ xmu. edu. cn。

2　研究站位及方法

在"908 专项"ST09 区块调查中,海水化学布设 76 个站位(图 1)。调查区域分为 3 个小区,分别为 B 区(北部,北海附近海域)、J 区(中部,琼州海峡以西和海南岛以西海域)和 H 区(南部,海南岛以南海域)。

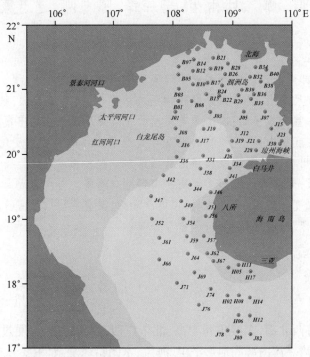

图 1　"908 专项"ST09 区块调查站位

采用美国 Seabird 仪器公司的 SBE917 温盐深剖面仪所附的体积 8 L 的 Niskin 采水器分别采集表层、10 m、30 m 和底层水样。取 1~3 L 的水样在现场用预先在 40~50℃下烘干并称重的 0.45 μm 的醋酸纤维素滤膜过滤,再用蒸馏水淋洗滤膜,取出滤膜并在 40~50℃的小烘箱中烘干,用膜盒装好,回到实验室再经 40~50℃烘干后,用十万分之一天平(MX5,Mettler Tole-do)称重。质量控制采用空白校正膜。

3　结果与讨论

3.1　北部湾悬浮颗粒物的含量比较

"908 专项"ST09 区块水体环境调查与研究分夏季、冬季、春季及秋季 4 个航次对海水悬浮颗粒物进行调查。垂向上,各站位分表层、10 m、30 m 和底层;水平分布上,分 B 区、J 区、H 区。2006 年冬季及 2007 年春、秋 3 个季节航次中,共采集不同站位、不同水深的悬浮颗粒物样品合计 788 份,获得不同区域在各个层次中的悬浮颗粒物的含量范围及平均浓度(表 1~表 3)。

表1 北部湾 2006 年冬季航次各水层和各分区的悬浮颗粒物含量

层次	含量范围（mg/L）			平均浓度（mg/L）			样品个数 n
	B 区	J 区	H 区	B 区	J 区	H 区	
表层	0.58~5.02	0.36~11.87	0.30~5.17	2.03	2.72	2.29	76
10 m 层	0.92~4.85	0.30~18.74	0.44~7.23	2.52	3.19	3.40	70
30 m 层	1.16~5.57	0.54~11.12	0.95~3.06	3.20	2.45	1.59	42
底层	0.91~5.57	1.04~25.16	1.43~11.11	3.10	6.67	5.05	76
总结果	0.58~5.57	0.30~25.16	0.30~11.11	2.49	4.02	2.39	
		0.30~25.16			3.44		264

表2 北部湾 2007 年春季航次各水层和各分区的悬浮颗粒物含量

层次	含量范围（mg/L）			平均浓度（mg/L）			样品个数 n
	B 区	J 区	H 区	B 区	J 区	H 区	
表层	0.48~5.99	0.01~15.95	0.05~1.63	1.93	1.62	0.38	76
10 m 层	0.87~11.07	0.16~54.32	0.09~2.13	3.35	3.71	0.74	72
30 m 层	2.49~4.52	0.09~11.61	0.05~0.97	3.30	1.95	0.47	39
底层	1.08~14.28	0.70~71.44	0.39~2.28	4.24	6.05	1.06	76
总结果	0.48~14.28	0.01~71.44	0.05~2.28	3.19	3.48	0.68	
		0.01~71.44			3.09		263

表3 北部湾 2007 年秋季航次各水层和各分区的悬浮颗粒物含量

层次	含量范围（mg/L）			平均浓度（mg/L）			样品个数 n
	B 区	J 区	H 区	B 区	J 区	H 区	
表层	0.35~7.81	0.13~12.31	0.25~7.08	2.57	2.27	1.92	76
10 m 层	0.61~8.39	0.02~16.45	0.45~11.07	2.61	3.21	3.45	72
30 m 层	0.51~3.33	0.39~9.35	0.46~1.87	2.24	1.78	1.02	38
底层	1.32~9.88	1.48~18.95	1.57~17.44	3.93	6.34	5.60	75
总结果	0.35~9.88	0.02~18.95	0.02~18.95	3.11	3.55	3.20	
		0.02~18.95			3.39		261

北部湾海域 2006 年冬季悬浮颗粒物含量范围为 0.30~25.16 mg/L，平均浓度为 3.44 mg/L（表1）。J 区的含量范围变化较大，其平均浓度明显高于 B 区和 H 区，且其底层悬浮颗粒物的平均浓度也明显高于其他水层，这是由于 J 区某些站位，主要是海南岛西部近岸海域底层悬浮物浓度较高的缘故。

北部湾 2007 年春季悬浮颗粒物含量范围为 0.01~71.44 mg/L，平均浓度为 3.09 mg/L（表2）。与 2006 年冬季相比较，J 区的含量范围变化更大，为 0.01~71.44 mg/L，底层悬浮颗粒物平均浓度也较高。与之不同的是，H 区（海南岛南区）的含量范围较小，且其平均浓度（0.68 mg/L）明显低于 B 区（3.19 mg/L）和 J 区（3.48 mg/L），这可能与该区域春季表层生物生产力较低和底部悬浮颗粒物浓度较低有关。

北部湾 2007 年秋季悬浮颗粒物含量范围为 0.02 ~ 18.95 mg/L,平均浓度为 3.39 mg/L (表3)。其中,J 区含量范围的变化较大,其平均浓度高于 B 区和 H 区,且其底层悬浮颗粒物浓度也明显高于其他水层,这与 2006 年冬季呈现类似特征。

北部湾 2006 年夏季悬浮颗粒物含量范围为 0.06 ~ 84.31 mg/L,平均浓度为 5.14 mg/L (262 份样品)[14]。综上可得,北部湾调查海域在 2006 年夏季至 2007 年秋季期间,悬浮颗粒物含量范围在 0.01 ~ 84.31 mg/L,平均浓度为 3.76 mg/L(1050 份样品);其中,小于 10 mg/L 的样品有 978 份,占所有样品数的 93%。与中国其他边缘海区相比,北部湾水体悬浮颗粒物浓度与黄、东海接近,低于渤海而略高于台湾海峡,且明显高于太平洋和大西洋,具有典型的近海特征(表4)。

表 4 不同海区的悬浮颗粒物含量

海区	黄海	东海	渤海	台湾海峡	近洋区	大西洋	北部湾
含量(mg/L)	3.20	4.36	45.60	<1.92	<0.3	<0.8	3.76
引用文献	[9]	[13]	[2]	[7]	[11]	[12]	本研究

3.2 北部湾冬、春及秋季悬浮颗粒物的水平分布特征

3.2.1 北部湾冬季悬浮颗粒物的水平分布

北部湾冬季水体中悬浮颗粒物的水平分布如图 2 所示。

北部湾冬季表层水中悬浮颗粒物浓度介于 0.30 ~ 11.87 mg/L 之间,平均值为 2.46 mg/L。其中,最高值为 11.87 mg/L,位于 J67 站位;次高值位于 J57 和 J05 站,分别为 10.64 mg/L 和 10.52 mg/L。表层水中悬浮颗粒物浓度总体上呈现近岸高,随离岸距离增加,悬浮颗粒物浓度逐渐降低的趋势。其中在海南岛西部海域和雷州半岛西部海域最高,靠近北部湾中心的大部分海域悬浮颗粒物浓度低于 1.00 mg/L。

10 m 层海水中悬浮颗粒物浓度的水平分布和表层非常一致,但海南岛西部海域和雷州半岛西部海域最高悬浮颗粒物浓度高于表层水体。而 30 m 层悬浮颗粒物浓度随离岸距离的增加而减小,靠近北部湾中央的大部分水体悬浮颗粒物浓度低于 2.00 mg/L,比表层水体略高。

底层水中悬浮颗粒物浓度介于 0.91 ~ 25.16 mg/L 之间,平均值为 5.37 mg/L。其中,最高值为 25.16 mg/L,位于 J62 站位;其次是 24.45 mg/L,位于 J57 站位。该层分布与 30m 层比较相似。在海南岛西南部沿岸形成一个典型的高值区,可达 25.16 mg/L。琼州海峡西部海域悬浮颗粒物浓度次之,达到 5 mg/L 以上。最低值为 0.91 mg/L,位于 B05 站位。这与该站位离岸距离远、底部沉积物再悬浮较弱有关。

北部湾冬季悬浮颗粒物总体上呈现近岸高,随离岸距离增加,悬浮物浓度逐渐降低的趋势。其中在海南岛西部海域和雷州半岛西部海域较高,靠近北部湾中心的大部分海域较低。

3.2.2 北部湾春季悬浮颗粒物的水平分布

北部湾春季水体中悬浮颗粒物的水平分布如图 3 所示。

北部湾春季 J 区悬浮颗粒物的平均浓度高于 B 区,B 区远高于 H 区(表 2 和图 3)。表层水中悬浮颗粒物浓度介于 0.01 ~ 15.95 mg/L 之间,平均值为 1.59 mg/L。总体上表现为近岸海域高、湾中心低的特征。其中八所近岸 J56 站位的悬浮颗粒物浓度最高,达 15.95 mg/L,湾

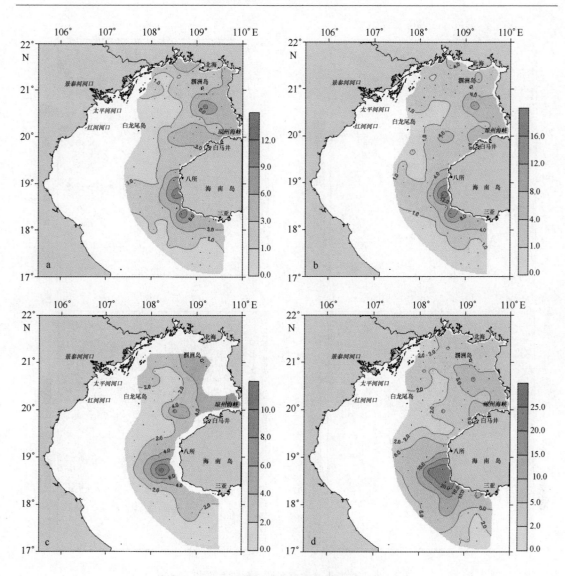

图 2　北部湾冬季航次海水悬浮颗粒物的水平分布

a. 表层；b. 10 m；c. 30 m；d. 底层

中心海域低于 1 mg/L。

　　10 m 层海水中悬浮颗粒物浓度分布与表层一致，但其浓度明显高于表层相应值。30 m 层悬浮颗粒物浓度明显比 10 m 层低，但其水平分布趋势与 10 m 层比较一致：八所周围海域及雷州半岛西侧海域悬浮物浓度相对较高，靠近湾中央的海域悬浮物浓度较低。

　　底层海水中悬浮颗粒物浓度介于 0.39~71.44 mg/L 之间，平均值为 5.01 mg/L。其中，最高值为 71.44 mg/L，位于 J56 站，是本次调查中底层悬浮颗粒物浓度最高的站位。J56 位于八所沿岸，水深仅 17 m，底部沉积物再悬浮强、生物生产力高和陆源输入强可能是主要原因。最低值为 0.39 mg/L，位于 H17 站。总体上，底层悬浮颗粒物浓度分布与上层水体是相似的，但该层悬浮颗粒物浓度明显比上层水体高，反映了春季北部湾底部沉积物的再悬浮强烈。

　　北部湾春季悬浮物总体上表现为近岸海域高、湾中心低的特征。

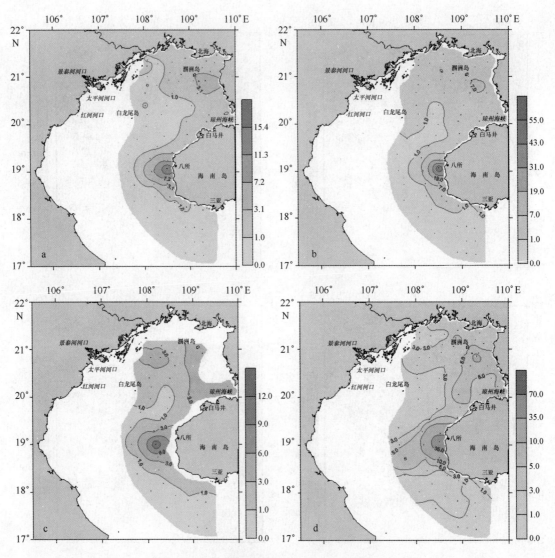

图 3　北部湾春季航次海水悬浮颗粒物的水平分布

a. 表层；b. 10 m；c. 30 m；d. 底层

3.2.3　北部湾秋季悬浮颗粒物的水平分布

北部湾秋季水体中悬浮颗粒物的水平分布如图 4 所示。

北部湾秋季 J 区悬浮颗粒物的平均浓度高于 H 区、B 区（见表 3 和图 4）。表层水中悬浮颗粒物浓度介于 0.13～12.31 mg/L 之间，平均值为 2.33 mg/L。其中，最高值为 12.31 mg/L，位于 J56 站；次高值 11.41 mg/L，位于 J07 站；其次是 10.53 mg/L，位于 J57 站。总体上表现为近岸高、湾中心低的特征。雷州半岛西侧海域悬浮颗粒物浓度较高，且存在西向减小的趋势。琼州海峡西口和八所近岸悬浮颗粒物浓度最高，高于 9.5 mg/L。大多数海域悬浮颗粒物浓度低于 2.5 mg/L。

10 m 层海水中悬浮颗粒物浓度明显高于表层，但其水平分布趋势是一致的，反映了沉积物的再悬浮可能是上层水体悬浮物的一个重要来源。整体上有自东向西（即随离岸距离增加）而减小的态势。高值区位于雷州半岛西侧和海南八所近岸海域。30 m 层海水中悬浮颗粒

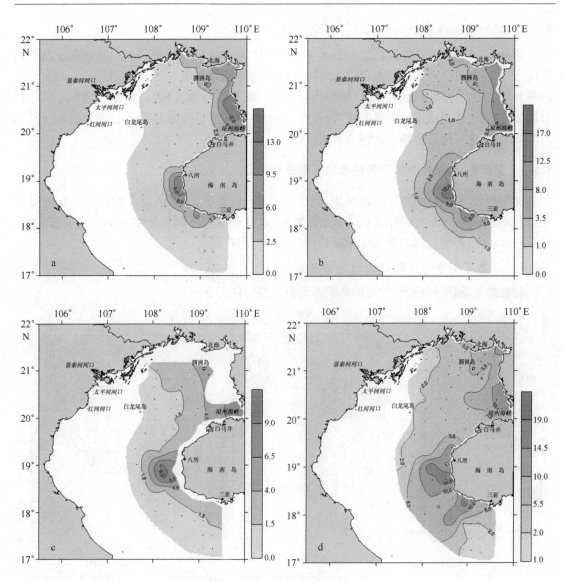

图4 北部湾秋季航次海水悬浮颗粒物的水平分布

a. 表层；b. 10 m；c. 30 m；d. 底层

物浓度水平分布与表层、10 m层相似，但浓度明显减小，这主要是多数近岸高值区水深小于30 m，由此可以推测，30 m层悬浮物可能有部分来自近岸再悬浮沉积物的水平输运。表层、10 m及30 m层悬浮物水平分布的相似性表明秋季调查海域30 m以浅水体混合比较均匀。

底层水中悬浮颗粒物浓度介于1.32~18.95 mg/L之间，平均值为5.47 mg/L。其中，最高值为18.95 mg/L，位于J57站，其次是18.11 mg/L，位于J54站；再次为17.44 mg/L，位于H05站。整体上表现为雷州半岛西侧海域及海南岛西南近岸海域悬浮颗粒物浓度最高，向湾中心方向逐渐减小。值得注意的是底层悬浮颗粒物浓度明显比表层、10 m层和30 m层水体相应值来得高，揭示了所调查的北部湾海域均存在底部沉积物的再悬浮过程。

北部湾秋季悬浮物总体上亦表现为近岸高、湾中心低的特征。

3.2.4 北部湾悬浮颗粒物的水平分布总体特征

据报道,北部湾夏季悬浮颗粒物的水平分布特征为雷州半岛西侧和八所西侧存在两个高值区,形成高浓度向外延伸的现象[14]。综上可得,北部湾悬浮颗粒物的水平分布在春夏秋冬各季节均呈现出雷州半岛西部海域和海南岛西部海域颗粒物浓度较高,而北部湾中心区域相对较低的特征,这与沿岸河流输入有关;此外,海南岛南部湾口海域悬浮颗粒物浓度低于北部湾内部海区,这与湾外南海水的输入有关[17,18]。

3.3 北部湾冬、春及秋季悬浮颗粒物的断面分布特征

北部湾冬、春及秋季悬浮颗粒物调查中,各季节均设置了 22 个断面。本研究于 B 区、J 区和 H 区各选取一个典型断面用来分析北部湾冬、春及秋季悬浮颗粒物的垂向分布特征,并与夏季进行对比,得到北部湾四季悬浮颗粒物的垂向分布特征。

3.3.1 北部湾冬季悬浮颗粒物的断面分布

北部湾冬季悬浮颗粒物含量的典型断面分布特征如图 5 所示。

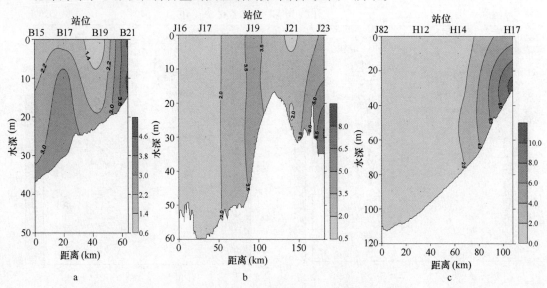

图 5　北部湾冬季航次海水悬浮颗粒物浓度典型断面分布
a. B 区;b. J 区;c. H 区

B 区典型断面分布如图 5a 所示。B15 ~ B21 断面呈南北走向,北部受广西沿岸径流影响,水深介于 13 ~ 40 m 之间。B15 ~ B21 的悬浮颗粒物浓度剖面分布图显示,在离岸 20 km 范围内,即 B21 站和 B19 站之间,冬季悬浮颗粒物的垂直分布表现为明显的垂向均匀分布,这表明该范围内水体垂向混合均匀。此外,由 B19 站至 B15 站,悬浮颗粒物浓度由表层向底层逐渐增大,反映了底层水体存在明显的再悬浮沉积物。值得注意的是 B17 站的底层和 10 m 层次出现异常的高值,分别为 3.40 mg/L 和 3.43 mg/L,与之相比,B19 站表层悬浮颗粒物浓度为0.75 mg/L 低得多,这表明冬季 B17 站底部沉积物再悬浮强烈。

J 区典型断面分布如图 5b 所示。J16 ~ J23 断面位于北部湾中部,呈东西走向,东端为琼州海峡西口,西端靠近湾中部中心线,水深介于 25 ~ 60 m 之间。该断面悬浮颗粒物浓度分布

的显著特征为整个水柱悬浮颗粒物非常均匀,这表明冬季水体的垂直混合是决定悬浮颗粒物分布特征的主要因素。在该断面的 J23 站底层悬浮颗粒物浓度高达 8.17 mg/L,较相邻站位 J21 表层(1.48 mg/L)高得多,说明 J23 站底部沉积物再悬浮较强,这与该站位靠近琼州海峡西口的地理位置特征有关。

H 区典型断面分布如图 5c 所示。H17 ~ J82 断面位于北部湾南部湾口,呈南北走向,水深介于 22 ~ 109 m 之间,湾口受南海海水入侵影响。该断面悬浮颗粒物浓度整体上表现为垂直均匀分布的特征,且悬浮颗粒物浓度随离岸距离增加逐渐增加。在近岸的 H17 站底层出现较高值区,底层悬浮颗粒物浓度为 11.11 mg/L,这一分布特征与 J16 ~ J23 断面极为相似。

从北部湾 3 个典型断面冬季悬浮颗粒物的分布可见,除北部近岸外,所调查的北部湾大部分海域冬季悬浮颗粒物浓度垂向分布均匀,这说明悬浮颗粒物分布主要受水体的垂直混合控制。此外,研究结果也显示,冬季悬浮颗粒物浓度垂向分布受到底部沉积物再悬浮的影响。

3.3.2 北部湾春季悬浮颗粒物的断面分布

北部湾春季悬浮颗粒物含量的典型断面分布特征如图 6 所示。

B 区典型断面分布如图 6a 所示。B15 ~ B21 断面春季悬浮颗粒物浓度分布呈现由表层向底层悬浮颗粒物浓度逐渐增大的特征,这表明春季该断面水体有一定的层化现象。另外,这一断面悬浮颗粒物分布也呈现上层低、下层高的特征,底层最高值位于 B17 站,达 4.19 mg/L,该断面最低值位于 B17 站 10 m 层,悬浮颗粒物浓度为 0.87 mg/L。底层高值说明沉积物的再悬浮是水体悬浮颗粒物的一个重要来源。

J 区典型断面分布如图 6b 所示。J16 ~ J23 断面悬浮颗粒物浓度整体上由西向东逐渐增大,在 J19 站以西存在层化分布特征,J19 站以东,垂直分布较均匀,在近岸 J23 站底层出现一高值区,中心高值为 6.46 mg/L。该分布特征表明,春季 J16 和 J17 站的底部沉积物再悬浮较冬季强烈。

H 区典型断面分布如图 6c 所示。H17 ~ J82 断面春季悬浮颗粒物浓度分布有 2 个比较明显的特征:(1)由近岸向外,悬浮颗粒物浓度逐渐减小;(2)从表层向底层,悬浮颗粒物浓度逐渐增大。总体上,越接近沉积物,悬浮颗粒物浓度越高。由该分布特征可以推知,春季 H12 和 J82 站的底部沉积物再悬浮程度强于冬季。

从北部湾 3 个典型断面春季悬浮颗粒物的分布可见,春季所调查的北部湾大部分海域悬浮颗粒物浓度垂向出现一定程度的层化分布,但不如夏季明显,悬浮颗粒物分布受水体的层化程度和沉积物再悬浮双重控制。

3.3.3 北部湾秋季悬浮颗粒物的断面分布

北部湾秋季悬浮颗粒物含量的典型断面分布特征如图 7 所示。

B 区典型断面分布如图 7a 所示。B15 ~ B21 断面秋季悬浮颗粒物浓度分布的特点为由表层向底层悬浮颗粒物浓度逐渐增大,其中 B21 站由 2.96 mg/L 增至 5.45 mg/L,B15 站由 0.88 mg/L 增至 2.61 mg/L。这表明沉积物的再悬浮是水体悬浮颗粒物的一个重要来源。

J 区典型断面分布如图 7b 所示。J16 ~ J23 断面秋季悬浮颗粒物浓度整体上由西向东逐渐增大,垂直分布较均匀。这一分布规律类似于冬季悬浮颗粒物分布,但不如冬季明显,这是水体垂向混合强烈的结果。J16 和 J17 站底层悬浮颗粒物浓度并未出现显著的高值,这说明秋季底部沉积物再悬浮程度较夏季和春季弱。

H 区典型断面分布如图 7c 所示。H17 ~ J82 断面春季该断面悬浮颗粒物浓度分布有 2 个

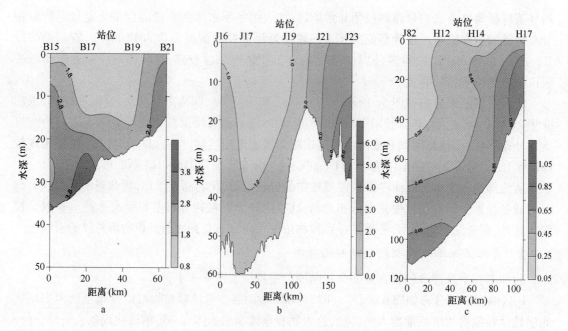

图6　北部湾春季航次海水悬浮颗粒物浓度典型断面分布

a. B 区;b. J 区;c. H 区

比较明显的特征:(1)由近岸向外,悬浮颗粒物浓度逐渐减小;(2)H14 站以南,垂向分布较为均匀,但近岸的 H17 站从表层向底层,悬浮颗粒物浓度由 0.83 mg/L 逐渐增大至 1.04 mg/L。总体上,越接近沉积物,悬浮颗粒物浓度越高。

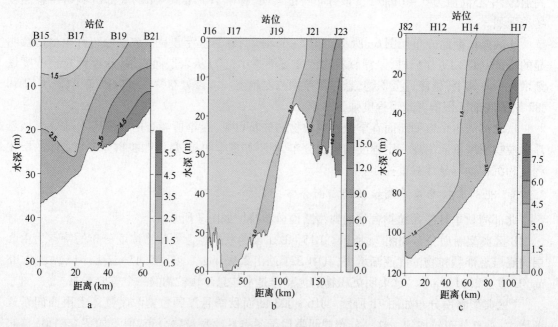

图7　北部湾秋季航次海水悬浮颗粒物浓度典型断面分布

a. B 区;b. J 区;c. H 区

从北部湾 3 个典型断面秋季悬浮颗粒物的分布可见,秋季所调查的北部湾大部分海域悬浮颗粒物浓度在近沉积物水体较高,沉积物再悬浮是水体悬浮颗粒物的一个重要来源。

3.4 北部湾悬浮颗粒物的垂直分布特征

冬季调查的北部湾海域悬浮颗粒物垂直分布基本表现出 2 种类型:(1)由表层向底层逐渐增大型,主要为 B 区和 H 区站位,约占总数的 59%;(2)均匀分布型和中层略大型,主要为 J 区站位,共约占总数的 26%。这种分布特征揭示了冬季北部湾北部近岸和湾口处水体垂直混合不如湾中部剧烈。

春季调查的北部湾海域悬浮颗粒物垂直分布基本表现为由表层向底层逐渐增大,约占总数的 79%。这种分布特征揭示了春季北部湾水体垂直混合弱于冬季,水体出现了一定程度的层化,进而导致悬浮颗粒物浓度的层化分布特征。

秋季调查的北部湾海域悬浮颗粒物垂直分布多数表现为表层低,底层高的特征,约占总站位数的 60%,另外,中层较小以及中层较大这两种类型分别占总站位数的 20% 和 12%。这种分布特征由秋季北部湾水体存在一定程度的层化以及沉积物再悬浮所导致[19]。

据报道,北部湾海域夏季悬浮颗粒物的垂直分布特征为近岸悬浮物的上下分布较均匀,离岸水体上层低、下层高(图 8),主要是受近海工程、潮余流、底层沉积物再悬浮的影响[14]。综上所述,可得出:春夏秋冬 4 个季节的北部湾水体悬浮颗粒物平均浓度最低值均出现在表层水体,而最高浓度均出现在底层水体,沉积物的再悬浮是底层水体颗粒物浓度的重要来源。

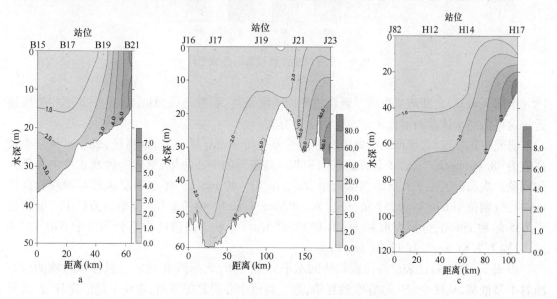

图 8 北部湾夏季航次海水悬浮颗粒物浓度典型断面分布[14]

a. B 区;b. J 区;c. H 区

3.5 北部湾悬浮颗粒物的季节变化

本研究中北部湾 B 区冬、春及秋季悬浮颗粒物的平均浓度分别为 2.49 mg/L、3.19 mg/L 和 3.11 mg/L(表 1 ~ 表 3),与报道的北部湾 B 区夏季悬浮颗粒物的平均浓度为 6.45 mg/L[14] 对比可知,北部湾 B 区夏季悬浮颗粒物的平均浓度明显高于其他季节。类似的,北部湾 J 区冬、春及秋季悬浮颗粒物的平均浓度分别为 4.02 mg/L、3.48 mg/L 和 3.55 mg/L(表 1～表3),与报道的该区夏季悬浮颗粒物的平均浓度为 4.69mg/L[14]对比可知,北部湾 J 区夏季悬浮颗粒物的平均浓度从大到小排列,依次为:夏季 > 冬季 > 秋季≈春季。北部湾 H 区冬、春及秋季悬浮颗粒物的平均浓度分别为 2.39 mg/L、0.68 mg/L 和 3.20 mg/L(表 1～表 3),与报道的北部湾 H 区夏季悬浮颗粒物的平均浓度为 1.23 mg/L[14]对比得出,秋、冬和夏季北部湾 H 区悬浮颗粒物平均浓度均明显高于春季。

　　综合 B、J、H 区,由表 1～表 3 可知,北部湾海域冬、春及秋季悬浮颗粒物的平均浓度依次为 3.44 mg/L、3.09 mg/L 和 3.39 mg/L。结合连忠廉等(2008)报道的北部湾夏季悬浮颗粒物浓度的平均浓度为 5.14 mg/L[14],得到北部湾水体中悬浮颗粒物在 2006 年夏、冬季和 2007 年春、秋季的季节变化如图 9 所示。

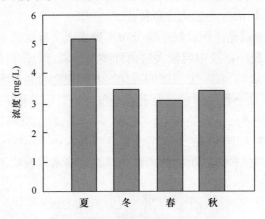

图 9　北部湾悬浮颗粒物的季节变化

　　由图 9 可知,北部湾夏季悬浮颗粒物平均浓度最高,春季最低,秋季和冬季其平均浓度接近。这可能与水体垂向混合和浮游生物活动有关。

　　研究中还发现,北部湾北部海区在不同季节平面分布有所差异,据报道,表层水体夏季最高值为 48.46 mg/L[14],位于北海的东南和涠洲岛东部的中心海域,形成一种高浓度向外延伸的现象。次高值区位于八所的西部沿岸,范围在 30～40 mg/L。冬季表层水悬浮颗粒物高值区中心分别位于 B36 站和 J57 站,分别为 5.02 mg/L 和 10.64 mg/L。春季高值区中心分别位于 B35 站和 J56 站,分别为 4.46 mg/L 和 15.95 mg/L。秋季高值区中心分别位于 B40 和 J56 站,分别为 7.81 mg/L 和 12.31 mg/L。

　　由图 2～图 4 对比表层悬浮颗粒物的水平分布可知,北部湾 B 区表层悬浮颗粒物的分布随着季节推移,从秋季、冬季、春季到夏季,这一高值中心朝北部湾内、雷州半岛沿岸移动,这与该海区冲淡水的结构和水体输送特征有关[19～21]。此外,八所沿岸高值区在秋、冬季时,由八所西部海区移动至海南岛西南部沿岸,这一现象与海浪潮流运动有关[19,22～24]。

　　对比图 5～图 8 分析北部湾悬浮颗粒物垂直分布,我们发现,季节变化对同一站位底部沉积物再悬浮的影响通常不大。但个别站位除外,如 B17 站夏季沉积物再悬浮程度强于冬季,J16 站和 J17 站秋季底部沉积物再悬浮弱于夏季和春季,J82 站春季沉积物再悬浮程度强于冬季、稍强于夏季。另外,由于不同季节水体混合程度不同,也会引起北部湾海水中悬浮颗粒物分布趋势的变化。如北部湾 B15～B21 断面春季水体中悬浮颗粒物浓度分布呈现由表层向底层悬浮颗粒物浓度逐渐增大的特征,这是春季该断面水体发生一定程度层化的结果。此外,

J16 站、J17 站和 J19 站冬、秋季悬浮颗粒物浓度在整个水柱分布非常均匀,这与水体混合程度有关。

4 结语

北部湾调查海域水体中悬浮颗粒物含量分布呈现如下特征:(1)水平分布上,悬浮颗粒物浓度以近岸高,湾中央海域低为其基本特征。这一特征表现为雷州半岛西部海域和海南岛西部海域颗粒物浓度常年较高,雷州半岛西侧海域悬浮颗粒物浓度高值区秋季最明显,春季最弱,海南岛八所近岸海域常年存在悬浮颗粒物浓度高值区;而北部湾中心区域相对较低,北部湾内部高于海南岛南部湾口海域。(2)在垂直分布上,四个季节颗粒物平均浓度最低值均出现在表层水体,而最高浓度出现在底层水体,沉积物的再悬浮是底层水体颗粒物浓度的重要来源;夏季悬浮颗粒物浓度存在明显的层化现象,冬季悬浮颗粒物浓度垂向分布均匀。(3)季节尺度上,北部湾悬浮颗粒物的浓度在夏季最高,春季最低,秋季和冬季其平均浓度相近。(4)与中国近海相比,北部湾水体悬浮颗粒物浓度与黄海、东海接近,但低于渤海,具有典型的近海特征。

参 考 文 献

[1] 乔璐璐,李广雪,邓声贵,等.夏季渤海湾中北部悬浮体分布[J].海洋地质与第四纪地质,2010,30(3):23-30.

[2] 秦蕴珊,李凡.渤海海水中悬浮体的研究[J].海洋学报,1982,4(2):191-200.

[3] 王爱军,陈坚,叶翔,等.台湾海峡西南部海域春季悬浮体及沉积物来源与输运机制[J].海洋学报,2010,32(6):130-143.

[4] 蔡玉婷.福建主要港湾悬浮物、悬浮有机质等环境因子的分布与变化[J].海洋科学进展,2010,28(1):94-101.

[5] 鲍献文,李真,王勇智,等.冬、夏季北黄海悬浮物分布特征[J].泥沙研究,2010,(2):48-56.

[6] 杨扬.黄东海悬浮物变化规律的研究.中国科学院研究生院硕士学位论文[D],2010,1-69.

[7] 方建勇,陈坚.2004年夏季台湾浅滩及其邻近海域悬浮体成分与分布特征[J].台湾海峡,2008,27(2):221-229.

[8] 刘芳,黄海军,郜昂.春、秋季黄东海海域悬浮体平面分布特征及海流对其分布的影响[J].海洋科学,2006,30(1):68-72.

[9] 秦蕴珊,李凡,徐善民,等.南黄海海水中悬浮体的研究[J].海洋与湖沼,1989,20(2):101-112.

[10] 杨海丽,郑玉龙,黄稚.海南近海海域浊度与悬浮颗粒物粒径的分布特征[J].海洋学研究,2007,25(1):34-43.

[11] 杨作升,李云海.太平洋悬浮体特征及近底雾状层(雾浊层)探讨[J].海洋学报,2007,29(2):74-81.

[12] 朱佛宏.大西洋表层水中的悬浮物[J].海洋地质动态,2007,(9):38.

[13] 庞重光,白学志,胡敦欣.渤、黄、东海海流和潮汐共同作用下的悬浮物输运、沉积及其季节变化[J].海洋科学集刊,2004,46:32-41.

[14] 连忠廉,邱雨生,郑爱榕.北部湾夏季悬浮物的分布特征[C].胡建宇,杨圣云主编.北部湾海洋科学研究论文集[第1辑].北京:海洋出版社,2008:121-128.

[15] 何本茂,童万平,韦蔓新.北海湾悬浮颗粒物的分布及其与环境因子间的关系[J].广西科学,2005,12(4):323-326.

[16] 王琳. 秋冬季黄东海悬浮颗粒物部分化学组成的分布特征及其影响因素[D]. 中国海洋大学硕士学位论文,2008,1 – 60.

[17] 陈胜利,胡建宇,朱佳,等.2006 年夏季北部湾东部海区水团的分析[C]. 胡建宇,杨圣云主编. 北部湾海洋科学研究论文集[第 1 辑]. 北京:海洋出版社,2008:88 – 97.

[18] 陈胜利,胡建宇,孙振宇,等.2006 年冬季北部湾东部海区的水团分析[C]. 李炎,胡建宇主编. 北部湾海洋科学研究论文集[第 2 辑]——物理海洋与海洋气象专辑. 北京:海洋出版社,2009:120 – 126.

[19] 张国荣,潘伟然,兰健,等. 北部湾东部和北部近海冬、春季水体输运特征[C]. 李炎,胡建宇主编. 北部湾海洋科学研究论文集[第 2 辑]——物理海洋与海洋气象专辑. 北京:海洋出版社,2009:127 – 138.

[20] 孙振宇,胡建宇,李炎,等. 北部湾北部海区冲淡水及沿岸混合水分布的季节变化[C]. 李炎,胡建宇主编. 北部湾海洋科学研究论文集[第 2 辑]——物理海洋与海洋气象专辑. 北京:海洋出版社,2009:85 – 91.

[21] 陈达森,陈波,严金辉,等. 琼州海峡余流场季节性变化特征[J]. 海洋湖沼通报,2006,(2):12 – 17.

[22] 王建丰,王毅,孙双文. 北部湾东南春季实测潮流、余流特征[C]. 李炎,胡建宇主编. 北部湾海洋科学研究论文集[第 2 辑]——物理海洋与海洋气象专辑. 北京:海洋出版社,2009:47 – 55.

[23] 陈波,李培良,侍茂崇,等. 北部湾潮致余流和风生海流的数值计算与实测资料分析[J]. 广西科学,2009,16(3):346 – 352.

[24] 刘天然,魏皓,赵亮,等. 北部湾春季季风转换时期两潜标站余流分析[J]. 热带海洋学报,2010,2(3):10 – 16.

Contents and distributions of the suspended particulate matter in the Beibu Gulf

YANG Hui – ling, XING Na, QIU Yu – sheng, YANG Wei – feng,

CHEN Zhi – gang, LIAN Zhong – lian, CHEN Min

(*College of Ocean and Earth Sciences, Xiamen University, Xiamen* 361005, *China*)

Abstract: The temporal and spatial characteristics of the concentration of suspended particulate matter had been investigated in the Beibu Gulf in spring, summer, autumn and winter. On the seasonal timescale, the average concentration of suspended particulate matter in summer is the maximum, then autumn and winter, and spring the minimum. The vertical distribution of suspended particulate matter showed that the surface water had the minimum mean content of the suspended particulate matter in all seasons, while the bottom water the maximum. The important source of bottom suspended particulate matter was from the resuspended sediment. The horizontal distribution of suspended particulate matter showed that the west of Leizhou Peninsula and the west of Hainan Island were characterized by higher content of suspended particulate matter throughout the year, while the center area in Beibu Gulf lower. The content of suspended particulate matter in the internal Beibu Gulf was higher than in the south of Hainan Island. Compared with the other sea areas, the concentration of suspended particulate matter in the Beibu Gulf with typical coastwise characteristic was close to the Huanghai Sea and the Donghai Sea, but smaller than the Bohai Sea.

Key words: Suspended particulate matter; Beibu Gulf; contents and distributions

北部湾夏季海水中硝酸盐(NO_3^- – N)含量的分布特征及其成因研究

姜双城[1,2],王春卉,刘春兰,陈　丁,郑立东,郑爱榕[*]

(1. 厦门大学 海洋与地球学院,福建 厦门 361005;2. 福建省水产研究所,福建 厦门 361013)

摘要:2006 年夏季航次现场调查了北部湾海域硝酸盐氮(NO_3^- – N)含量的分布特征。结果表明:夏季 NO_3^- – N 的含量范围为 ND ~ 0. 168 mg/L,平均为 0. 010 mg/L;底层 NO_3^- – N 含量最大,其平均值为 0. 026 mg/L,10 m 真光层含量最小,其平均值为 0. 002 mg/L。夏季硝酸盐的总体趋势表现为北高南低,沿岸高远岸低,浅层和深层分布较一致;表层和 10 m 层均在雷州半岛附近出现高值区;底层在湾南部深水区出现极高值区域,最北至北纬 19°。NO_3^- – N 含量主要受北部湾西北沿岸淡水水团、南海高盐低温水团和琼州海峡过道水团的影响。NO_3^- – N 与溶解氧(DO)、温度(T)呈现高度显著负相关;与深度(dm)、盐度(S)呈显著正相关。

关键词:硝酸盐氮;分布;水团;北部湾

1　引言

北部湾,英文名"Beibu Bay",位于 18. 2°—21. 5°N,106°—110°E,南部与南海相通,北部通过狭长的琼州海峡与南海相通,属于半封闭的浅水海湾。夏季北部湾北部有高盐的南海水团、次高盐的粤西沿岸水团和低盐的沿岸水团,不同来源的水系在此汇聚、相互作用以及自身变化形成了复杂的水文条件,也提供了鱼类生长繁殖的良好条件。过去许多学者做了大量的调查和研究工作,取得了许多重要研究成果,但这些成果多局限于物理海洋领域,对营养盐(NO_3^- – N)在该海域的分布特征以及水文状况对其分布和浓度的影响等报道不多[1,2]。

2　材料与方法

在"908 专项"ST09 区块夏季航次(2006 年 7—8 月)调查中,海水化学共布设 76 个站位,分表层、10 m、30 m 和底层采样。站位布设见图 1。海水中 NO_3^- – N 浓度按照国家海洋局《海洋化学调查技术规范》的分析方法进行测定[3]。海水样品用葵花式 Go – flo 采水器在特定水深采样,测定仪器为可见分光光度计,所用化学试剂为市售分析纯级。

──────────

* 郑爱榕,女,博士,主要从事海洋有机化学,海洋环境化学研究。

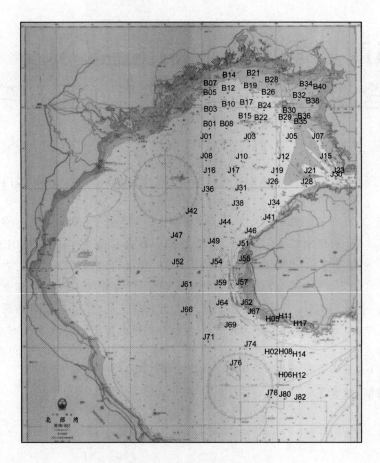

图1　海水化学采样站位的平面分布

3　北部湾海域夏季水体中 $NO_3^- - N$ 的含量、分布与变化

海水中的 $NO_3^- - N$ 是反映海洋初级生产力的重要化学因子,也是海洋生物所必需的重要营养盐之一,大洋海水中 $NO_3^- - N$ 含量的变化范围一般是:0.10 ~ 43 $\mu mol/dm^3$,在大洋深层水,几乎所有的无机氮都以硝酸盐的形式存在,它的分布一般与磷酸盐的分布趋势相似。一般大洋水中硝酸盐的含量随着纬度的增加而增加,其含量在垂直分布上也是随着深度的增加而增加[4]。

3.1　夏季北部湾海域水体中 $NO_3^- - N$ 含量

夏季表层、10 m 层和30 m 层平均含量相差不大,无显著差异;底层水体中 $NO_3^- - N$ 的含量明显较高,其含量比其他层高一个数量级,尤其在湾中南部深水区域,最高值出现在 J82 站,其采水深度为104 m。夏季东海外海硝酸盐氮含量范围为0 ~ 0.25 mg/L,平均为0.033 mg/L,其含量高于北部湾硝酸盐含量[5]。

表1　ST09 区块水体夏季航次海水硝酸盐浓度范围和平均浓度　　　　　　单位:mg/L

时间	层次	量值范围	平均值
	表层	未检出 ~ 0.043	0.004
	10 m	未检出 ~ 0.040	0.002
夏季	30 m	未检出 ~ 0.036	0.005
	底层	未检出 ~ 0.168	0.026
	平均	未检出 ~ 0.168	0.010

3.2　夏季北部湾海域水体中 $NO_3^- - N$ 平面分布

图 2 是北部湾海域表层、10 m 层、30 m 层及底层的 $NO_3^- - N$ 的平面分布图。

表层硝酸盐测值范围在低于检出限 ~ 0.043 mg/L 之间,调查海域硝酸盐平均值为 0.004 mg/L。高值中心在北海市西侧海域和琼州海峡西口。

表层 $NO_3^- - N$ 的平面分布(图 2)整体较为均匀,沿岸区高于远岸海区、湾北部海区高于南部海区,其平面分布整体呈现从东北向西南递减的趋势;上述结果表明海区表层 $NO_3^- - N$ 含量受陆源输入的影响较为明显。

10 m 层硝酸盐测值范围在低于检出限 ~ 0.040 mg/L 之间,调查海域硝酸盐平均值为 0.002 mg/L。高值中心在北海市西侧海域和琼州海峡西口。

10 m 层 $NO_3^- - N$ 的平面分布(图 2)整体较为均匀,沿岸区高于远岸海区、湾北部海区高于南部海区;上述结果表明海区 10 m 层 $NO_3^- - N$ 含量与表层一样,受陆源输入的影响较为明显。

30 m 层硝酸盐测值范围在低于检出限 ~ 0.036 mg/L 之间,调查海域硝酸盐平均值为 0.005 mg/L。高值中心位于琼州海峡西口和白龙尾岛海域,低值出现在海南岛西南靠近中线的海域。

30 m 层 $NO_3^- - N$ 的平面分布(图 2)呈斑点状,湾南部海域分布相对较为均匀,整体呈现从东北向东南逐渐减小的趋势,粤西沿岸上升流对琼州海峡西口有一定的影响。

底层硝酸盐测值范围在低于检出限 ~ 0.168 mg/L 之间,调查海域硝酸盐平均值为 0.026 mg/L。高值出现在调查海区最南端北部湾湾口处,海南岛西北侧近岸站位浓度均较低。

底层 $NO_3^- - N$ 的平面分布(图 2)呈明显的带状,湾中部海域分布相对较为均匀,整体呈现从南向北逐渐减小的趋势,在湾南部出现极高值,可能与南海高盐海水的入侵有关。

夏季硝酸盐的分布整体特点是表层和 10 m 层分布趋势相似,都以雷州半岛附近为高值区;30 m 层多了白龙尾岛附近的高值区;底层多了湾南部的深水海域的高值区。

总体趋势表现为北高南低,沿岸高远岸低,浅层和深层分布较一致。

3.3　夏季北部湾海域水体中 $NO_3^- - N$ 断面分布

图 3 是北部湾海域 $NO_3^- - N$ 的断面分布图。

B15 ~ B21 断面分布呈现近岸站位的表层有极大值,最远岸站位表层也出现极大值,由这两个高值向其余区域递减。断面中部底层浓度最低。

J16 ~ J23 断面分部呈现琼州海峡一端的 J23 站从表层到底层均有明显的高值区,向西递

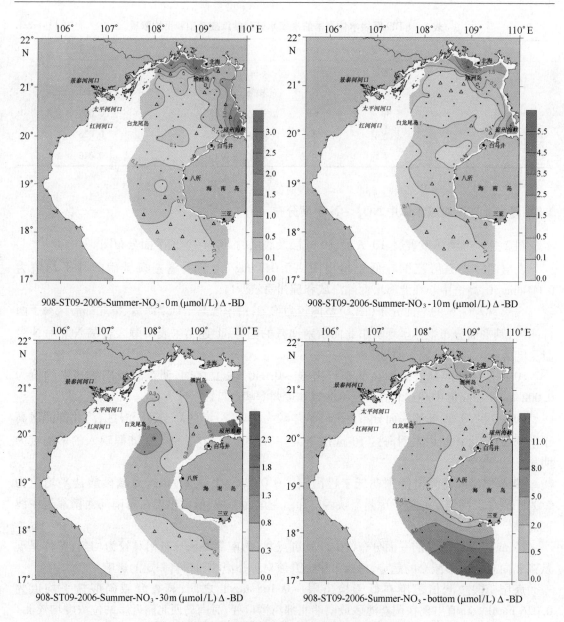

908-ST09-2006-Summer-NO₃ - 0m (μmol/L) Δ -BD　　　908-ST09-2006-Summer-NO₃ - 10m (μmol/L) Δ -BD

908-ST09-2006-Summer-NO₃ - 30m (μmol/L) Δ -BD　　　908-ST09-2006-Summer-NO₃ - bottom (μmol/L) Δ -BD

图2　ST09 区块夏季航次海水硝酸盐浓度平面分布

减。断面最西侧的底层有较小的极大值出现。断面最中部的站位表层至底层浓度均很低。从上述断面可以看出琼州海峡过道水团的影响逐渐减弱,在 J19 站位附近已经基本没有影响。

H17 ～ J82 断面分部呈现离岸最远的深水站位底层有明显的高值区,向上递减,表层浓度均最低。从上述断面可以可出南海低温高盐的水团对底层水体影响非常明显。

3.4　夏季北部湾海域水体中 $NO_3^- -N$ 垂直分布

夏季的硝酸盐垂直分布最多的类型为表层至底层浓度依次增大的 Ⅱ 型,约占总站位数的 50%;其次为中层略高的类型,约占总站位数的 27%;另外,表层浓度最高的类型约占总站位数的 6%。

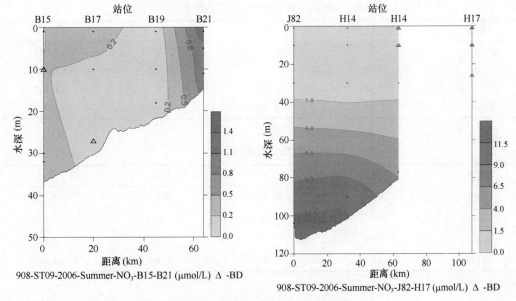

908-ST09-2006-Summer-NO₃-B15-B21 (μmol/L) △ -BD

908-ST09-2006-Summer-NO₃-J82-H17 (μmol/L) △ -BD

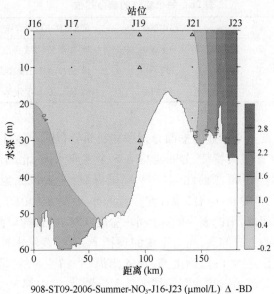

908-ST09-2006-Summer-NO₃-J16-J23 (μmol/L) △ -BD

图 3　ST09 区块夏季航次海水硝酸盐浓度典型断面分布图

硝酸盐垂直分布的整体特征是 $NO_3^- - N$ 含量与水深呈显著的正相关,线形回归方程为:
$C_{NO_3^- - N}(mg/L) = 0.009\ 21\ dm(深度,m) - 0.006\ 75\ (r = 0.71, p < 0.001, n = 218)$。

4　讨论

利用 SPSS 17.0[6]选择硝酸盐、溶解氧、温度和盐度 4 个参数进行模糊聚类和回归分析,结果如下。

表 2a　各聚类中心之间的距离

聚类	1	2	3	4
1		10. 702	2. 982	5. 573
2	10. 702		9. 805	5. 701
3	2. 982	9. 805		4. 165
4	5. 573	5. 701	4. 165	

表 2b　聚类的中心

聚类	1	2	3	4
温度	30. 315	20. 384	30. 105	25. 975
盐度	30. 512	34. 437	33. 484	33. 995
溶解氧	5. 92	5. 20	6. 05	6. 22
硝酸盐	0. 015	0. 096	0. 005	0. 006

表 2c　每个集群的典型站位

集群			
1	10. 000	B28 B21 B14 B07 等
2	16. 000	J61 J66 J64 J78 等底层水体
3	139. 000	J23、J21、J07、J19 和 J41 等表层和 10 m 层水体
4	52. 000	湾中部 30 m 层水体为主

　　分析上述数据,结合夏季硝酸盐的平面分别图和断面分布图,可以得出夏季北部湾海水中硝酸盐氮的分布主要有 4 个主要特征,分布对应者 3 个主要水团:北部湾西北沿岸水团、南海水团和琼州海峡过道水团。北部湾西北部(B19 周围海域)主要以高温低盐高硝酸盐为主要特征,其含量主要受钦江、茅岭和九州江等江河径流的冲淡水控制,由于陆源输入的影响,其硝酸盐含量也较高;北部湾南部,南海表层的高盐水(盐度 >34. 1)自湾口西侧向湾内楔入,在 35 m 层以深至底层,向湾北的方向伸展,在沿岸水的顶托下,南海表层水伸展至 19. 7°N 附近,折转向湾西侧紧贴海岸南下,在湾口西侧出湾,流入南海[7,8],$T-S$ 的"点聚关系"核心值水温 20. 38 ℃,盐度 34. 44,其对应的硝酸盐氮的特征是含量最高;湾中部 30 m 层的广大水体,其温度变化为 0. 3℃(10 ~ 30 m),存在温跃层,特点是低温高盐,硝酸盐氮含量较低;琼州海峡西部海域,琼州海峡过道水团影响范围较小,夏季主要影响湾东部,北可至 J07 附近,西可至 J19 附近,其特点是硝酸盐含量较高。

表 2d　回归分析结果

因子	NO_3	DO	S	T
NO_3	—	- 0. 40 * *	0. 14 *	- 0. 68 * *
DO	- 0. 40 * *	—	—	—
S	0. 14 *	—	—	—
T	- 0. 68 * *	—	—	—

注:—表示未分析相关性, * 表示显著相关性水平在 0. 05 水平, * * 表示显著相关性在 0. 01 水平,$n = 217$。

夏季北部湾南部底层水体呈现明显的低氧状态,该区域的硝酸盐浓度却很高,可能存在明显的硝化过程,而$NO_3^- - N$含量与溶解氧呈现显著的负相关性,进一步验证了上述反应过程的存在,其硝化速率需要进一步研究;$NO_3^- - N$含量与盐度呈现正相关性,可能与粤西沿岸高盐高硝酸盐、南海北部高盐高硝酸盐的水舌入侵有关;$NO_3^- - N$含量与温度呈现高度的负相关性,这是因为海水中无机营养盐的水平分布状况在很大程度上受海流状况的影响,即海流在很大程度上控制着海水中营养物质的空间分布[9,10],而南海北部入侵北部湾的以低温高硝酸盐为主,进一步验证了上述结论。

参 考 文 献

[1] 沈国英,施并章. 海洋生态学(第二版)[M]. 北京:科学出版社,2002.

[2] 姜双城. 北部湾海域夏季水体及表层沉积物中磷的形态与分布研究[D]. 厦门:厦门大学,2008.

[3] 国家海洋局 908 专项办公室. 海洋化学调查技术规范[M]. 北京:海洋出版社,2006.

[4] 张正斌,陈镇东,刘莲生,等. 海洋化学原理与应用——中国近海的海洋化学 [M]. 北京:海洋出版社,2004.

[5] 王芳,康建成,周尚哲,等. 东海外海海域营养盐的时空分布特征[J]. 资源科学,2008,30(10): 1592-1599.

[6] 陈胜可. SPSS 统计分析从入门到精通[M]. 北京:清华大学出版社(2010 版),2010.

[7] Shi Maochong,Chen Changsheng,et al. ,The Role of the Qiongzhou Strait in the Seasonal Variation of the South China Sea Circulation[J]. Jour. Physic. Ocean. ,2002,32(1):103-121.

[8] 杨士瑛,陈波,李培良. 用温盐资料研究夏季南海水通过琼州海峡进入北部湾的特征[J]. 海洋湖沼通报,2006,1(5):1-7.

[9] 陈楚群,施平,毛庆文. 南海海域叶绿素浓度分布特征的卫星遥感分析[J]. 热带海洋学报. 2001,20(2):66-70.

[10] 陈绍勇,龙爱民,周伟华,等. 南海北部上层海水关键水质因子的监测与分析[J]. 热带海洋学报,2006,25(1):15-20.

Nitrate (NO₃⁻ - N) distribution and its origin in seawater of the Beibu Gulf in summer

JIANG Shuang-cheng[1,2], WANG Chun-hui, LIU Chun-lan, CHEN Ding, ZHENG Ai-rong*

(1. *College of Oceanography and Earth Science, Xiamen University, Fujian Xiamen 361005, China*;

2. *Fisheries Research Institute of Fujian Province, Fujian Xiamen 361005*)

Abstract: The distribution characteristics of nitrogen (NO₃⁻ - N) in the Beibu Gulf were investigated in summer of 2006. Results showed that the concentration of the NO₃⁻ - N ranged from ND ~ 0. 168 mg/L, averaged as 0. 010 mg/L; The concentration of the bottom of NO₃⁻ - N was the highest, averaged as 0. 026 mg/L; The concentration of the 10 m euphotic layer was the lowest, averaged as 0. 002mg/L. The overall trend of the summer nitrate was high in north and shore, but low in south and coastal; Shallow and deep distribution is more uniform. The high concentration of surface and 10 m layer were appear in the Leizhou Peninsula; The bottom of the south Bay of Sham Shui Po District appeared very high value area. The concentration of $NO_3^- - N$ was mainly affected by the northwest of the Beibu Gulf coastal fresh - water masses, the South China Sea high - salt, low temperature water masses and Qiongzhou Strait aisle water masses. $NO_3^- - N$ was showed highly significant negative correlation with dissolved oxygen (DO) and temperature (t); but $NO_3^- - N$ was showed highly significant positive correlation with depth (dm) and salinity (S).

Key words: nitrate; distribution; water mass; Beibu Gulf

北部湾溶解氧的季节变化及其影响因素

胡王江,杨　志,郑敏芳,林　峰,刘瑞华,郑爱榕,杨伟锋,陈　敏*

(厦门大学海洋与地球学院,厦门 361005)

摘要:2006—2007 年期间,于夏、冬、春、秋季对北部湾溶解氧进行了研究,结果表明,研究海域溶解氧含量存在明显的季节变化,冬季溶解氧含量最高,夏季最低,春季高于秋季,不同季节溶解氧含量差异可达 1.32 mg/L。溶解氧的空间分布在不同季节也存在差异,冬、春季研究海域溶解氧呈现由北向南逐渐降低的态势,而夏、秋季则表现为由北向南逐渐增加。基于溶解氧与温度和叶绿素 a 的相关性分析以及溶解氧饱和度的计算,探讨了研究海域溶解氧含量与分布的主要影响因素,夏季时研究海域溶解氧的变化主要受控于水体的层化作用,而冬、春、秋 3 个季节则由水温和生物过程共同起着作用,比较而言,水温的影响更为显著。

关键词:溶解氧;空间变化;季节变化;北部湾

1　引言

海洋中的溶解氧(DO)是重要的生源要素,也是水环境健康的重要指标[1],其含量与变化与海域生物生长和水质评价直接相关。海洋中溶解氧的来源主要包括两个途径:其一为大气的输入,其二为海洋生物的光合作用,而海洋生物的呼吸作用、有机物的降解以及海洋无机物的还原作用是其被消耗的主要过程[2]。一般认为,海水中实测的溶解氧含量与 1 atm(1 atm = 101.325 kPa)、相对湿度为 100%、特定温度和盐度下氧的溶解度之间的任何差异主要是由海洋生物过程引起的,例如上层水体 AOU(表观耗氧量)的高低在一定程度上反映了初级生产力的大小,而中深层水 AOU 的变化可用于反映有机物再矿化过程[3]。根据有机物氧化分解的元素关系,每降解 1 mol 的生源有机物需要氧化 106 mol 的有机碳和 16 mol 的有机氮,这分别需要 106 mol 和 32 mol 的 O_2:

$$106CH_2O + 106O_2 \longrightarrow 106CO_2 + 106H_2O \tag{1}$$

$$16NH_3 + 32O_2 \longrightarrow 16HNO_3 + 16H_2O \tag{2}$$

因此,每降解 1 mol 有机物需要消耗 138 mol 的 O_2,再生 16 mol 的氮,产生 106 mol 的 CO_2[2],可见水体中 DO 与水生生物的呼吸及水体中营养元素的循环关系十分密切。

北部湾位于我国南海的西北部,是一个半封闭的大海湾。东临我国的雷州半岛和海南岛,

基金项目:国家"908 专项"(908 - 01 - ST09);海洋公益性行业科研专项(2010050012 - 3)。

作者简介:胡王江(1987—),男,安徽池州人,硕士研究生,从事海洋化学研究。E - mail: wangjhu@126.com。

*通讯作者:陈敏(1970—),男,广东兴宁人,博士,教授,从事海洋化学研究。E - mail: mchen@xmu.edu.cn。

北临我国广西壮族自治区,西邻越南,南与南海相连。沿岸河流向湾内输入大量营养物质,为海洋生物提供了索饵、产卵、育肥的栖息场所,乃我国重要的渔场和养殖区[4]。对该区域 DO 的含量及分布进行研究,有利于了解该区域水体的含氧状态,为探索海洋生源要素循环,以及海域水产资源的开发和利用提供科学依据。本文利用我国近海海洋综合调查与评价专项(908 专项)ST09 区块 2006—2007 年期间于夏、冬、春、秋四个季节实测的 DO 数据,分析了北部湾 DO 的含量、分布特征及季节变化,初步探讨影响北部湾 DO 分布与变化的主要因素。

2　采样与实验方法

分别于 2006 年 7 月(夏季)、2006 年 12 月(冬季)、2007 年 4 月(春季)和 2007 年 10 月(秋季)乘坐"实验 2"号科学考察船对北部湾水体 DO 进行了四个航次的调查,采样站位如图 1 所示。温度、盐度数据来自 SBE917 PLUS 温盐深剖面观测系统。采样层次及 DO 测定方法依据《海洋化学调查技术规程》,用 Niskin 采水器分别采集表层、10 m、30 m 和底层水样,采用 Winkler 法现场滴定测定 DO,该方法的测定范围为 0.17 ~ 32 mg/L[5]。

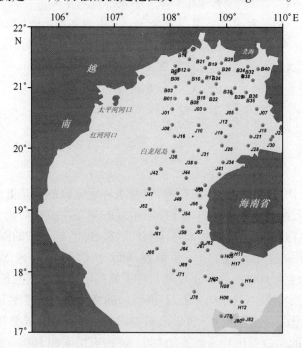

图 1　北部湾 DO 采样站位

3　结果与讨论

北部湾春、夏、秋、冬四个季节 DO 的变化范围与平均值列于表 1 中。比较而言,夏季溶解氧平均值最低(6.09 mg/L),冬季最高(7.41 mg/L),春季(7.17 mg/L)和秋季(6.55 mg/L)居中,且春季高于秋季。从变化范围看,夏季和秋季 DO 波动范围较大(2.3 ~ 8.5 mg/L),而春季和冬季变化幅度较小(5.4 ~ 8.7 mg/L)。

表 1　北部湾四个季节溶解氧的变化范围与平均值

季节	层次 （m）	量值范围 （mg/L）	平均值 （mg/L）	季节	层次 （m）	量值范围 （mg/L）	平均值 （mg/L）
夏季	表层	2.42 ~ 7.04	6.32	春季	表层	6.64 ~ 8.33	7.36
	10	2.65 ~ 6.97	6.24		10	6.58 ~ 8.17	7.17
	30	2.39 ~ 7.11	6.11		30	6.73 ~ 7.63	7.13
	底层	2.53 ~ 6.82	5.73		底层	5.45 ~ 7.98	6.98
	整个水柱	2.39 ~ 7.11	6.09		整个水柱	5.45 ~ 8.33	7.17
冬季	表层	6.81 ~ 8.73	7.50	秋季	表层	6.31 ~ 8.51	6.89
	10	6.78 ~ 8.43	7.44		10	6.12 ~ 7.95	6.78
	30	6.78 ~ 7.94	7.25		30	4.05 ~ 7.48	6.53
	底层	6.72 ~ 8.46	7.37		底层	3.44 ~ 7.34	5.98
	整个水柱	6.72 ~ 8.73	7.41		整个水柱	3.44 ~ 8.51	6.55

3.1　平面分布

　　四个季节中，不同层次（表层、10 m、30 m 和底层）水体中 DO 的分布大体类似，故而选取表层水体 DO 含量的平面分布（图2）为例进行讨论。

　　夏季，DO 浓度在白龙尾岛以北海域最低（~2 mg/L），海南岛三亚西南部海域较高。温、盐的分布特征[6]表明，在白龙尾岛以东的上层水体受到越南沿岸径流输送的影响，且水温呈现"北暖南冷"的趋势，这使得北部湾西北部水体层化加剧，有利于溶解氧低值的形成。三亚西南部溶解氧较高，可能与该区域水体的低温有关，温度较低时，更多的氧气会溶入海水中。DO 含量与叶绿素 a 浓度之间未观察到明显的相关关系[7]，可能反映出夏季浮游植物的初级生产过程对海域 DO 的影响较小。潘非斐等（2011）对同一航次采集到的桡足类浮游动物种类组成及时空分布分析时发现，DO 浓度是影响桡足类种类分布的主要因素：DO 含量高的地方桡足类种类丰富，其与 DO 呈现良好的正相关关系，可见夏季 DO 对浮游动物的影响显著[8]。

　　冬季，北部湾北部近岸海域 DO 含量最高，海南岛西部、南部海域较低，不过相差较小（~1 mg/L），其浓度也明显高于夏季，呈现由北向南递减的趋势，与叶绿素 a 的分布趋势基本一致[7]，表明冬季北部湾浮游植物的光合作用可能对水体中的 DO 有较明显的影响。由于冬季水体中 DO 较为充足，且垂向上水体混合较为均匀，造成北部湾的理化环境相对均一，因此，DO 并没有突出地影响浮游动物的分布[8]。由于异养细菌会因氧自由基在体内累积而死亡，同航次北部湾异养细菌丰度与 DO 之间显著的负相关关系说明冬季水体中较高的 DO 可能对异养细菌有明显的抑制作用[9]。

　　春季 DO 的分布与冬季极其类似，DO 含量由北向南逐渐减小，其平均浓度较冬季有所降低。初级生产力的测值显示，春季的初级生产力［平均值为 178.64 mg/(m² · d)］要远远高于冬季［平均值为 73.04 mg/(m² · d)］[10]，因而浮游植物对 DO 的贡献应有所增强，但春季水体的 DO 含量仍低于冬季，说明物理过程在其中起着关键的作用，春季水体的温度高于冬季，由此可导致春季水体的 DO 含量低于冬季；另一方面，春季研究海域水体的垂向混合较冬季来得弱，气泡输入等物理过程也会弱于冬季，同样可导致水体中 DO 含量比冬季来得低。

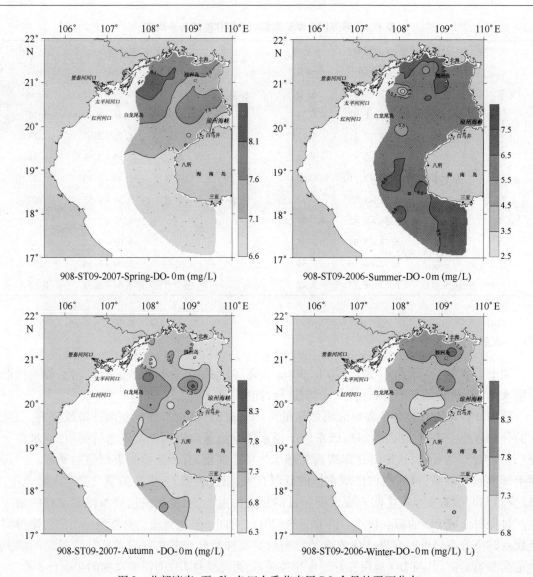

图2 北部湾春、夏、秋、冬四个季节表层 DO 含量的平面分布

秋季 DO 分布与夏季存在明显不同的是,白龙尾岛附近海域出现 DO 的高值,与此相对应,该区域叶绿素 a 较周边海域也有明显的升高[7],可能反映了浮游植物光合作用的影响。

若将研究海域按南北向分为 B 区(北部)、J 区(中部)和 H 区(南部)三个亚区,夏季时,从北向南,即从 B 区、J 区至 H 区,DO 浓度从 5.94 mg/L 逐渐增大到 6.35 mg/L。在水温较低的冬季和春季,DO 浓度的空间变化与夏季正好相反,从 H 区、J 区至 B 区 DO 浓度逐渐增大。秋季时,B 区、J 区和 H 区 DO 含量差异较小,仅以 B 区略高。

3.2 断面分布

夏、春、秋季研究海域溶解氧的分布整体呈现由表及底降低的趋势,冬季各区域垂向分布较为均匀,随离岸距离则呈明显的梯度分布。按照站位布设情况,本文选取分别位于北部湾北部、中部和南部的 B15 ~ B21、J16 ~ J23、H17 ~ J82 三个断面来考察 DO 的垂直分布情况(图3)。从中可明显看出,冬季 DO 垂向分布基本均匀,这与冬季研究海域偏北风剧烈有关[11],此时水体的垂向混合加剧,DO 浓度高于其他季节,且其影响足以到达底层,说明海气交换主导着冬季研究海域溶解氧的含量与分布。与中部、南部断面比较,北部断面(B15～B21)水体中 DO 的垂直分布在各季节均较为均匀,这与其水深较浅,水体较易于混合有关。南部断面(H17～J82)春、夏季可明显观察到 DO 的分层现象,这一现象在秋、冬季消失,而且秋、冬季 DO 含量明显高于春、夏季,这可能与南部水体受到南海暖水的影响有关,南海暖水的影响在春、夏季最为明显,导致水体层化加剧[12,13],并且由于水温较高,降低了 DO 在水体中的溶解度。中部断面(J16～J23)水体 DO 在冬、春季较为均匀(＞7.2 mg/L),极有可能受到冬季偏北风的影响,这一作用持续到春季。随着气温的升高,夏季表层水体层化加剧,表层水 DO 浓度(＞6.2 mg/L)高于深层水(5.4～5.8 mg/L),直到秋季,DO 分布在整个水柱中仍保持明显的层化现象,且 DO 含量最低(4.7～5.4 mg/L)。

3.3　北部湾 DO 变化的调控因素

海水中 DO 的含量与分布主要受生物过程和水体温度的共同影响,叶绿素 a 可指示光合作用的强弱,而在盐度变化不大的情况下,DO 受温度的影响较为显著[2]。本研究以叶绿素 a 作为生物活动影响的指标,来揭示生物过程对北部湾 DO 含量与分布的影响。由 SPSS 进行的相关性分析显示,DO 在夏、春季与水温关联紧密,而冬、秋季也会受到生物过程的影响,需要指出的是,由于缺乏春季研究海域的叶绿素 a 数据,不能排除春季生物过程对海域 DO 存在影响(表2)。为研究冬季和秋季生物过程和水温对 DO 的影响程度,使用二元逐步回归模型进行了分析,由回归模型得出冬季时存在如下关系:$DO = 5.386 + 0.063T + 0.136Chl\ a$,温度对 DO 变化的贡献为 35.6%,温度和叶绿素 a 同时对 DO 的贡献为 51.2%。秋季时的关系如下:$DO = -3.289 + 0.364T + 0.183Chl\ a$,温度对 DO 变化的贡献为 23.7%,温度和叶绿素 a 两者的贡献为 33.3%,表明冬季和秋季,水温对 DO 的影响强于生物过程。

表 2　北部湾 DO 与温度、Chl a 的相关系数

	夏季	冬季	春季	秋季
T	0.165*	0.598*	-0.477*	0.490*
Chl a	-0.083	0.571*	&	0.316*

* $\alpha < 0.01$,α 表示显著性水平值;& 表示未进行相关性分析。

为归一化温度、盐度对 DO 的影响,应用 Weiss(1971)给出的方程计算出研究海域溶解氧的饱和度(%)和 AOU 值[14]。结果表明,北部湾水体 4 个季节 DO 大多处于过饱和状态,冬季最为突出,近乎 90% 以上的区域溶解氧呈过饱和状态,部分区域 DO 饱和度高达 140% 以上(表3),这与冬季研究海域受较强偏北风的影响有关[11]。夏季的情况有所不同,溶解氧呈过饱和的样品数仅为冬季的一半,同时 AOU 表现为最高,部分区域存在低氧现象(表3)。春季时,研究海域溶解氧呈过饱和的样品数较冬季减少 20%,但 AOU 变化不大,说明此时研究海域的 DO 浓度较为均一。秋季时,溶解氧呈过饱和的样品数与春季基本持平,但比夏季多 20%(表3)。DO 饱和度与 AOU 的上述变化同样表明夏季期间温度及水体层化作用是影响研究海域 DO 含量与分布的主导因素,而冬、春、秋三季则由水温和生物过程共同调控着 DO 的变化,比较而言,温度的影响可能更为显著。

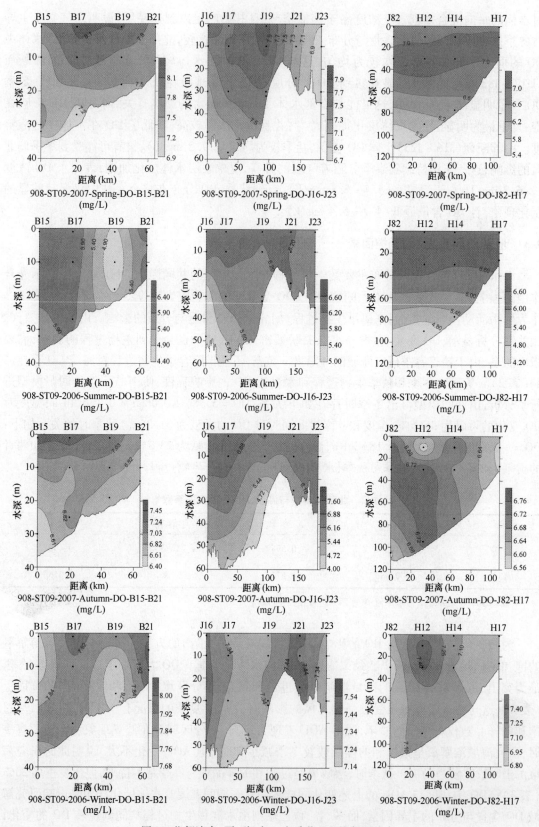

图3 北部湾春、夏、秋、冬4个季节DO的断面分布

表3　北部湾春、夏、秋、冬4个季节溶解氧的饱和度和AOU

| 季节 | 饱和度（%） | | AOU（mg/L） | | 样品总数 | 过饱和 |
	范围	平均值	范围	平均值		的样品数
夏季	38.73～110.60	96.65	-0.68～3.78	0.23	266	146
冬季	92.97～142.25	117.96	-2.59～0.53	-1.11	265	250
春季	74.71～118.56	104.32	-1.30～1.84	-0.29	264	209
秋季	52.19～128.80	100.03	-1.90～3.15	0.00	266	196

4　结论

对北部湾溶解氧含量、分布与季节变化的研究表明，北部湾溶解氧含量存在明显的季节变化，夏季最低、冬季最高，春季高于秋季，不同季节差异可达1.32 mg/L。从平面分布看，冬、春季DO由北向南逐渐降低，夏季则相反，秋季与夏季较为相似，但其在白龙尾岛附近海域出现高值。从DO垂向分布看，冬季整个水柱DO含量较为均匀；北部海域各季节的DO垂直分布也较均匀，但南部海域春、夏季可观察到DO的明显分层现象，中部海域DO在冬、春季较为均匀，夏季层化加剧，并可维持至秋季。结合温度、盐度、Chl a进行的分析显示，水温是夏季DO变化的主要影响因素，而冬、春、秋三季温度和生物过程共同影响着DO的变化，其中温度的影响可能起主导作用。

致谢：感谢项目首席科学家李炎教授给予的指导、全体科考人员辛勤的外业工作，以及中科院南海研究所"实验2"号科学考察船船长和全体船员的支持和帮助。

参 考 文 献

[1] 王成善，胡修棉，李祥辉. 古海洋溶解氧与缺氧和富氧问题研究[J]. 海洋地质与第四纪地质，1999，3（19）：39-47.

[2] 陈敏编著. 化学海洋学[M]. 北京：海洋出版社. 2009，49-50.

[3] 张莹莹，张经，吴莹，等. 长江口溶解氧分布特征及影响因素研究[J]. 环境科学，2007，28（8）：1649-1654.

[4] 农牧渔业部水产局，农牧渔业部南海区渔业指挥部. 南海区渔业资源调查和区划[M]. 广州：广东科技出版社. 1985，91-94.

[5] 国家海洋局908专项办公室. 海洋化学调查技术规程[M]. 北京：海洋出版社. 2006，5-8.

[6] 陈照章，胡建宇，孙振宇，等. 2006年7—8月北部湾海区海温、盐度的断面分布特征[A]∥胡建宇，杨圣云. 北部湾海洋科学研究论文集（第1辑）[C]. 北京：海洋出版社. 2008，79-87.

[7] 吴易超，郭丰，黄凌风，等. 北部湾叶绿素a含量的分布特征与季节变化[A]∥林元烧，蔡立哲. 北部湾海洋科学研究论文集（第3辑）[C]. 北京：海洋出版社. 2011，1-10.

[8] 潘非斐，曹文清，林元烧，等. 北部湾东侧海域桡足类种类组成及其时空分布[A]∥林元烧，蔡立哲. 北部湾海洋科学研究论文集（第3辑）[C]. 北京：海洋出版社. 2011，36-54.

[9] 张朝霞，倪健斌，柯才焕，等. 北部湾异养细菌的水平分布特征及其影响因子[A]∥林元烧，蔡立哲. 北部湾海洋科学研究论文集（第3辑）[C]. 北京：海洋出版社. 2011，23-35.

[10] 吴易超，郭丰，黄凌风. 北部湾初级生产力的分布特征与粒级结构[A]∥林元烧，蔡立哲. 北部湾海

洋科学研究论文集(第 3 辑)[C]. 北京: 海洋出版社. 2011,11 - 22.

[11] 杨澄梅. 北部湾海面冬季(11—1 月)偏北大风的气候分析和预报[J]. 广西气象, 1996, 17(4): 30 - 33.

[12] 陈波. 北部湾水系形成及其性质的初步探讨[J]. 广西科学院学报,1986, 2(2): 92 - 95.

[13] 夏永华,李树华,侍茂崇. 北部湾三维风生流及密度流模拟[J]. 海洋学报,2001, 23(6): 11 - 23.

[14] Weiss R F. Solubility of helium and neon in water and seawater[J]. Journal of Chemical & Engineering Data, 1971, 16(2): 235 - 241.

Seasonal variations of dissolved oxygen in the Beibu Gulf, China

HU Wang - jiang, YANG Zhi, ZHENG Min - fang, LIN Feng, LIU Rui - hua,

ZHENG Ai - rong, YANG Wei - feng, CHEN Min

(*College of Ocean & Earth Sciences, Xiamen University, Xiamen 361005, China*)

Abstract: Seasonal variations of dissolved oxygen (DO) in the Beibu Gulf of China were investigated during 2006—2007. Our results showed that the averaged DO concentration in winter was the highest, followed by spring, autumn and summer, with a range of 1. 32 mg/L. Distribution of DO in the Beibu Gulf showed different spatial characteristics in different seasons, with a decline from the north to the south in winter and spring, and vise versa in summer and autumn. Based on the correlation analysis between DO concentration and temperature, chlorophyll a, and DO saturation, the major factor inducing DO variations in summer was water stratification. However, both water temperature and biological processes may affect DO variations in other three seasons, although water temperature was more important.

Keywords: Dissolved oxygen, spatial distribution, seasonal variation, Beibu Gulf

北部湾气溶胶中总悬浮颗粒物和总碳的时空分布特征

余翔翔[1,2]，易月圆[1]，陈文昭[1]，徐静[1]，郑爱榕[1]，李炎[3]，郭卫东[1*]

(1. 厦门大学海洋与地球学院,厦门 361005;2. 温州市环境保护设计科学研究院,温州 325000;3. 厦门大学环境与生态学院,厦门 361005)

摘要:测定了 2006 年 7 月至 2007 年 11 月北部湾海域夏、冬、春、秋 4 个季节 40 个气溶胶样品的总悬浮颗粒物(TSP)和总碳(TC)浓度,以探讨北部湾大气中 TSP 和 TC 的时空分布特征及其影响因素。结果表明,北部湾大气中 TSP 的浓度范围为 $0.024 \sim 0.148 \ \mathrm{mg/m^3}$,平均为 $0.065 \ \mathrm{mg/m^3}$;TC 的浓度范围为 $0.001 \sim 0.028 \ \mathrm{mg/m^3}$, 平均为 $0.010 \ \mathrm{mg/m^3}$。TSP 及 TC 总体上呈现北高南低的空间分布、以及秋冬高于春夏的季节变化特点。后向轨迹分析结果显示,大陆气团对北部海域的影响大于南部海域,秋冬季抵达北部湾的气团以大陆气团为主而春夏季以海洋性气团为主,这表明气团源区属性是控制北部湾大气中 TSP、TC 时空分布格局的主要因素。气溶胶中 TC 占 TSP 的平均百分比为 11.7%,其中夏季该比值远低于其他 3 个季节,可能与该季节来自于西南方向的海源气溶胶占优势有关。各个季节 TC 与 TSP 之间的线性相关关系都很好,表明二者具有相同的来源。初步的通量估算结果显示,北部湾 TSP、TC 的年输入总量分别为 1.3×10^6 t 和 0.2×10^6 t,气溶胶的输入对北部湾海洋生态系统有不可忽视的影响。

关键词:气溶胶;总悬浮颗粒物;总碳;沉降通量;北部湾

气溶胶中的总悬浮颗粒物(Total Suspended Particle,简称 TSP)指等效直径小于 100 μm 的气溶胶颗粒,其组成复杂,包括陆地沙尘、海盐气溶胶、硫酸盐气溶胶、火山灰、生物生长所需的营养盐以及有毒有害的有机污染物(如多环芳烃、多氯联苯等)、重金属等物质。其来源可分为人为来源和自然来源,人为来源主要为煤炭、石油等燃烧后产生的烟尘,自然来源包括岩石风化、海水蒸发、火山爆发等[1]。近几十年的大量研究都发现,TSP 在大气中的迁移是营养盐(如 N、P、Si)、金属元素(如 Fe、Al)等向海洋输送的一种重要途径[1~5],这种迁移对远岸海域及开阔大洋尤为重要。例如,沙尘输送几乎是北太平洋某些海域表层海水中 Fe 的唯一来源[3]。这些生源要素通过大气迁移途径的输入对海洋生态系统有显著的影响[1,3,6]。大气 TSP 还会通过散射和吸收太阳辐射直接影响气候,并能够以云凝结核(CCN)的形式改变云的光学特性及其分布而间接影响气候。此外,TSP 也是表征环境空气质量的主要参数之一,尤其

资助项目:国家"908 专项"(908 – 01 – ST09)。

作者简介:余翔(1984—),女,助理工程师。E – mail:xxyu@ xmu. edu. cn。

*通讯作者:郭卫东,E – mail: wdguo@ xmu. edu. cn。

是其中粒径不大于 10 μm 的可吸入颗粒物(PM_{10})以及粒径不大于 2.5 μm 的二次颗粒物($PM_{2.5}$),是大气环境中有毒有害污染物以及细菌、病毒等病原菌的主要载体和培养基,它们可随呼吸深入到人体的支气管及肺泡,并进入血液,因而对人体的危害最大,是空气质量监测的重要指标。

气溶胶中的含碳物质(又称总碳,Total Carbon,简称 TC),包括有机碳(OC)、元素碳(EC)和碳酸盐碳(Carbonic Carbon,CC),它们可占到 TSP 重量的 15% ~ 20%[7,8]。其中 OC 和 EC 为 TC 的主要成分,二者的质量总和可占 TC 质量的 95% 以上[9]。气溶胶中的有机碳(OC)是各种有机化合物的混合体,包括由排放源直接排放的一次有机碳(Primary OC,POC)和通过光化学反应等途径形成的二次有机碳(Secondary OC,SOC),含有脂肪类、芳香族类、酸类等成分,其中的多环芳烃、酞酸酯等是对人体健康有毒有害的物质[10]。元素碳(EC)是指大气颗粒物中以单质状态存在的那部分碳,主要是化石燃料等不完全燃烧直接排放的产物。EC 是全球大气系统中仅次于 CO_2 的增温组分[11],它能吸收太阳辐射,削减光照强度,降低能见度,并导致气温上升,还能改变大气的稳定性和垂直运动,对区域水循环和区域气候变化有显著影响[10,12]。

国内关于海域大气气溶胶的研究起步于 20 世纪 90 年代,主要以黄海、东海、渤海及青岛、大连等区域为对象,开展了气溶胶中的水溶组分、微量金属、营养盐等的含量分布及其沉降作用对海洋环境的影响等研究[13~20]。有关含碳气溶胶的研究集中于人为污染较重的大城市,如珠江三角洲、上海、香港、西安、北京等[3,6,21~23],而近海海域碳质气溶胶的调查观测还鲜有报道。本文以中国南海西北部的北部湾为研究区域,于 2006 年 7 月至 2007 年 11 月开展了夏、冬、春、秋 4 个不同季节的航次调查和采样,在对该海域气溶胶中总悬浮颗粒物(TSP)和总碳(TC)浓度测定的基础上,分析了北部湾大气中 TSP 和 TC 的空间分布和季节变化特征,探讨了来源、天气过程等对其时空分布的影响程度,此外还估算了气溶胶中 TSP 和 TC 向海域输送的大气沉降通量,这将为进一步研究中国海域气溶胶的时空分布特征及其影响因素、评估气溶胶输入对海洋生态系统的生态环境效应以及对近海碳循环的影响等提供重要的科学依据。

1　采样及分析

1.1　样品采集

于 2006 年 7 月 15 日至 8 月 7 日、2006 年 12 月 25 日至 2007 年 1 月 22 日、2007 年 4 月 12 日至 5 月 1 日、2007 年 10 月 14 日至 11 月 15 日搭乘"实验二"号科学考察船在北部湾东部海域(17°07′58″—21°17′09″N,107°22′32″—109°28′19″E)进行了夏、冬、春、秋季共 4 个航次的大气气溶胶的走航采样,采样装置为国家海洋局第三海洋研究所研制的大气气溶胶采样器。采样滤膜选用石英(夏季航次)或玻璃纤维材质(冬、春、秋季航次),出海前预先在马弗炉中于 500℃下灼烧 5 h 以消除基底干扰。由于海域上空气溶胶浓度很低,连续走航 1 ~ 2 d 后才取样 1 次,因此,每个样品实际上代表了一定区域内气溶胶的平均特征。停船时暂时关闭采样系统,以避免船体油烟排放的干扰。每个航次各采集了 10 个样品,合计共采集 40 个样品。

1.2　样品分析

大气气溶胶中总悬浮颗粒物(TSP)采用灵敏度为 0.1 mg 的电子天平(型号:Sartorius BS 110S)进行称量,通过样品膜扣除空白膜后的质量差,以及采样速率、采样的时长等参数计算气溶胶中 TSP 的质量浓度。

大气气溶胶中的总碳(TC)含量采用 Multi N/C 3100 TOC - TN 分析仪(耶拿,德国)的 HT 1300 固体分析模块进行测定。气溶胶中的含碳物质在 1 000℃ 高温下转化为 CO_2,利用非色散红外检测器进行测定。称取不同质量的碳酸钙绘制标准工作曲线,按与 TSP 类似的方法计算气溶胶中 TC 的质量浓度。

2 结果与讨论

2.1 后向轨迹分析结果

海洋气溶胶的浓度及其组成与其来源有密切关系,后者主要受控于大气气团的迁移途径和轨迹,通常采用后向轨迹分析(back - trajectory analysis)来进行表征。利用 NOAA HYSPLIT 4 软件,模拟每个气溶胶样品采样期间的大气后向运动轨迹,从而在大体上判断气溶胶颗粒物的来源[24]。在 NOAA HYSPLIT 4 软件中,分别设置 50 m、100 m、500 m 共 3 种不同的高度情况,倒推得出 72 h 前的大气气团后向轨迹。据此可以得到不同季节各个气溶胶样品对应的大气气团的后向轨迹图。

(1)夏季

夏季南海主要受西南季风系统控制,北部湾也不例外。从后向轨迹图来看,调查期间抵达北部湾的气团主要来自于西南方向,其源区最远的为印度洋(图 1a),其次是中南半岛,从西南方向或正西方向进入北部湾,也有从南海南部或海南岛以南海域北上的气团;2006 年 8 月 1 日的气团比较例外,其源区主要为巴士海峡及南海东部(图 1b)。总体上,夏季抵达北部湾的气团主要为来自于西南或南部方向的海洋性气团。

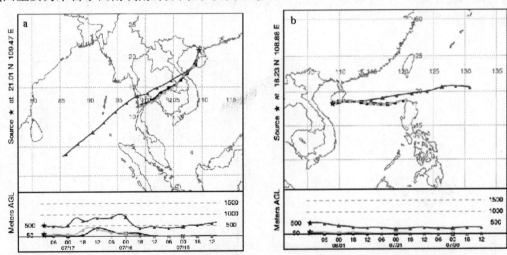

图 1 2006 年夏季北部湾典型的大气后向轨迹(源自 NOAA 网站)

(2)冬季

冬季北部湾主要受强劲的东北季风系统控制。从后向轨迹图来看,调查期间抵达北部湾的气团基本上都来自于东北方向,随调查航线从北到南,气团的轨迹线总体呈东移趋势。北部区域采集的样品的源区主要为广东、江西、福建等地(图2a),中部区域样品的气团轨迹多数与中国东南沿海海岸线平行(图2b),三亚以南站位的轨迹线则进入东海－台湾海峡海域。

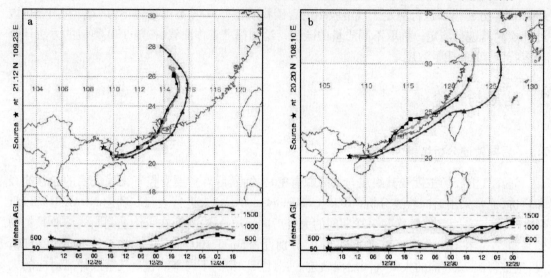

图2　2006年冬季航次北部湾典型的大气后向轨迹(源自 NOAA 网站)

(3) 春季

春季属于东亚季风的转换期。从后向轨迹图来看,调查期间抵达北部湾的气团的路径存在一些变化。4月12—14日主要途经东北方向的广东沿海及台湾海峡(图3a),15—17日则是南海南部及海南岛东部海域(图3b),17—20日有一股冷空气从中国北方南下,之后到航次结束仍以东北方向的台湾海峡为主。总体上,春季抵达北部湾的气团主要为来自于东北方向的海洋性气团。

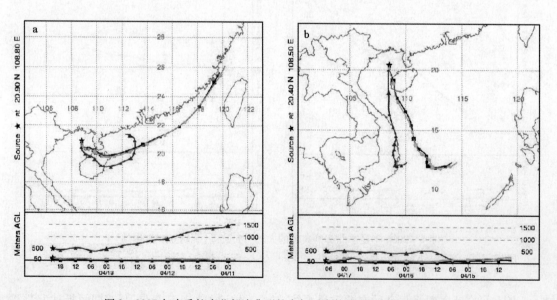

图3　2007年春季航次北部湾典型的大气后向轨迹(源自 NOAA 网站)

（4）秋季

与冬季类似,秋季航次北部湾完全受东北季风系统所控制。北部区域采集的样品的气团轨迹源区主要为中国华南地区(图4a),往南轨迹线逐渐东移,三亚以南站位的轨迹线则进入东海－台湾海峡海域(图4b)。

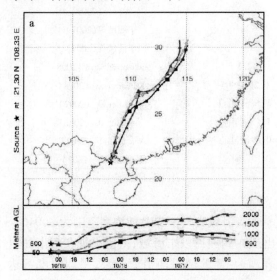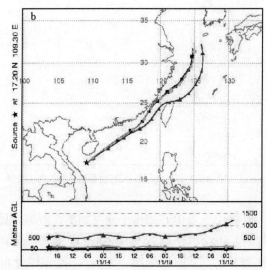

图4　2007年秋季航次北部湾典型的大气后向轨迹(源自NOAA网站)

整体而言,各个季节大气气团的后向轨迹类型都比较稳定,秋、冬季均以来源于东北方向的气团为主,其中北部区域主要为大陆性气团,往南海洋性气团的贡献增加;夏季则主要为来自于西南方向的海洋性气团,其中不少轨迹中途经过中南半岛,也会有一定的陆源影响。春季虽然风向有一些变化,但仍以来自于东北方向的海洋性气团占主导。来自于亚洲中、北部的大陆性气团中,气溶胶成分受人为因素的影响较大,而来自海洋的气团就比较洁净[25]。

2.2　不同季节 TSP、TC 的空间分布特征

2.2.1　TSP

北部湾大气中 TSP 的浓度范围为 0.024 ~ 0.148 mg/m³,平均值为 0.065 mg/m³(表2),低于大连、青岛等近岸海域,但高于孟加拉湾、阿拉伯海等远岸海域(表3)。TSP 的最高值出现于冬季涠洲岛以东海域,而最低值则见于春季三亚附近海域。

表1　北部湾大气中 TSP、TC 的浓度分与变化

季节	TSP(mg/m³)		TC(mg/m³)	
	浓度范围	平均值	浓度范围	平均值
夏季	0.030 ~ 0.111	0.060	0.002 ~ 0.016	0.005
冬季	0.025 ~ 0.148	0.103	0.003 ~ 0.028	0.016
春季	0.024 ~ 0.087	0.039	0.001 ~ 0.014	0.006
秋季	0.049 ~ 0.134	0.091	0.004 ~ 0.019	0.011
全年	0.024 ~ 0.148	0.065	0.001 ~ 0.028	0.010

表 2　北部湾大气中 TSP、TC 浓度水平与其他海域的比较

海区	TSP 浓度（μg/m³）	TC 浓度（μg/m³）	数据来源
北部湾	65	10(TSP) *	本文
大连海域	92.17	—	李连科等(1997)[20]
青岛近岸	143.78 ~ 257.82	—	乔佳佳(2009)[26]
黄海(春季)	80 ~ 130	—	于丽敏等(2007)[27]
南海(春季)	< 30.167	—	于丽敏等(2007)[27]
孟加拉湾	22	2.3	Sudheer & Sarin (2008)[28]
阿拉伯海	24.7 ± 10.4	0.29(TSP)	Kumar et al. (2008)[29]
孟加拉湾	—	1.38(PM$_{10}$)	Neusu et al. (2002)[30]
阿拉伯海	—	1.15(PM$_{10}$)	Neusu et al. (2002)[30]
北印度洋	—	0.59(PM$_{10}$)	Neusu et al. (2002)[30]
南印度洋	—	0.13(PM$_{10}$)	Neusu et al. (2002))[30]

*　括号中的符号表示用于 TC 分析的气溶胶样品类型。

　　各个季节 TSP 的水平分布如图 5 所示。夏季调查海域大气中 TSP 的浓度范围为 0.040 ~ 0.111 mg/m³，平均为 0.060 mg/m³。TSP 高值出现在涠洲岛以东海域，低值出现在海南岛西南海域及三亚附近海域（图 5a）。其总体分布表现为：湾北部广西沿海最高，平均浓度可达 0.071 mg/m³；海南岛南部次之，平均为 0.062 mg/m³，琼州海峡以西海域和海南岛西部海域浓度最低，平均约为 0.052 mg/m³。

　　冬季 TSP 测值范围在 0.025 ~ 0.148 mg/m³ 之间，平均为 0.103 mg/m³。高值区出现在涠洲岛以东海域及海南岛西南部海域，低值出现在三亚附近海域（图 5b）。海南岛西南部海域 TSP 浓度较高则与采样污染有关。总体来说，广西沿海和琼州海峡以西海域 TSP 的浓度较高，而海南岛西部和南部海域 TSP 浓度较低。

　　春季 TSP 测值范围在 0.024 ~ 0.087 mg/m³ 之间，平均为 0.039 mg/m³。高值区出现在广西沿海的涠洲岛以东海域，往南呈现逐渐降低的趋势，海南岛南部海域 TSP 浓度最低，且中、南部海域总体分布很均匀（图 5c）。

　　秋季 TSP 测值范围在 0.049 ~ 0.134 mg/m³ 之间，平均为 0.091 mg/m³。高值出现在八所附近海域，低值出现在三亚附近海域，其整体分布表现为广西沿海 TSP 浓度最高，从北到南呈现降低的趋势，海南岛南部海域浓度最低（图 5d）。

　　总体上，北部湾 4 个季节 TSP 的浓度分布均呈现北部高、南部低的特点（即广西沿海较高，海南岛以南海域较低）。秋、冬季高值区的分布范围较大，基本占据整个湾北部海域及部分湾中部海域，到春季高值区的分布范围退缩到最小，而夏季高值区的范围又有所扩大，尽管在琼州海峡以西海域出现了一个相对低值区（图 5a）。

　　TSP 的水平分布特征与该海域大气气团的运动轨迹特征总体上是一致的。不管在哪个季节，虽然气团运动的方向有所不同，但抵达南部海域的气团基本上都属于海洋性气团，因此三亚以南海域大气中 TSP 浓度在全年都是最低。对北部和中部海域，秋、冬季主要以途经中国华南地区的大陆性气团为主，这 2 个季节盛行的东北风带来的气溶胶则具有明显的陆源特征，因此，秋冬季中、北部海域大气中 TSP 高值区的分布范围较大。春季虽然也是东北风为主，但基本上属于海洋性气团，仅广西沿海区域的气团具有大陆气团性质，因此 TSP 高值区的分布范围最小。夏季盛行西南季风，偏南风主要带来海洋性质的气团，但部分气团来源于中南半

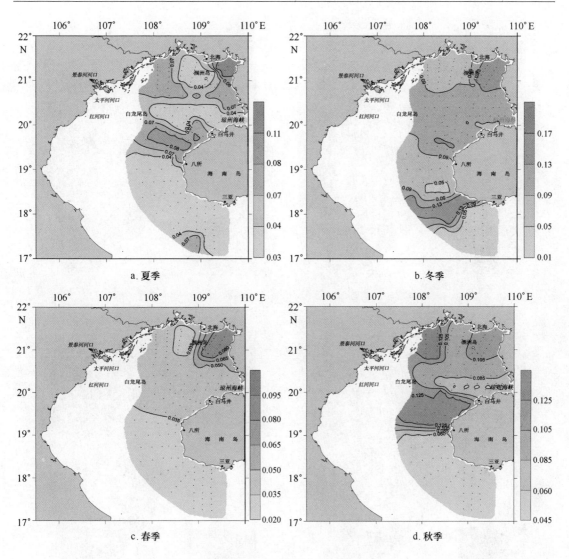

图5 北部湾大气TSP四季分布(单位:mg/m³)

岛,仍具有一定的陆地气团性质,因此夏季海南岛西北部等海域也出现了TSP的高值区。

2.2.2 TC

北部湾大气中TC浓度为0.001~0.028 mg/m³,平均值为0.010 mg/m³,是孟加拉湾TC浓度的4倍,比阿拉伯海高一个数量级(表2)。各个季节北部湾大气中TC浓度的空间分布与TSP基本相似,总体上仍呈现北高南低的分布趋势(图6),与大气气团运动轨迹及其性质相符合。高值区的分布范围冬季和秋季最高,覆盖北部和中部海域,其次为春季,夏季高值区仅见于广西沿海,这与TSP的情况有所不同,这与夏季气溶胶中TC/TSP比值最低有关(见下文2.4节)。

2.3 TSP、TC浓度的季节变化

北部湾4个季节大气中TSP浓度的变化顺序由大到小依次为冬季(0.103 mg/m³)、秋季(0.091 mg/m³)、夏季(0.060 mg/m³)、春季(0.039 mg/m³)(表2),即秋冬季TSP浓度高而春夏季TSP浓度低,这与东海、黄海春、冬季TSP浓度较高、而夏季TSP浓度较低的变化规律明

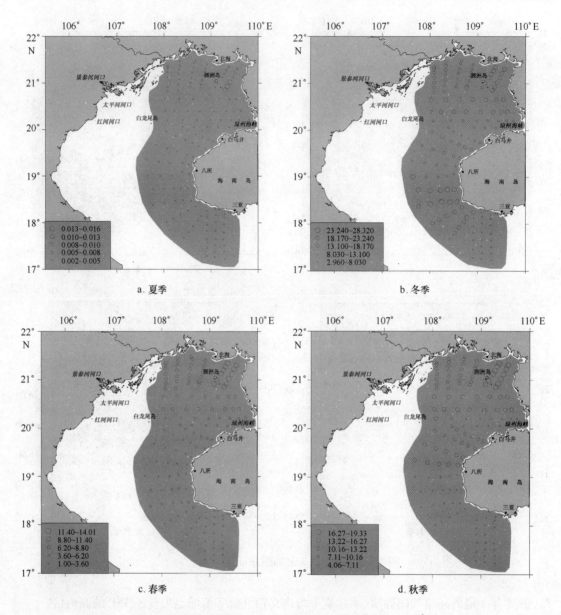

图6　北部湾不同季节大气中 TC 的空间分布(单位:mg/m³)

显不同[31,32]。北部湾各个季节大气中 TC 浓度的季节变化趋势与 TSP 类似,也呈现出秋冬季高而春夏季低的特征,平均浓度的顺序由大到小依次为冬季(0.016 mg/m³)、秋季(0.011 mg/m³)、春季(0.006 mg/m³)、夏季(0.005 mg/m³)。

　　北部湾 TSP、TC 浓度的季节变化与东亚季风转换、降水的季节性变化以及人为活动等多种因素有关。在中国内陆尤其是北方地区秋、冬季的采暖期,煤炭等化石燃料被大量使用,使得输入大气中的人为颗粒物质大量增加。加之冬季中国大陆及近海海域都盛行东北风,强劲的东北风可将来源于陆地、具有高本底 TSP 和 TC 的大气气团一路向南迁移,其中部分会被输送到北部湾海域,后向轨迹分析的结果也证实了这一点(图1~图4),因而北部湾冬季和秋季大气中 TSP、TC 的浓度相对较高。

　　春、夏季的情况则与秋、冬季节正好相反。北部湾春季的主导风向虽然仍是东北风,但气团性质主要为海洋性气团,夏季气团的源区则主要来自于南海及印度洋,也以不受人类活动影响的天然海洋气团为主,其特征是 TSP 和 TC 浓度都很低[1]。虽然夏季有部分气团来自或经过中南半岛而具有一定的陆源属性,但这些地区大气相对比较洁净,因此,气团的海源属性是导致北部湾春、夏季大气气溶胶中 TSP、TC 浓度较低的主要原因。另一方面,受季风及热带风暴等因素的共同影响,这 2 个季节也是北部湾降雨比较集中的季节[33]。降雨可通过雨除(rain – out)和冲刷(wash – out)等机制将大气颗粒物沉降到地表[34]。据报道,降雨过程可以清除 1/3 ~ 2/3 以上的气溶胶粒子[35]和气溶胶中 40% ~ 80% 的总有机物[36,37],因此,频繁的降雨清除作用也是造成春、夏季北部湾 TSP、TC 浓度较低的原因之一。

　　北部湾春季大气中 TSP 浓度最低,这与东、黄海春季具有高 TSP 浓度的特征正好相反[31,32],表明影响不同纬度中国近海海域大气中 TSP 浓度分布的主控因素是不同的。东海、黄海春季出现高 TSP 浓度的原因与该季节的沙尘气溶胶输入有关。每年春季,中国西北沙漠地区形成的沙尘暴将大量的沙尘抛入高空,大量沙尘在西风的作用下向太平洋长距离运输,其中一部分矿物颗粒在运输途中降落中国边缘海域[38]。黄海和东海地区正好处在亚洲大陆的风沙向太平洋输送的通道上[39,40],在春季西北风的驱动下,沙尘气溶胶通过长距离水平运输进入东、黄海海域上空,从而导致这些温带海域的大气中在春季出现 TSP 浓度高值。

2.4　TC 与 TSP 之间的关系

　　北部湾 TSP 中 TC 所占的平均百分含量(即 TC/TSP 比值)为 11.7%,远高于阿拉伯海的1.2%[29]。从图 7 可见,TC/TSP 比值显示出明显的季节性变化,冬季最高(14.6%),春季(13.6%)和秋季(11.8%)次之,夏季最低(6.6%),仅约为其他季节的 1/2。TC/TSP 比值的季节变化可能与季节性风向变化密切相关。北部湾夏季盛行偏南季风,从后向轨迹分析图可知,夏季抵达北部湾的气团主要来自于西南、正南或东南方向(参考图 1a),而其他 3 个季节的气团性质虽然有大陆气团与海洋性气团之分,但都以东北风向占主导(图 2、图 3a、图 4),两者有明显的不同。据此可以推测,由东北方向抵达北部湾的气团所输入的气溶胶可能具有比较高且较为接近的 TC/TSP 比值,而经由西南方向气团所带来的气溶胶则具有较低的 TC/TSP 比值。此外,夏季是北部湾主要的降雨季节,低 TC/TSP 比值可能也与湿沉降过程中雨水对 TC、TSP 的不同洗脱率有关。

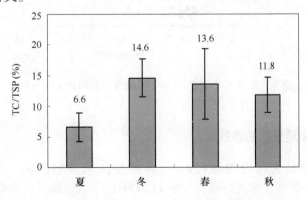

图 7　北部湾大气 TSP 中 TC 所占百分比的季节变化

　　TC 与 TSP 之间的相关性分析见图 8。从图中可知,所有 4 个季节的 TC 与 TSP 之间均存在很好的线性相关关系(Pearson 检验,$p < 0.05$),其中春季的相关性最高,R^2 达到 0.728 9。将所有 4 个航次的全部数据汇总进行相关分析,可得到两者之间的关系式为 TC $= 0.129\ 9 \times$ TSP $- 0.000\ 8$($R^2 = 0.668$,$p < 0.05$),TC 与 TSP 之间具有良好的相关性,表明了二者在来源上具有一定的相似性。

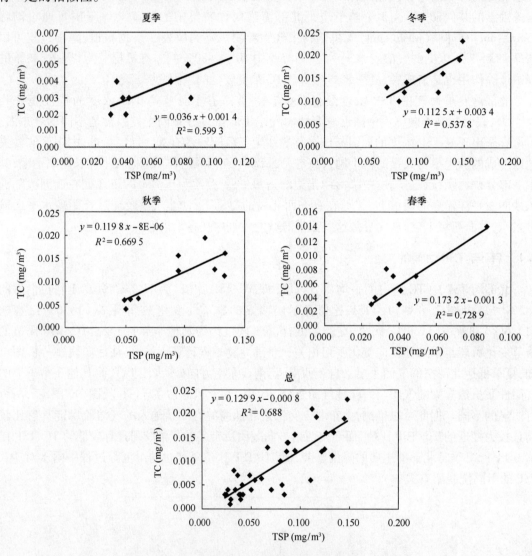

图 8　北部湾大气中 TC 与 TSP 浓度之间的相关性分析

2.5　TSP、TC 干沉降通量的初步估算

　　气溶胶的干沉降是大气中的碳、营养盐及微量金属等物质输入海洋的重要途径之一[1,3,6,31,32,41],为此,估算北部湾海域大气中 TC、TSP 的干沉降通量就显得尤为重要。干沉降通量的估算方法如下[31,41]:

$$F = V_d \times C_x$$

式中:F——干沉降通量;

V_d——干沉降速率；

C_x——气溶胶中某种物质的浓度。

沉降速率的选取对于干沉降通量的估算至关重要,气溶胶中不同粒级的沉降速率不一致,大颗粒沉降速率快而小粒级的沉降速率非常慢。本次调查没有对北部湾气溶胶的粒级组成进行观测,因此难以直接进行干沉降通量的精确计算。考虑到北部湾受沙尘等输入的影响小,TSP 中应以细粒级占主导,故选取一个较小粒级(4.7~7.0 μm)的沉降速率 0.51 cm/s[13]来参与计算,据此可以粗略估算出北部湾大气中 TSP、TC 的沉降通量分别为 10.5 g/(m². a)和1.6 g/(m². a)(表4)。与其他海域相比较,北部湾的 TSP 沉降通量低于东海、黄海,但高于世界各大洋(表4)。北部湾的面积为 $12.8 \times 10^4 km^{2[42]}$,由此可近似估算出该海域大气中 TSP、TC 的年输入总量分别为 1.3×10^6 t 和 0.2×10^6 t。

表3　北部湾 TSP 沉降通量及与其他海域的比较

海区	TSP 沉降通量[g/(m². a)]	数据来源
北部湾	10.5	本文
东海	26	高原(1997)[43]
黄海	50.64	Zhang et al. (2007)[44]
黄海*	10.3~18 (2002—2003 年) 6.5~14.3 (2005—2006 年)	闫涵(2008)[13]
地中海	16.3	Loye - Pilot(1986)[45]
北太平洋	5.0	GESAMP(1989)
北印度洋	7.0	GESAMP(1989)
北大西洋	4.0	GESAMP(1989)

* 原文为月沉降通量,通过换算得出。

这4个航次还对气溶胶样品进行了其他参数的分析测试,结果发现,这些气溶胶中还含有铜、铅、锌、镉、铝、钒、铁等金属元素以及铵、磷酸盐、硝酸盐等营养盐以及硫酸盐、甲基磺酸盐等组分。综合这些结果可以推断,大气沉降是北部湾海域碳、硫、营养盐及重金属等的一个重要外源输入途径,是该海域 C、N、S、P 等生源要素生物地球化学循环中不可忽视的重要环节。大气中 N、P、Fe 等营养要素的输入对该海域营养盐的收支、浮游植物的生长繁殖乃至生态系统的初级生产力水平都会产生影响。这种影响的生态环境效应有多大,值得进一步通过开展现场培养实验等手段进行深入探究。此外,在北部湾乃至中国近海开展类似的调查计划时,应同时对大气 TSP 进行粒级分析,这样可以使得各种要素沉降通量的估算结果更为精确可靠。

3　小结

(1)后向轨迹分析结果显示,秋、冬季抵达北部湾的大气气团源区具有较显著的陆源属性,而春、夏季则以海洋性气团占主导。空间分布上,三亚以南的海域常年都以海洋性气团为主。

(2)北部湾大气中总悬浮颗粒物(TSP)、总碳(TC)全年平均浓度分别为 0.060 mg/m³ 和0.010 mg/m³,二者的空间分布特征基本相似,总体表现为调查海域的北部浓度高而南部浓度低的变化趋势,其中涠洲岛以东的广西沿海海域浓度最高而三亚以南海域浓度最低。

（3）北部湾不同季节 TSP 平均浓度的顺序由大到小依次为冬季、秋季、夏季、春季，TC 浓度的顺序由大到小依次为冬季、秋季、春季、夏季，两者均表现为秋冬季浓度高而春夏季浓度低的特征，这种季节变化趋势与东亚季风转换引起的气溶胶源区性质改变、降水冲刷以及人为活动等多种因素有关。

（4）北部湾大气中 TC/TSP 的平均百分比为 11.7%，在夏季该比值最低，仅约为其他 3 个季节的 1/2，可能与夏季气团轨迹以西南季风为主有关。不同季节 TC 与 TSP 之间均具有良好的相关关系，表明了二者在来源上的同源性。

（5）北部湾大气中 TSP 和 TC 输送入海的年沉降通量分别为 41.0 g/（m^2·a）和 6.3 g/（m^2·a），对应的沉降总量分别为 5.2×10^{12} g 和 0.8×10^{12} g，其对生源要素的生物地球化学循环过程和海洋生态系统的影响不可忽视。

致谢：感谢全体科考人员及"实验 2"号科考船全体船员的支持。

参 考 文 献

［1］ Chester R. Marine geochemistry（2nd ed.）［M］. Oxford：Blackwell Science, 2000, 52 – 87.

［2］ Duce R A, Liss P S, Merrill J T, et al. The atmospheric input of trace species to the world ocean［J］. Global Biogeochemical Cycles, 1991, 5：193 – 259.

［3］ Zhuang G, Yi Z, Duce R A, et al. Link between iron and sulfur cycles suggested by detection of iron（II）in remote marine aerosols［J］. Nature, 1992, 355：537 – 539.

［4］ Zhang G, Zhang J, Liu S. Characterization of nutrients in the atmospheric wet and dry deposition observed at the two monitoring sites over Yellow Sea and East China Sea［J］. Journal Atmospheric Chemistry, 2007, 57：41 – 57.

［5］ 陈莹, 庄国顺, 郭志刚. 近海营养盐和微量元素的大气沉降［J］. 地球科学进展, 2010, 25（7）：682 – 690.

［6］ Paerl H W. Coastal eutrophication and harmful algal blooms：Importance of atmospheric deposition and groundwater as "new" nitrogen and other nutrient sources［J］. Limnology and Oceanography, 1997, 42（5）：1154 – 1165.

［7］ 张泽, 孙宏, 郭祥峰. 大气总悬浮颗粒物中有机碳的测定［J］. 中国环境监测. 1996, 12（4）：16 – 18.

［8］ 迟旭光, 段凤魁, 董树屏, 等. 北京大气颗粒物中有机碳和元素碳的浓度水平和季节变化［J］. 中国环境监测. 2000, 16（3）：35 – 38.

［9］ Mader B T, Schauer J J, Seinfeld J H, et a1. Sampling methods used for the collection of particle – phase organic and elemental carbon during ACE – Asia［J］. Atmospheric Environment, 2003, 37：1435 – 1449.

［10］ Cao J J, Lee S C, Ho K F, et al. Characteristics of carbonaceous aerosol in Pearl River Delta Region, China during 2001 winter period［J］. Atmospheric Environment, 2003, 37：1451 – 1460.

［11］ Jacobson M Z. Strong radioactive heating due to the mixing state of black carbon in atmospheric aerosols［J］. Nature, 2001, 409：695 – 697.

［12］ 邹长伟, 黄虹, 曹军骥. 大气气溶胶含碳物质基本特征综述［J］. 环境污染与防治, 2006, 28（4）：270 – 274.

［13］ 闫涵. 黄海海域大气气溶胶与氮元素沉降通量研究［D］. 中国海洋大学, 2008.

［14］ Ren J L, Zhang G L, Zhang J, et al. Distribution of dissolved aluminum in the Southern Yellow Sea：Influences of a dust storm and the spring bloom［J］. Marine Chemistry, 2011. 125（1 – 4）：69 – 81.

［15］ 吴天. 中国东海近海大气气溶胶的陆源特征、污染混合机理及干沉降里的估算［D］. 中国海洋大学, 2010.

[16] 宿鲁平. 中国东部近海大气气溶胶中水溶性离子成分分析及季节性差异[D]. 中国海洋大学,2009.

[17] 薛磊,张洪海,杨桂朋. 春季黄渤海大气气溶胶的离子特征与来源分析[J]. 环境科学学报. 2011. 31 (11):2329 - 2335.

[18] 祁建华. 青岛地区大气气溶胶及其中微量金属的形态表征和干沉降通量的研究[D]. 中国海洋大学,2003.

[19] 石金辉,韩静,范得国,等. 青岛大气气溶胶中水溶性有机氮对总氮的贡献[J]. 环境科学. 2011,32 (1):1 - 8.

[20] 李连科,栗俊,高广智,等. 大连海域大气气溶胶特征分析[J]. 海洋环境科学,1997,16(3):46 - 52.

[21] Cao J J, Lee S C, Ho K F, et al. Spatial and seasonal variations of atmospheric organic carbon and elemental carbon in Pearl River Delta Region, China [J]. Atmosphere Environment,2004. 38:4447 - 4456.

[22] 黄虹,曹军骥,曾宝强,等. 广州大气细粒子中有机碳、元素碳和水溶性有机碳的分布特征[J]. 分析科学学报. 2010. 26(3):255 - 260.

[23] 王广华,位楠楠,刘卫. 上海市大气颗粒物中有机碳(OC)与元素碳(EC)的粒径分布[J]. 环境科学. 2010. 31(9):1993 - 2001.

[24] Draxler R R, Rolph G D. HYSPLIT Model access via NOAA ARL READY Website (http:// www. arl. noaa. gov/ready/hysplit. html). NOAA Air Resources Laboratory. Silver Spring, MD. 2003.

[25] 赵恒,王体健,江飞等. 利用后向轨迹模式研究 TRACE - P 期间香港大气污染物的来源[J]. 热带气象学报. 2009. 25(2):181 - 186.

[26] 乔佳佳. 青岛及黄海大气颗粒态无机氮分布研究[D]. 中国海洋大学,2009.

[27] 于丽敏,祁建华,孙娜娜等. 南、黄海及青岛地区大气气溶胶中无机氮组分的研究[J]. 环境科学学报. 2007. 27(2): 319 - 325.

[28] Sudheer A K, Sarin M M. Carbonaceous aerosols in MABL of Bay of Bengal: Influence of continental outflow [J]. Atmospheric Environment,2008, 42: 4089 - 4100.

[29] Kumar A, Sudheer A K, Sarin M M. Chemical characteristics of aerosols in MABL of Bay of Bengal and Arabian Sea during spring inter - monsoon: A comparative study [J]. Journal of Earth System Science,2008, 117(sup1): 325 - 332.

[30] Neusüß C, Gnauk A, Plewka, et al. Carbonaceous aerosol over the Indian Ocean: OC/EC fractions and selected specifications from size - segregated onboard samples [J]. Journal of Geophysical Research, 2002, 107(D19): 8031.

[31] 张国森. 大气的干湿沉降以及对东黄海海洋生态系统的影响[D]. 中国海洋大学,2004.

[32] 姜晓璐. 东黄海的大气干湿沉降及其对海洋初级生产力的影响[D]. 中国海洋大学,2009.

[33] 苏志,余纬东,黄理等. 北部湾海岸带的地理环境及其对气候的影响[J]. 气象研究与应用. 2009. 30 (3):44 - 47.

[34] 唐孝炎. 大气环境化学[M]. 北京,中国高教出版社,1991. 168 - 169.

[35] 王明星. 大气化学(第二版)[M]. 北京,气象出版社,1999. 67 - 88.

[36] Cadle S H, Groblicki P J. An evaluation of methods for the determination of organic carbon in particulate samples [M]. Particulate Carbon's Atmosphere Life Cycle Plenum. New York, 1982, 89 - 109.

[37] Zappoli S. Inorganic, organic and macromolecular components of fine aerosol in different areas of Europe in relation to water solubility [J]. Atmospheric Environment, 1999, 33: 2733 - 3274.

[38] 全浩. 关于中国西北地区沙尘暴及其黄沙气溶胶高空传输路线的探讨[J]. 环境科学. 1993. 4(5):60 - 64.

[39] Hayasaka T, Nakajima T, Tanaka M. The coarse particle aerosols in the free troposphere around Japan[J]. Journal of Geophysical Research, 1990, 95(D9): 14039 - 14047.

[40] 刘毅,周明煜. 中国东部海域大气气溶胶入海通量的研究[J]. 海洋学报,1999b,21(5):38 - 45.

[41] 张蓉. 中国气溶胶中重金属的特征、来源及其长途传输对城市空气质量及海域生态环境的可能影响 [D]. 中国海洋大学. 2011.

[42] 于向东. 北部湾边界:海域划界的成功实践. 东南亚纵横,2005(1):44-49.

[43] 高原. 沿海海 - 气界面的化学物质交换[J]. 地球科学进展. 1997. 12(6):553-563.

[44] Zhang K, Gao H. The characteristics of Asia dust - storms during 2000 - 2002: for the source to the sea [J]. Atmospheric Environment, 2007, 41: 9136-9145.

[45] Loye - Pilot M D, Martin J M, Morelli J. Influence of Saharan dust on the rain acidity and atmospheric input to the Mediterranean [J]. Nature, 1986, 38-44.

Temporal and spatial distributions of total suspended particulate matter and total carbon in aerosols from the Beibu Gulf

Yu Xiang - xiang[1,2], Yi Yue - yuan[1], Chen Wen - zhao[1], Xu Jing[1],

Zheng Ai - rong[1], LI Yan, Guo Wei - dong[1,*]

(1. *College of Ocean & Earth Sciences, Xiamen University, Xiamen 361005, China*; 2. *Wenzhou Environmental Protection Design & Research Institute; Wenzhou 325000; China*; 3. *College of Ocean & Earth Sciences, Xiamen University, Xiamen 361005, China*)

Abstract: The contents of total suspended particulate matter (TSP) and total carbon (TC) were analyzed for 40 aerosol samples collected in Beibu Gulf from July, 2006 to November, 2007. The temporal and spatial distributions of TSP and TC in this area and its dominant influence factors were discussed. The results showed that the contents of TSP varied from 0.024 mg/m^3 to 0.148 mg/m^3, with a mean value of 0.065 mg/m^3. The contents of TC varied from 0.001 mg/m^3 to 0.028 mg/m^3, with a mean value of 0.010 mg/m^3. Higher TSP and TC contents were observed in the northern part of Beibu Gulf, which is consistent with the much stronger effect of continental air masses in this area. Obvious seasonal variations of TSP and TC occurred with higher contents in autumn and winter seasons and lower contents in spring and summer season. This is consistent with the dominance of continental air masses in autumn and winter and dominance of maritime air masses in spring and summer. These results demonstrated that the variation of air mass sources is the leading factor controlling the spatial and temporal distribution of TSP and TC in Beibu Gulf. The average TC/TSP ratio of the aerosols was 11.7%. This ratio was significantly lower in summer than in the other seasons, which might be attributed to the dominance of maritime air masses from southwest direction during this season. A significant linear relationship occurred between TC and TSP contents in all seasons, suggesting the source similarities for these two parameters. The deposition flux of TSP and TC in Beibu Gulf was roughly estimated as 1.3×10^6 t and 0.2×10^6 t, respectively. This emphasized that the effect of atmospheric inputs of aerosols to the marine ecosystem of Beibu Gulf can not be ignored.

Keywords: Aerosol; Total suspended particulate matter (TSP); Total carbon (TC); atmospheric deposition flux; Beibu Gulf

北部湾活性磷酸盐含量的分布
特征与季节变化

陈 丁,郑爱榕

(厦门大学海洋与地球学院,福建 厦门 361005)

摘要:磷是海洋中的重要生源要素,它在水环境中的浓度和分布可控制海洋生态系统中的初级生产过程,同时也是水体富营养化的主要污染物之一,它的生物地球化学行为长期以来一直为人们所重视。本文根据 2006—2007 年我国近海海洋综合调查与评价专项("908 专项")ST09 区块的调查研究数据,对北部湾海域活性磷酸盐含量的分布特征与季节变化趋势进行探讨。研究结果表明,北部湾海域四季海水活性磷酸盐含量平均值为 0.002 ~ 0.010 mg/L,全年平均值为 0.004 mg/L。平面分布趋势基本为近岸高远岸低,四季都存在的高浓度区域在雷州半岛西侧,冬季在海南岛西侧至中线附近也有高值存在。垂直分布趋势为春夏季底层浓度高于表层,秋冬季各层分布较均匀。四个季节活性磷酸盐平均浓度的变化趋势由大到小依次是夏季、秋季、冬季、春季。北部沿岸陆源输入和琼州海峡的输入是北部湾活性磷的主要来源。

关键词:北部湾;活性磷酸盐

1 引言

磷是海洋中的重要生源要素,它在水环境中的浓度和分布可控制海洋生态系统中的初级生产过程,同时也是水体富营养化的主要污染物之一,它的生物地球化学行为长期以来一直为人们所重视。磷可以多种形态存在于水体中,其中浮游植物可以直接利用的形态是活性磷酸盐(DRP),其在海水中的浓度随海区和季节不同而变化,是水体质量的一个重要指标。特别是在我国近岸海域,磷是浮游植物生长繁殖的限制因子[1],对各河口、海湾以及近岸海域活性磷酸盐的调查研究数量丰富,但北部湾海域活性磷酸盐的研究目前还相对较少。

北部湾是南中国海大陆架西北部的一个天然半封闭浅海湾,三面被陆地和岛屿环绕,西向凸出、湾口朝南呈扇形;东面经琼州海峡与南海北部沿岸相通;西面是越南北部;湾南部湾口与南海相通,是南海东部、北部海水与大陆物质交换的重要区域[2~4]。多年来对北部湾海洋环境状况的观测数据较少,本文根据我国近海海洋综合调查与评价专项("908 专项")ST09 区块的调查研究数据,对北部湾海域活性磷酸盐含量的分布特征与季节变化趋势进行探讨,希望能够为北部湾海区环境质量评价及相关管理方案的制定提供参考依据。

2　材料和方法

调查研究所用样品分四个航次采集,夏季航次于 2006 年 7 月 12 日—2007 年 8 月 10 日实施;冬季航次于 2006 年 12 月 18 日—2007 年 2 月 1 日实施;春季航次于 2007 年 4 月 10 日—2007 年 5 月 5 日实施;秋季航次于 2007 年 10 月 10 日—2007 年 11 月 18 日实施。每个航次设采样站位 76 个,如图 1 所示,每个站分表层、10 m、30 m 和底层采样。4 个航次获取的数据量分别为 266、265、280 和 270,共获取数据 1 081 个。

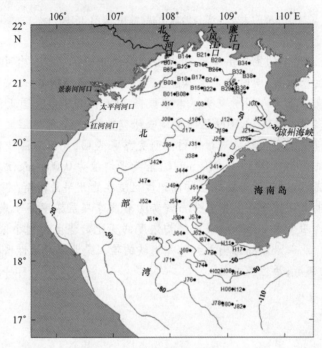

图 1　北部湾活性磷酸盐采样站位

水样用 SBE 917 温盐深剖面仪配备的 8L 葵式 Go－flo 采水器采集,采集后经孔径 0.45 μm 的混合纤维素酯滤膜过滤,采用磷钼蓝法,于调查船上现场测定。

3　结果

3.1　平面分布

研究区域海水活性磷酸盐在各季节、各层次的浓度见表 1,由表可知,北部湾海域四季海水活性磷酸盐含量平均值为 0.002～0.010 mg/L,全年平均值为 0.004 mg/L,低于珠江口的浓度 (0.016 mg/L)[5]。与贾晓平等报道的南海北部活性磷酸盐浓度接近(0.006～0.011 mg/L)[6],高于南海北部表层水的浓度(0.000 5～0.001 mg/L)[7],及南海表层水的浓度 0.000 1～0.011 mg/L[8]。

表 1 北部湾海域海水活性磷酸盐浓度 单位:mg/L

时间	层次	量值范围	平均值	时间	层次	量值范围	平均值
夏季	表层	0.007 ~ 0.014	0.009	春季	表层	未检出 ~ 0.006	0.001
	10 m	0.007 ~ 0.015	0.009		10 m	未检出 ~ 0.006	0.001
	30 m	0.008 ~ 0.013	0.010		30 m	未检出 ~ 0.003	0.001
	底层	0.007 ~ 0.020	0.011		底层	未检出 ~ 0.016	0.003
	整个水体	0.007 ~ 0.020	0.010		整个水体	未检出 ~ 0.016	0.002
冬季	表层	未检出 ~ 0.008	0.002	秋季	表层	未检出 ~ 0.010	0.002
	10 m	未检出 ~ 0.009	0.002		10 m	未检出 ~ 0.008	0.002
	30 m	未检出 ~ 0.008	0.002		30 m	未检出 ~ 0.017	0.002
	底层	未检出 ~ 0.009	0.002		底层	未检出 ~ 0.018	0.006
	整个水体	未检出 ~ 0.009	0.002		整个水体	未检出 ~ 0.018	0.003

北部湾活性磷酸盐的浓度整体较低,分布趋势基本为北高南低,近岸高远岸低。四季都存在的高浓度区域在雷州半岛西侧,冬季在海南岛西侧至中线附近也有高值存在。四季 0 m、10 m、30 m 和底层的平面分布趋势基本一致。

由图 2(a ~ d)可见,雷州半岛西侧的活性磷酸盐浓度明显高于北部湾其余海域,但其高值中心随季节略有变化,其中春夏季在涠洲岛附近,秋季移至琼州海峡西口,冬季在以上二者之间。由于春夏季为湾北部广西陆地径流的丰水期,受陆源输入影响,活性磷酸盐的高值区存在于湾北部近岸,而枯水期时,陆源输入的影响较小。

琼州海峡夏半年存在明显的西向流[9],夏季南海水通过琼州海峡进入北部湾[10],在夏、秋两季,琼州海峡西口的浓度梯度较明显,可以认为是海流将海峡东面接纳珠江冲淡水的含较高浓度活性磷酸盐的南海表层水带入北部湾,并向西扩散。而冬、春季琼州海峡西口活性磷酸盐的浓度并非最高,反而低于涠洲岛附近海域,可见冬春季琼州海峡对北部湾的活性磷酸盐输入不如夏秋季明显。

海南岛西侧的活性磷酸盐高值区主要存在于冬季,根据同航次调查结果,海南岛八所港以西海域常年存在悬浮颗粒物的一个高值区,与该活性磷酸盐的高值区基本吻合。

3.2 断面分布

分别在北部湾北部、中部以及南部区域选取 B15 ~ B21、J16 ~ J23、H17 ~ J82 三条断面作为代表,讨论研究区域活性磷酸盐的垂直分布情况[见图 3(a ~ d)]。

夏季活性磷酸盐断面分布的等值线以水平方向为主,说明北部湾夏季海水层化较明显,浅层水体与深层水体的交换不畅,使活性磷酸盐浓度由表至底逐渐增大。

冬季除在南部湾口水深较大的区域以外,其余断面的等值线以竖直方向为主,说明冬季北部湾海水混合较强烈,使活性磷酸盐在深、浅层水体之间分布均匀。

春季、秋季的断面分布趋势介于冬夏二者之间,其中春季的分布趋势与夏季较为接近,秋季的分布趋势与冬季更为接近。

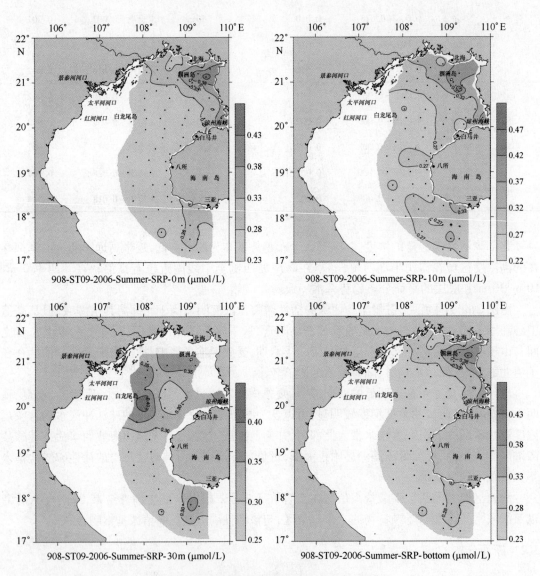

908-ST09-2006-Summer-SRP-0m (μmol/L)

908-ST09-2006-Summer-SRP-10m (μmol/L)

908-ST09-2006-Summer-SRP-30m (μmol/L)

908-ST09-2006-Summer-SRP-bottom (μmol/L)

图2a 北部湾夏季海水活性磷酸盐浓度平面分布

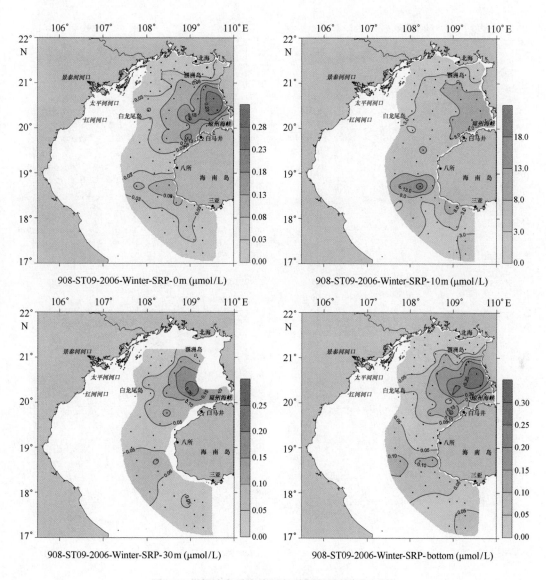

图 2b 北部湾冬季海水活性磷酸盐浓度平面分布

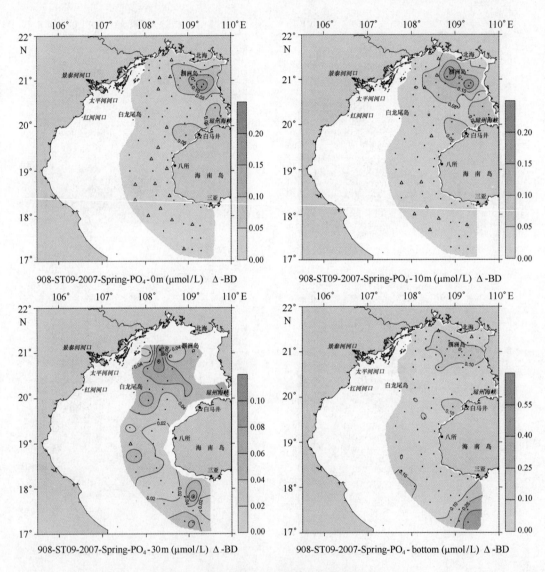

908-ST09-2007-Spring-PO$_4$-0m (μmol/L) Δ-BD

908-ST09-2007-Spring-PO$_4$-10m (μmol/L) Δ-BD

908-ST09-2007-Spring-PO$_4$-30m (μmol/L) Δ-BD

908-ST09-2007-Spring-PO$_4$-bottom (μmol/L) Δ-BD

图2c 北部湾春季海水活性磷酸盐浓度平面分布

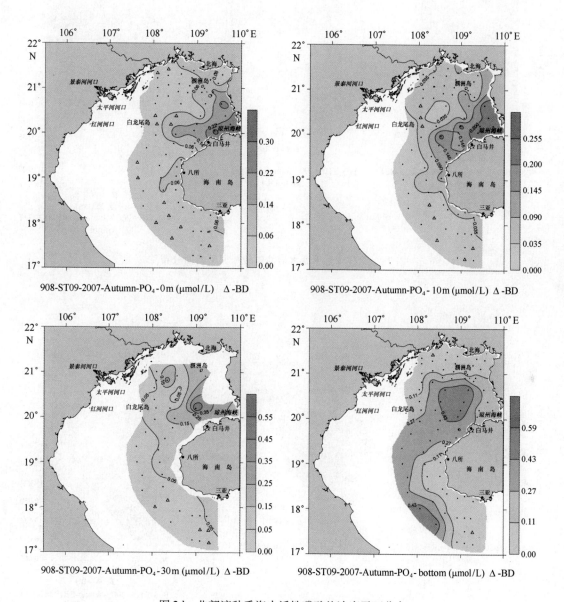

908-ST09-2007-Autumn-PO₄-0m (μmol/L) Δ-BD

908-ST09-2007-Autumn-PO₄-10m (μmol/L) Δ-BD

908-ST09-2007-Autumn-PO₄-30m (μmol/L) Δ-BD

908-ST09-2007-Autumn-PO₄-bottom (μmol/L) Δ-BD

图2d　北部湾秋季海水活性磷酸盐浓度平面分布

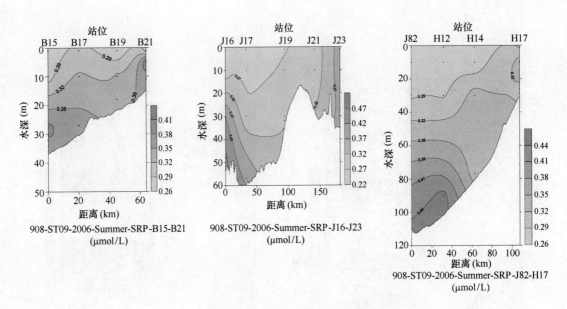

图3a　北部湾夏季海水活性磷酸盐典型断面分布

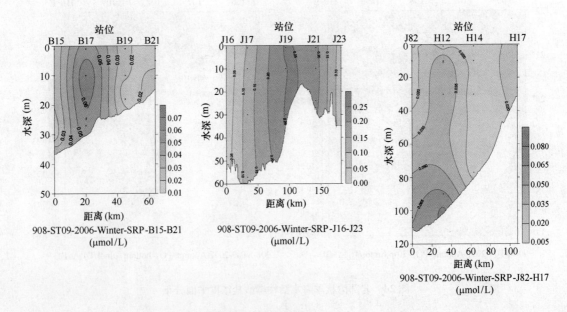

图3b　北部湾冬季海水活性磷酸盐典型断面分布

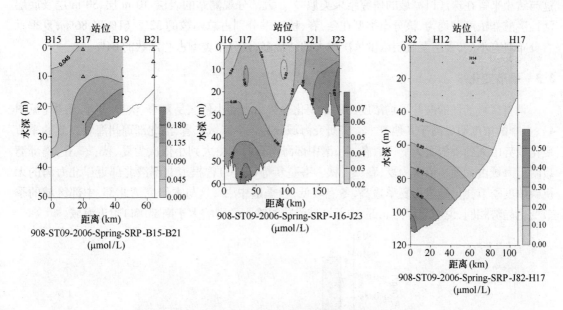

图 3c　北部湾春季海水活性磷酸盐典型断面分布

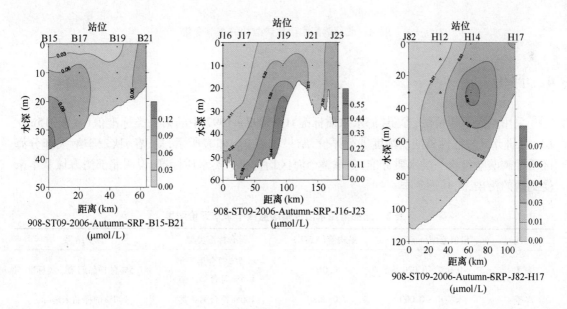

图 3d　北部湾秋季海水活性磷酸盐典型断面分布

但从每个站的垂直分布情况来分析,北部湾海域活性磷酸盐总体上的垂直分布变化不明显,这与黄小平等在珠江口海域的研究结果类似[11]。大部分观测站的表层、10 m 层、30 m 层及底层活性磷酸盐浓度较均匀,该分布类型在冬、春、秋三季分别占总站数的 32%、61% 及 86%;夏季垂直分布略有不同,表层至底层浓度依次增大的站最多,该分布类型占总站数的 64%。

3.3 季节变化

调查区域活性磷酸盐平均浓度的四季变化趋势由大到小依次是夏季、秋季、冬季、春季(见图4);夏季的浓度明显高于其他三季。将研究海域分为三个区域来看,湾北部琼州海峡以北的季节变化趋势由大到小依次为夏、秋、春、冬,湾中部海南岛西侧由大到小依次为夏、秋、冬、春,南部湾口附近海域由大到小依次为夏、春、冬、秋。韦蔓新等(2000)曾报道北部湾北部近岸北海湾的无机磷浓度季节变化趋势为夏季最高,冬春较低,秋季适中[12],这与本研究湾北部、中部区域的季节变化趋势相同,说明北部湾北部、中部区域受陆源输入的影响大于南部湾口附近海域。

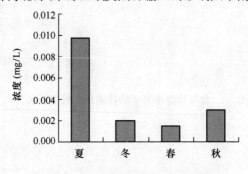

图 4　北部湾海水活性磷酸盐的季节变化

4　评价

采用单因子评价法,参照《海水水质标准》GB3097 - 1997 中的第一类标准值(≤0. 015mg/L),对研究区域活性磷酸盐浓度进行评价,结果见表2。如表所示,夏、春、秋三季绝大部分海区活性磷酸盐符合一类水质标准,冬季整个海区均符合一类水质标准,说明北部湾海域基本未受到磷的污染,尤其是冬季。

表 2　北部湾海水活性磷酸盐四个季节评价结果

时间	量值范围(mg/L)	平均值(mg/L)	符合标准类型	评价结果
夏季	0. 007 ~ 0. 020	0. 010	98. 5% 符合第一类 1. 5% 符合第二类	1. 5% 的样品超第一类标准
冬季	未检出 ~ 0. 009	0. 002	100% 符合第一类	100% 的样品未超标
春季	未检出 ~ 0. 016	0. 002	99. 6% 符合第一类 0. 36% 符合第二类	0. 36% 的样品超第一类标准
秋季	未检出 ~ 0. 018	0. 003	97. 0% 符合第一类 3. 0% 符合第二类	3. 0% 的样品超第一类标准
全部	未检出 ~ 0. 020	0. 004	98. 8% 符合第一类 1. 2% 符合第二类	1. 2% 的样品超第一类标准

从历史数据来看,近年来北部湾海域的活性磷浓度与邻近的南海海区差异不大[6~8],低于湾北部近岸海域(1997 年防城湾活性磷浓度为 0.013 mg/L[13],1999 年北海湾为 0.007 mg/L[14])和珠江口水体[5],但由于近年来北部湾活性磷浓度的增加,本次调查的活性磷浓度高于十几年前的近岸海域(1990 年防城湾活性磷浓度为 0.003 mg/L[13],1993 年北海湾为 0.002 mg/L[14]),这一变化说明北部湾受陆源污染的程度在十几年来总体呈增加的趋势。

5　小结

北部湾海域海水活性磷酸盐的分布趋势基本为近岸高远岸低,各个层次的平面分布趋势基本一致。四季都存在的高浓度区域在雷州半岛西侧,冬季在海南岛西侧至中线附近也有高值存在。垂直分布趋势为春夏季底层浓度高于表层,秋冬季各层分布较均匀。四个季节活性磷酸盐平均浓度的变化趋势由大到小依次是夏季、秋季、冬季、春季。整个北部湾绝大部分观测站的活性磷酸盐浓度符合国家一类海水水质标准,整个海区基本未受到磷的污染,尤其是冬季。北部沿岸陆源输入和琼州海峡的输入是北部湾活性磷的主要来源。

参 考 文 献

[1] Yin K. D., Qian P. Y., Chen J. C., et al., Dynamics of nutrients and phytoplankton biomass in the Pearl Riverestuary and adjacent waters of Hong Kong during summer: preliminary evidence for phosphorus and silicon limitation [J]. Marine Ecology Progress Series, 2000(194): 295 – 305.

[2] 陈波,北部湾水系形成及其性质的初步探讨[J].广西科学院学报,1986,2(2),92 – 95.

[3] 刘忠臣等,中国近海及邻近海域地形地貌[M],2005.

[4] 孙湘平,中国近海区域海洋[M].北京:海洋出版社,2006.

[5] 林以安,苏纪兰,扈传昱,等.珠江口夏季水体中的氮和磷[J].海洋学报(中文版),2004,5:63 – 73.

[6] 贾晓平,李纯厚,甘居利,等.南海北部海域渔业生态环境健康状况诊断与质量评价[J].中国水产科学,2005,6:91 – 99.

[7] 袁梁英,戴民汉.南海北部低浓度磷酸盐的测定与分布,海洋与湖沼[J],2008,39(3):202 – 208.

[8] 潘建明,扈传昱,陈建芳,等.南海海域海水中各形态磷的化学分布特征[J],海洋学报,2004,26(1):40 – 47.

[9] 夏华永,李树华,侍茂崇.北部湾三维风生流及密度流模拟[J].海洋学报,2001,23(6):11 – 23.

[10] 杨士瑛,陈波,李培良.用温盐资料研究夏季南海水通过琼州海峡进入北部湾的特称。海洋湖沼通报,2006,1:1 – 7.

[11] 黄小平,黄良民.珠江口海域无机氮和活性磷酸盐含量的时空变化特征[J],台湾海峡,2002,21(4):416 – 421.

[12] 韦蔓新,童万平,何本茂,等.北海湾无机磷和溶解氧的空间分布及其相互关系研究[J].海洋通报,2000,19(4):29 – 35.

[13] 韦蔓新,赖廷和,何本茂.防城湾水质特征及营养状况趋势研究[J],海洋通报,2003,22(1):44 – 49.

[14] 韦蔓新,赖廷和.广西北海半岛近岸水域活性磷酸盐与叶绿素 a 含量的关系[J].台湾海峡,2003,2(2):205 – 210.

Distribution and seasonal variation of phosphate in Beibu Gulf of China

Chen Ding, Zheng Ai – rong

(*Institute of Subtropical Oceanography*, *Department of Oceanography*, *Xiamen University*, *Xiamen* 361005, *China*)

Abstract: Phosphorus is an important biogenic element in the ocean, its concentration and distribution in aquatic environment can dominate the primary production in ocean ecosystem. It is one of the main pollutions of water eutrophication as well and its biogeochemical progress had been paid much attention for a long time. In this paper, distribution and seasonal variation of phosphate in Beibu Gulf of China was studied according to the data from the Chinese marine integrated survey and evaluation – ST09 block (2006—2007). The results show that average phosphate concentrations of seawater from Beibu Gulf of China were 0.002mg/L to 0.010mg/L for four seasons, and 0.004 mg/L for the whole year. The horizontal distribution is mainly higher concentrations in nearshore areas and lower concentrations in offshore areas. There is a high concentration area in all seasons at the west of Leizhou peninsula waters and a high concentration area for winter at the region between the west of Hainan island to the midline of Beibu Gulf. The vertical distribution is that the bottom waters have higher phosphate concentration than surface waters in spring and summer, while the phosphate concentrations are close from surface to bottom in autumn and winter. Average concentrations of phosphate in four seasons are summer > autumn > winter > spring. Phosphate in Beibu Gulf mainly comes from terrestrial input from the north and input from Qiongzhou Strait.

Key words: Beibu Gulf; Phosphate

北部湾活性硅酸盐分布特征与季节变化

郑敏芳,吕　娥,杨伟锋*,陈　敏,郑爱榕

厦门大学海洋与地球学院,厦门 361005

摘要:研究了 2006—2007 年间北部湾活性硅酸盐(SiO_3-Si)浓度的季节变化特征。结果表明:4 个季节平均浓度顺序由大到小依次为秋季、冬季、夏季、春季。冬季,水柱 SiO_3-Si 含量比较均匀,不同水层平均浓度差异仅为 0.61 $\mu mol/L$,SiO_3-Si 浓度在琼州海峡西侧和海南岛西侧海域存在两个高值区。夏季和秋季不同水层 SiO_3-Si 平均浓度差异较大,可达 3.50 $\mu mol/L$。夏季,表层和 10 m 层水体 SiO_3-Si 浓度表现为由湾内向湾口减小,而 30 m 和底层水体在白龙尾岛附近出现 SiO_3-Si 较高值,并向八所方向延伸。秋季,在琼州海峡口附近及湾顶的近岸区域 SiO_3-Si 浓度较高,南部浓度较低。春季,SiO_3-Si 浓度在北部湾北部和海南岛南部水体较高,而海南岛西部海域整体较低。陆地径流对北部湾 SiO_3-Si 浓度及其分布有重要调控作用。

关键词:北部湾;活性硅酸盐;分布特征;季节变化

1　前言

硅作为主要生源要素,是海洋生物繁殖生长不可缺少的化学成分,海水中活性硅酸盐(SiO_3-Si)含量的丰缺会对硅藻等浮游植物的生长、发育和繁殖产生重要影响,进而对海区的海洋生物量和生态平衡产生直接或间接的影响[1]。

北部湾位于南海北部大陆架的最西边,三面靠陆,中部与琼州海峡相通,为一半封闭式的亚热带海湾,主要通过琼州海峡与南部的湾口同外部进行水交换。北部湾沿岸港湾众多,素有"港群"之称,受陆地径流影响较大。湾内每年 11 月至次年 3 月盛行东北风,6 月至 8 月盛行偏南风[2]。明显的季节性径流及海流变化可能影响北部湾硅酸盐的时间及空间分布特征。为此,本文应用"908 专项"(我国近海海洋综合调查与评价专项)ST09 区块 2006—2007 年间对北部湾 17°—21.5°N,107.5°—110°E 区间调查的活性硅酸盐数据,进行了 SiO_3-Si 的季节分布变化研究。

2　样品采集

2006—2007 年间,由"实验 2"号调查船分别采集了北部湾"908 专项"ST09 区块夏季

基金项目:国家 908 专项(908 – 01 – ST09);海洋公益性行业科研专项(2010050012 – 3)。

作者简介:郑敏芳(1985—),女,助理工程师。E – mail: glittering. cat@ 163. com。

*通讯作者:杨伟锋(1978—),男,副教授,从事海洋化学研究。E – mail: wyang@ xmu. edu. cn。

(2006 年 7—8 月)、冬季(2006 年 12 月—2007 年 1 月)、春季(2007 年 4—5 月)和秋季(2007 年 10—11 月)4 个季节的水样用于 SiO_3-Si 含量分析。4 个航次均布设 76 个站位(图 1),每个站位设表层、10 m、30 m 和底层 4 个层位,4 个季节共采集样品数分别为 266(夏)、265(冬)、280(春)和 270 份(秋)。水样由葵花式 Niskin 采水器采集,经孔径 0.45 μm 的聚碳酸酯滤膜过滤去除颗粒物后用硅钼黄比色法[3]现场测定。

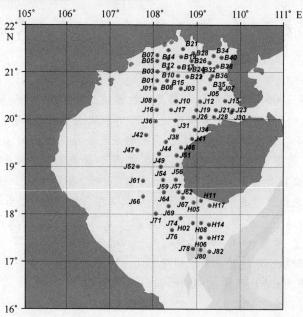

图 1　北部湾活性硅酸盐采样站位

3　结果与讨论

北部湾海域 SiO_3-Si 平均浓度较低(表 1),除秋季外其他季节都存在个别样品 SiO_3-Si 浓度低于检测限现象。夏、冬、春、秋季 SiO_3-Si 含量平均值分别为 4.46 μmol/L、5.11 μmol/L、3.93 μmol/L 和 6.21 μmol/L,明显低于北部湾沿岸河口与港湾的 SiO_3-Si 含量(10.17 ~ 30.35 μmol/L)[4],与渤海河北沿岸水域活性硅酸盐的浓度接近(0.17 ~ 14.29 μmol/L,平均为 4.79 μmol/L)[5],高于南海东北部海域(0 ~ 3.00 μmol/L)及南海中部海域(0.10 ~ 3.90 μmol/L)的 SiO_3-Si 测值[6]。

表 1　北部湾 4 个季节海水 SiO_3-Si 分析结果统计　　　　　　　　　单位:μmol/L

季节	层次	量值范围	平均值	季节	层次	量值范围	平均值
夏季	表层	未检出 ~11.83	3.11	春季	表层	未检出 ~10.11	3.71
	10 m	0.30 ~10.57	3.14		10 m	未检出 ~9.75	3.57
	30 m	未检出 ~15.79	5.00		30 m	未检出 ~8.64	3.18
	底层	0.79 ~16.25	6.54		底层	0.32 ~9.57	4.71
	整个水体	未检出 ~16.25	4.46		整个水体	未检出 ~11.39	3.93

续表

季节	层次	量值范围	平均值	季节	层次	量值范围	平均值
	表层	未检出~11.07	4.93		表层	0.29~13.96	5.71
	10 m	0.36~22.61	5.54		10 m	0.25~13.5	5.61
冬季	30 m	0.71~15.36	5.11	秋季	30 m	0.11~15.54	4.54
	底层	未检出~25.00	5.14		底层	0.43~16.29	8.04
	整个水体	未检出~25.00	5.11		整个水体	0.11~16.29	6.21

3.1 平面分布

夏季,北部湾表层和 10 m 层 SiO_3–Si 浓度均呈现明显的北高南低趋势(图 2),即由湾内向湾口减小。高值主要分布在琼州海峡口至白马井附近、雷州半岛附近及北海、防城港附近的近岸区域,应是受琼州海峡过道水及广西沿岸港湾丰富的陆源硅酸盐输入影响[4],低值分布

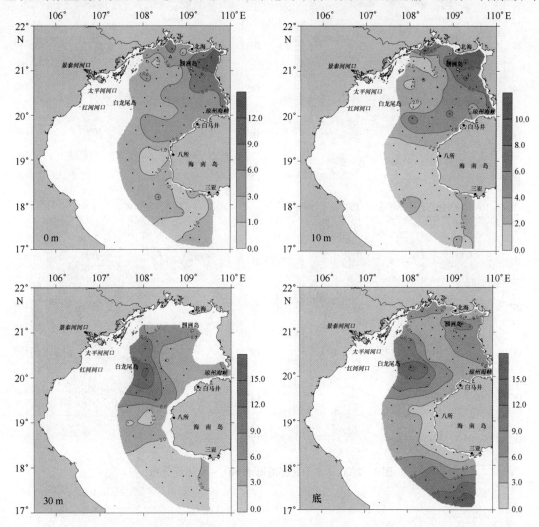

图 2　2006 年北部湾夏季海水 SiO_3–Si 平面分布

在北部湾中部及南部。30 m 和底层均在白龙尾岛附近出现较高值,并向八所方向呈舌状延伸。溶解氧数据显示,北部湾中部底层水存在溶解氧低值区(数据未列出),同时,SiO_3 - Si 与表观耗氧量(AOU)之间存在显著正相关关系(SiO_3 - Si = 3.09 × AOU + 2.12,$r = 0.94$,$p <$ 0.001,$n = 161$),因此,白龙尾岛附近深层水的 SiO_3 - Si 高值可能与有机质的降解和硅酸盐的再生作用有关。底层,在海南岛西南部深水区也出现 SiO_3 - Si 高值,一方面与生物沉降过程中逐渐释放出 SiO_3 - Si 有关,另一方面可能与该区域深层南海水涌升[7]输入高浓度 SiO_3 - Si 有关。

　　冬季,北部湾表层、10 m、30 m 和底层 SiO_3 - Si 含量的分布趋势基本类似(图 3)。在琼州海峡口至涠洲岛附近海域、八所附近海域及海南岛西南的近岸海域出现较高值,最大值出现在八所附近的 J59 站位底层,达 25.00 μmol/L,其他区域 SiO_3 - Si 浓度值较小。

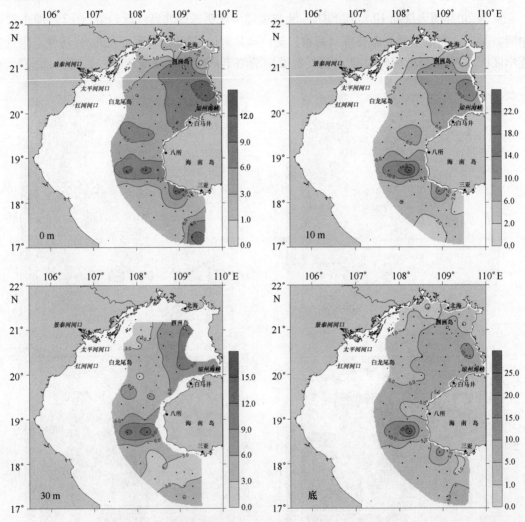

图 3　2006 年冬季北部湾海水 SiO_3 - Si 平面分布

春季,各层位 SiO_3 – Si 浓度的分布特征基本一致(图4),表现为南北高、中间低的空间分布特征,即湾北部最高,南部次之,湾中部最低。高值出现在琼州海峡口至涠洲岛附近海域和海南岛西南部海域,最大值出现在涠洲岛附近的 B28 站次表层,达到 11.39 μmol/L,其他区域 SiO_3 – Si 浓度值较小。

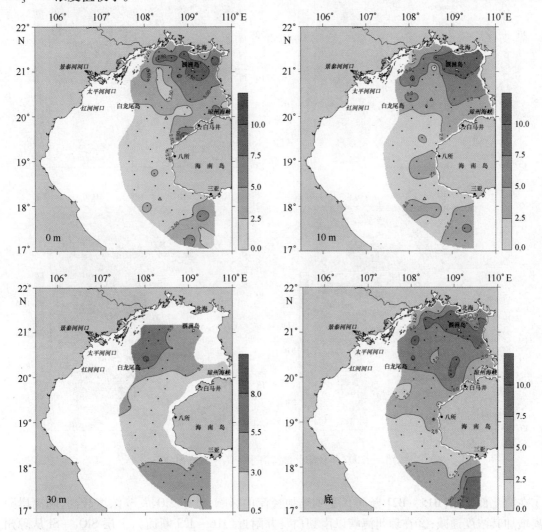

图4 2007年春季北部湾海水 SiO_3 – Si 平面分布

秋季,表层、10 m 和 30 m 层 SiO_3 – Si 浓度的水平分布相似,表现为北高南低,在琼州海峡口附近及湾顶的近岸区域浓度较高,南部含量较低。底层高值分布在湾顶部的近岸区域、琼州海峡西口附近区域及海南岛的西南部靠湾中线海域。

3.2 断面分布

本文选取位于北部湾 ST09 区块北部、中部和南部的 B15 ~ B21、J16 ~ J23 和 H17 ~ J82 三个断面进行各季节 SiO_3 – Si 的断面分布分析。

从夏季北部湾3个典型断面 SiO_3 – Si 的分布可见(图6),SiO_3 – Si 存在显著的区域特征:

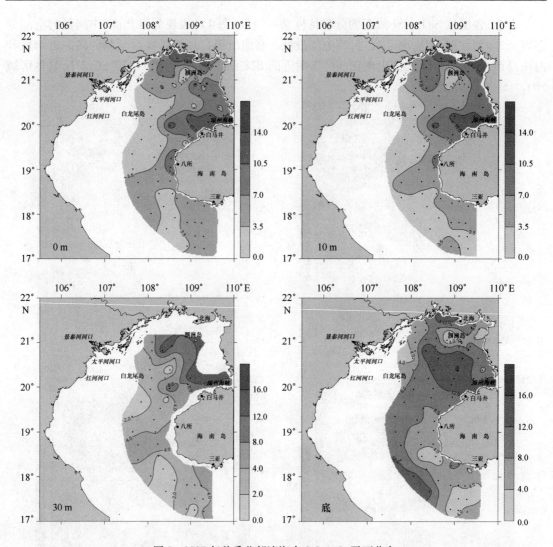

图5 2007年秋季北部湾海水 SiO_3 - Si 平面分布

①在湾北部区域(B15～B21 断面),受到陆地径流的影响,近岸 SiO_3 - Si 浓度较高,随离岸距离增加其浓度递减;②在琼州海峡以南到白马井附近(J16～J23 断面),上层 SiO_3 - Si 从琼州海峡到湾中心递减,揭示了琼州海峡过道水输入的影响,而在下层则相反,可能是在环流驱动下越南近岸水的影响[8];③在三亚以南海域,SiO_3 - Si 浓度存在明显层化现象,由表层至 40 m 左右,SiO_3 - Si 浓度均较低,之后向底层均匀增大,在离岸最远站位的底层达到最高值,表明高 SiO_3 - Si 主要来源于深层水。

冬季,在湾北部(B15～B21 断面)和南部(H17～J82 断面),SiO_3 - Si 浓度随离岸距离增加逐渐增加,且水体中 SiO_3 - Si 浓度的垂直分布比较均匀(图7),表明东北季风盛行的冬季,水体垂直混合比较剧烈,深层水中高浓度 SiO_3 - Si 被输送至表层水体,同时冬季为枯水期,陆地径流贡献较小,形成了近岸低,湾中心高的空间分布特征。在湾中部 J16 - J23 断面,由两端向中间递增,在中间站位(J19)出现高值。

春季,湾北部断面(B15～B21)较近岸的 B19 站在整个断面中 SiO_3 - Si 浓度最高,尤其在表层和 10 m 层,而它相邻的离岸较远的 B17 站,在 10 m 层有最小值,断面两端的站位浓度居

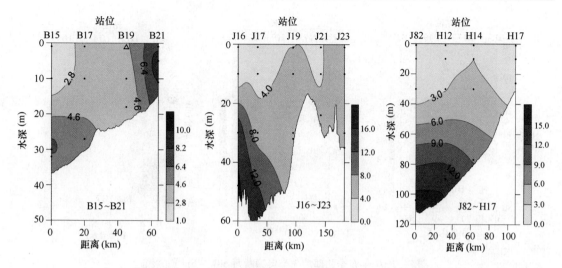

图 6 2006 年夏季北部湾 3 个典型断面 SiO₃ – Si 分布特征

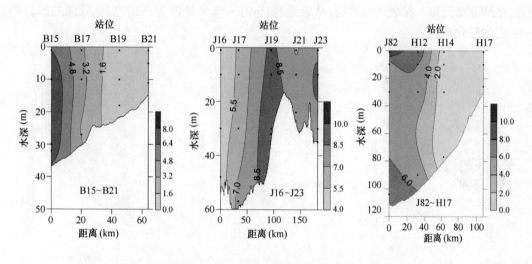

图 7 2006 年冬季北部湾 3 个典型断面 SiO₃ – Si 分布特征

中。中部断面(J16 ~ J23)有两个明显的高值中心,分别在断面西侧的 J17 站的 10m 层以及断面最西端 J16 站的底层,其余区域呈现由表层至底层递增的趋势;低值出现在断面最东侧的琼州海峡入口的表层。南部断面(J82 ~ H17)SiO₃ – Si 高值出现在离岸最远的站位底层,由该高值中心向近岸及表层递减。

总体上,春季 SiO₃ – Si 的断面分布较夏季、冬季复杂,湾北部及中部没有明显的规律, SiO₃ – Si 的分布可能受到多种因素的综合影响;南部湾口断面 SiO₃ – Si 分布出现层化现象,与春季风力减弱,对流和涡动混合作用减弱有关。

秋季,湾北部 B15 ~ B21 断面上层 SiO₃ – Si 总体上从近岸向湾中心递减,但在 B17 站有所增高,其垂向分布特征表明该站位可能存在底层水的涌升(图 9)。J16 ~ J23 断面中部浓度较高,两端浓度较低,高值出现在断面中部站位的底层。湾南部 J82 ~ H17 断面 SiO₃ – Si 分布较为复杂,可能受到多种因素共同影响。由于秋季风力增强,相对于夏季,SiO₃ – Si 浓度跃层逐渐消失,在湾北部、中部及南部断面 SiO₃ – Si 浓度均趋向于垂直混合较为均匀的分布特征,特

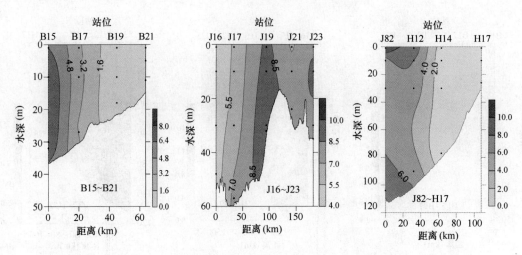

图 8　2007 年春季北部湾 3 个典型断面 $SiO_3 - Si$ 分布特征

别是在湾北部近岸水深较浅的站位,从表至底,$SiO_3 - Si$ 含量极为一致,但在较深的站位仍存在一定的层化现象。

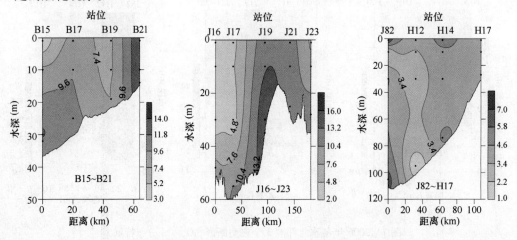

图 9　2007 年秋季北部湾 3 个典型断面 $SiO_3 - Si$ 分布特征

3.3　季节变化

北部湾水体 $SiO_3 - Si$ 含量与分布存在明显的季节差异(表 1)。冬季,由于水体混合均匀,水柱 $SiO_3 - Si$ 浓度亦比较均匀,平均浓度差异仅为 0.61 μmol/L,夏季和秋季不同水层 $SiO_3 - Si$ 浓度差异较大,可达 3.50 μmol/L。4 个季节 $SiO_3 - Si$ 平均浓度由大到小依次为秋季、冬季、夏季、春季。北部湾硅酸盐浓度的季节性变化与该海域冲淡水的输入及生物活动季节性差异有关。多数季节盐度与 $SiO_3 - Si$ 浓度之间存在显著的负相关关系(表 2),表明冲淡水输入量及其分布范围的变化可能是调控北部湾硅酸盐分布特征的主要因素之一。值得注意的是部分季节 $SiO_3 - Si$ 浓度与 Chl a 浓度之间存在显著的正相关关系(表 2)。刘芳(2008)[9] 的研究表明北部湾浮游植物以硅藻为主,且悬浮颗粒物中生源硅浓度与 Chl a 浓度具有较好的线性正相关关系[9],由此推测北部湾硅藻生长消耗 $SiO_3 - Si$ 可能对活性硅酸盐的浓度影响比较小。

盐度与 Chl a 之间显著的负相关关系($Chl\ a = 25.955 - 0.736S, r = 0.51, p < 0.001, n = 797$)也证实陆地径流向北部湾输入的硅酸盐有利于浮游植物的生长,导致了 Chl a 与 $SiO_3 - Si$ 浓度的同时增加。因此,北部湾 $SiO_3 - Si$ 含量的季节性变化可能在较大程度上受陆地径流的调控。比如,秋季平均盐度(32.9)最低,其活性硅酸盐浓度最高,春季平均盐度最高(33.7),其 $SiO_3 - Si$ 浓度最低。秋季和冬季较低的盐度意味着较多的淡水携带的 $SiO_3 - Si$ 输入到北部湾,导致其较高的 $SiO_3 - Si$ 浓度,尽管该季节叶绿素含量也较高(分别为 1.53 mg/m^3 和 1.65 mg/m^3),但硅藻等浮游植物吸收 $SiO_3 - Si$ 显然不是调控海水中 $SiO_3 - Si$ 浓度的主要因素。而春季和夏季较少的 $SiO_3 - Si$ 输入导致该季节较低的 $SiO_3 - Si$ 浓度。

表 2　北部湾 4 个季节海水 $SiO_3 - Si$ 与盐度及 Chl a 的相关关系

季节	相关关系	显著性水平(P)
春季	$SiO_3 - Si = -2.18\ S + 77.71$	<0.000 1
夏季	$SiO_3 - Si = -0.16\ S + 9.84$	>0.5
秋季	$SiO_3 - Si = -0.79\ S + 32.24$	<0.002
冬季	$SiO_3 - Si = -0.55\ S + 23.43$	<0.10
夏季	$SiO_3 - Si = 0.76\ Chl\ a + 3.51$	<0.000 1
秋季	$SiO_3 - Si = 0.18\ Chl\ a + 6.00$	>0.3
冬季	$SiO_3 - Si = 0.38\ Chl\ a + 4.46$	<0.05

4　结论

通过对北部湾水体 4 个季节 $SiO_3 - Si$ 含量与分布研究,得出如下主要结论:

(1)北部湾海域 $SiO_3 - Si$ 浓度低于北部湾沿岸河口与港湾 $SiO_3 - Si$ 测值,但高于南海东北部及中部海域 $SiO_3 - Si$ 含量。

(2)北部湾海域 4 个季节 $SiO_3 - Si$ 平均浓度顺序由大到小依次为秋季、冬季、夏季、春季。冬季水柱硅酸盐含量比较均匀,夏季和秋季 $SiO_3 - Si$ 浓度层化现象明显。

(3)夏季表层和 10 m 层水体 $SiO_3 - Si$ 浓度表现为由湾内向湾口减小,而 30 m 和底层水体在白龙尾岛附近出现 $SiO_3 - Si$ 较高值。冬季 $SiO_3 - Si$ 浓度在琼州海峡西侧和海南岛西侧海域存在两个高值区。春季,$SiO_3 - Si$ 含量在北部湾北部和海南岛南部水体较高,而海南岛西部海域整体较低。秋季,$SiO_3 - Si$ 分布表现为北高南低,在琼州海峡口附近及湾顶的近岸区域浓度较高,南部含量较低。

致谢:感谢项目首席科学家李炎教授给予的指导、兄弟单位同仁给予的帮助以及中科院南海研究所"实验 2"号科学考察船全体船员的大力支持。

参 考 文 献

[1]　许昆灿. 厦门西港海域硅酸盐浓度的变化特征[J]. 台湾海峡,1994,13(1):1 - 7.

[2]　韦蔓新,何本茂. 北部湾北部沿海硝酸盐含量分布的初步探讨[J]. 海洋科学,1988,4(4):46 - 52.

[3]　海洋化学调查技术规程[M]. 国家海洋局"908"专项办公室编. 北京:海洋出版社,2006:33 - 34.

［4］ 韩舞鹰. 南海海洋化学［M］. 北京：科学出版社,1998：40-50.

［5］ 徐萃英,闫宗良. 渤海河北沿岸水域硅酸盐的分布与研究［J］. 河北渔业,1997,5(1)：22-24.

［6］ 陈水土. 海水中的营养成分. 曾呈奎,等编. 中国海洋志(第五篇 中国海洋化学)［M］. 郑州：大象出版社,2003,275-277.

［7］ 黄以琛,李炎,邵浩,李永虹. 北部湾夏冬季海表温度、叶绿素和浊度的分布特征及调控因素［J］. 厦门大学报(自然科学版),2008,47(6)：856-863.

［8］ 俎婷婷. 北部湾环流及其机制的分析［D］. 中国海洋大学硕士学位论文,2005,1-88.

［9］ 刘芳. 北部湾水体及沉积物中生物硅的研究［D］. 中国厦门大学硕士学位论文,2008,1-92.

Distributions and seasonal variations of reactive silicate in the Beibu Gulf, China

ZHENG Min-fang, LV E, YANG Wei-feng*,CHEN Min, ZHENG Ai-rong

Abstract: Seasonal variations of reactive silicate (SiO_3 - Si) were investigated from 2006 to 2007 in the Beibu Gulf, China. The maximum average concentration of silicate occurred in autumn, followed by winter. Spring had the lowest average concentration of reactive silicate. In winter, reactive silicate was almost homogeneous in the water column with a maximum difference of 0.61 μmol/L in concentration. Higher silicate contents were observed in regions to the west of both the Qiongzhou Strait and Hainan Island. In summer and autumn, a significant difference, up to 3.50 μmol/L, was observed for the average silicate concentrations among different water layers. The spatial pattern of silicate showed a decreasing trend from the inner gulf to the outlet in the upper water (i.e. < 10 m). However, high reactive silicate concentrations were observed below 30 m near the Bailongwei Island, extending to Basuo, Hannan. In autumn, reactive silicate was higher in the northern coastal area and the region close to the Qiongzhou Strait. In spring, higher silicate concentrations occurred in both the northern part and outlet of the gulf. In comparison, the western region to the Hainan Island showed low silicate concentrations. Overall, the input of freshwater, to a large extent, regulated the variations of reactive silicate in the Beibu Gulf.

Keywords: Beibu Gulf, reactive silicate, distribution, seasonal variation

北部湾海域总溶解无机氮含量分布特征与季节变化的初步研究

刘春兰,郑爱榕*,王春卉,郑立东,姜双城

(厦门大学海洋与地球学院,福建 厦门 361005)

摘要:本文根据 2006 年 7 月至 2007 年 11 月春、夏、秋、冬四个季节航次对北部湾海域水体 NO_3^-,NO_2^- 和 NH_4^+ 含量的测定结果,计算出溶解无机氮(DIN)的含量,评价了北部湾海域的氮污染状况,并对北部湾 DIN 含量的分布特征及季节变化进行了初步分析,初步探讨了北部湾 DIN 的主要影响因素。结果表明:(1)北部湾海域夏季 DIN 浓度范围为未检出(ND)~0.172 mg/L,平均为 0.018mg/L;冬季 DIN 浓度范围为 ND~0.141 mg/L,平均为 0.033 mg/L;春季 DIN 浓度范围为 ND~0.108 mg/L,平均为 0.021 mg/L;秋季 DIN 浓度范围为 0.001~0.178 mg/L,平均为 0.035 mg/L。(2)北部湾氮污染程度较低,各航次水质均符合国家一类海水水质标准。(3)4 个季节 DIN 分布特征相似:整个海区浓度较低且分布均匀,并且高值区均出现在广西大陆附近至琼州海峡西口的近岸海域(秋季 30 m 层除外),说明广西大陆的陆源径流输入和琼州海峡过道水的输入是北部湾 DIN 的主要来源。(4)广西大陆的陆源径流输入、琼州海峡过道水的输入和浮游植物的生物作用是影响北部湾 DIN 的主要因素,此外,在海南岛南部的深水区域,底层南海水的引起的沉积物与水体的交换对此区域 DIN 的影响也较大。

关键词:溶解无机氮;北部湾;季节变化;影响因素

1 引言

氮是海洋中的主要营养元素,它与生物生长、繁殖密切相关,调节着生态系统的平衡。营养元素氮在海洋中的分布与变化不仅与其来源、水团输运、沉积和矿化等过程有关,而且与海洋中的细菌、浮游植物、浮游动物、鱼类等活动有着密切的关系。其主要来源是河流输入、大气沉降、沉积物与水体的交换和现场生物(如蓝细菌)的固氮作用。海水中无机氮主要包括 NO_3^-,NO_2^- 和 NH_4^+。其中,硝酸盐(NO_3^-)与氨(NH_4^+)是主要的含氮营养盐,亚硝酸盐(NO_2^-)在海洋中的浓度是非常低的,它主要作为硝化反硝化过程及植物体内被摄取的硝酸盐在硝化酶的作用下转化为氨及氨基酸过程的中间产物。浮游植物在过度摄食期间也会排泄亚硝酸

资助项目:国家"908 专项"(908 - 01 - ST09)。

作者简介:刘春兰(1981—),女,工程师。

*通讯作者:郑爱榕;教授;E - mail;arzheng@ xmu. edu. cn。

盐。海水中 DIN 是水质污染程度的重要指标。

　　北部湾位于我国南海的西北部,东起雷州半岛、琼州海峡,东南为海南岛,北至广西壮族自治区,西迄越南,是一个半封闭型的海湾。由于地形的关系,北部湾海域的海流、水团错综复杂,主要受北部湾沿岸水、琼州海峡过道水和南海水三种水系的影响。我国对海水中溶解无机氮(DIN)的研究较多,但多集中在近岸海域和东、黄海等海域[1~7],对北部湾 DIN 分布特征的研究相对较少,且仅限于近岸内湾[8~11],因此,本文拟根据我国近海海洋综合调查与评价专项("908 专项")ST09 区块于 2006 年 7 月—2007 年 11 月四个季节航次对北部湾无机氮的测定结果,对北部湾 DIN 含量的分布特征及季节变化进行全面分析和初步研究,并初步探讨其来源和影响因素。

2　研究站位及方法

2.1　调查站位

　　"908 专项"ST09 区块 DIN 调查在整个调查区共设 76 个站点,分表层、10 m、30 m 和底层采样。具体见图 1。为方便讨论,本文将调查区域分为 3 个小分区,分别表示为 B 区(北海区)、J 区(琼州海峡以西至海南岛西部海域)和 H 区(海南岛南区)。本研究对北部湾海域共进行了 4 个航次的调查。夏季航次于 2006 年 7 月 12 日—2006 年 8 月 10 日实施,历时 28 天;

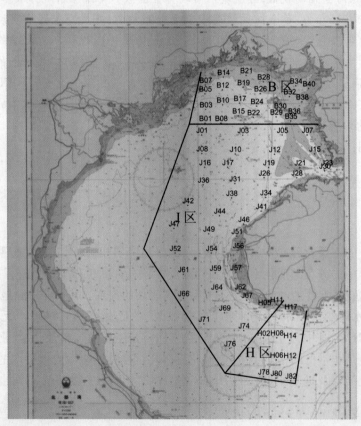

图 1　北部湾 DIN 调查站位

冬季航次于 2006 年 12 月 18 日—2007 年 2 月 1 日实施,历时 44 天;春季航次于 2007 年 4 月 10 日—2007 年 5 月 5 日实施,历时 25 天;秋季航次于 2007 年 10 月 10 日—2007 年 11 月 18 日实施,历时 38 天。

2.2 样品采集与分析方法

采用美国 Seabird 仪器公司的 SBE917 温盐深剖面仪所附的体积为 8L 的 Go - flo 采水器在各采样站位分别采集表层、10 m、30 m 和底层水样。取 1 ~ 3 L 水样在现场用预先在 40 ~ 50℃下烘干并称重的 0.45 μm 的醋酸纤维素滤膜过滤。

分别移取各层过滤后的水样 25 mL 于 30 mL 广口瓶中,按"908"专项的《海洋化学调查技术规程》[12] 中的重氮偶氮法、锌镉还原 - 重氮偶氮法和次溴酸盐氧化 - 重氮偶氮法分别测定水样中的 NO_2^-,NO_3^- 和 NH_4^+ 含量,DIN 含量即为水样中 NO_3^-,NO_2^- 和 NH_4^+ 含量的总和。

2.3 质量控制方法

为确保分析质量,每个航次前均对本研究所用的仪器均进行了检定和校准。并在采样站位中选取 15 个站位进行精密度和回收率实验,四个航次样品 NO_2^-,NO_3^- 和 NH_4^+ 精密度范围分别为 ±0.0% ~ ±5.0%、±0.0% ~ ±7.7% 和 ±0.0% ~ ±9.5%,平均分别为 ±1.4%、±2.3% 和 ±5.1%,回收率范围为 95.8% ~ 100.1%、80.3% ~ 112.8%、94.1% ~ 114.0%,平均分别为 98.8%、93.6% 和 97.8%,能满足分析的要求。

3 结果

3.1 北部湾夏季 DIN 的平面分布特征

夏季各调查站位各层次 DIN 的平面分布见图 2。表层 DIN 的浓度范围为未检出 ~ 0.054 mg/L,平均为 0.010 mg/L。10 m 层 DIN 的浓度范围为 0.000 ~ 0.056 mg/L,平均为 0.008 mg/L。从图 2 中可以看出,夏季表层和 10 m 层 DIN 含量总体较低,高值区出现在湾顶部广西大陆附近至琼州海峡西口的近岸海域。

30 m 层 DIN 浓度在 0.001 ~ 0.050 mg/L 之间,平均值为 0.013 mg/L。底层 DIN 范围为 0.000 ~ 0.172 mg/L,调查海域平均值为 0.036 mg/L。30 m 层高值区分布于湾顶部广西大陆附近至琼州海峡西口附近的近岸海域和白龙尾岛附近海域,而底层的高值区出现在海南岛南部海域,此外,在湾顶部广西大陆附近至琼州海峡西口附近的近岸海域还存在一个次高值区。

夏季各层 DIN 浓度均较低且在大片海域分布均匀,高值区呈斑点状分布。表层、10 m 层、30 m 层高值区出现在湾北部广西大陆附近至琼州海峡西口的近岸海域,底层在 B 区和 J 区的趋势和高值区分布与其他层次一致,但在 H 区出现了从远岸向近岸递减的趋势。此外,夏季 DIN 在 H 区还存在底层远大于其他层次的趋势。

3.2 北部湾冬季 DIN 的平面分布特征

冬季各调查站位各层次 DIN 的平面分布见图 3。表层 DIN 浓度范围在未检出 ~ 0.133 mg/L 之间,平均为 0.032 mg/L;10 m 层 DIN 浓度范围为 0.001 ~ 0.141 mg/L,平均为 0.035 mg/L;30m 层总 DIN 浓度范围为 0.004 ~ 0.133 mg/L,平均为 0.026 mg/L;底层 DIN 浓度范围

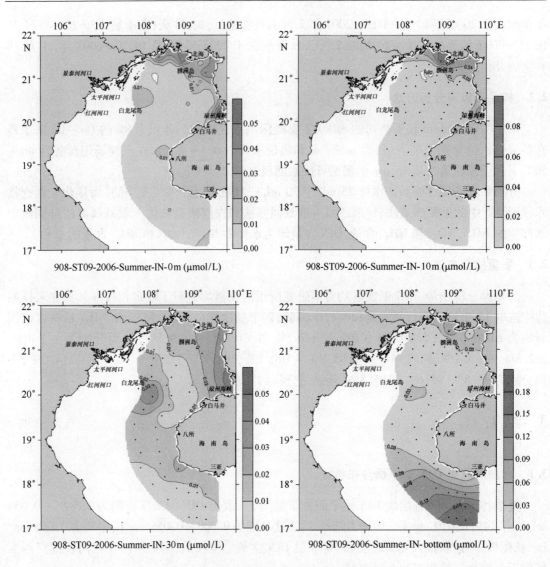

图 2　夏季航次北部湾 DIN 各层次平面分布

为 0.002 ~ 0.138 mg/L,平均为 0.036 mg/L。

从图 3 中可以看出,冬季 DIN 和夏季相似,整个海区浓度较低且分布均匀,高值区均位于琼州海峡西口附近海域,且向北延伸至涠洲岛附近海域,向南至海南岛的八所附近。

3.3　北部湾春季 DIN 的平面分布特征

春季各调查站位各层次 DIN 的平面分布见图 4。表层 DIN 浓度范围在未检出 ~ 0.067 mg/L 之间,平均为 0.016 mg/L;10 m 层 DIN 浓度范围为未检出 ~ 0.087 mg/L,平均为 0.020 mg/L;30m 层 DIN 浓度范围为未检出 ~ 0.061 mg/L,平均为 0.015 mg/L;底层 DIN 浓度范围为未检出 ~ 0.108 mg/L,平均为 0.031 mg/L。

从图 4 中可以看出,春季 DIN 各层次分布基本一致:整个海区浓度较低且分布均匀,高值区均位于湾北部沿岸至琼州海峡西口附近海域,此外,底层在海南岛南部存在一个小范围的高值区。

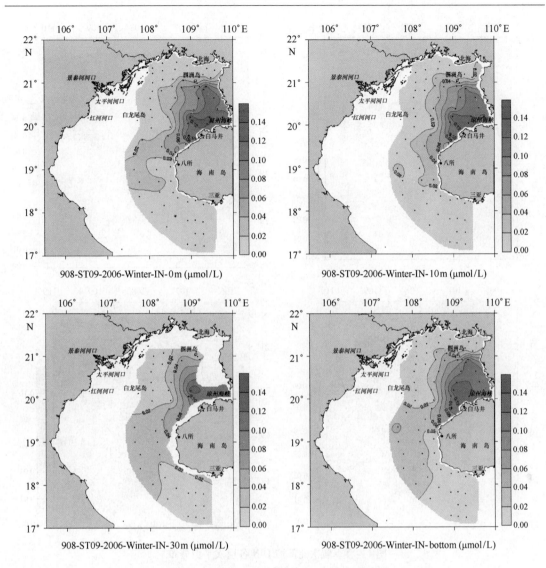

908-ST09-2006-Winter-IN-0m (μmol/L)

908-ST09-2006-Winter-IN-10m (μmol/L)

908-ST09-2006-Winter-IN-30m (μmol/L)

908-ST09-2006-Winter-IN-bottom (μmol/L)

图 3　冬季航次北部湾 DIN 各层次平面分布

3.4　北部湾秋季 DIN 的平面分布特征

秋季各调查站位各层次 DIN 的平面分布见图 5。表层 DIN 浓度范围在 0.001 ~ 0.178 mg/L 之间,平均为 0.030 mg/L;10 m 层 DIN 浓度范围为 0.001 ~ 0.159 mg/L,平均为 0.030 mg/L;30 m 层 DIN 浓度范围为 0.001 ~ 0.105 mg/L,平均为 0.022 mg/L;底层 DIN 浓度范围为 0.005 ~ 0.170 mg/L,平均为 0.050 mg/L。

秋季 DIN 各层分布特征相似:整个海区分布均匀,高值区呈斑点状分布。表层、10 m 层高值区分布在琼州海峡西口附近海域,30 m 层高值区出现在白龙尾岛的北部海域,底层高值区位于琼州海峡西口附近及海南岛西南部的远岸海域。

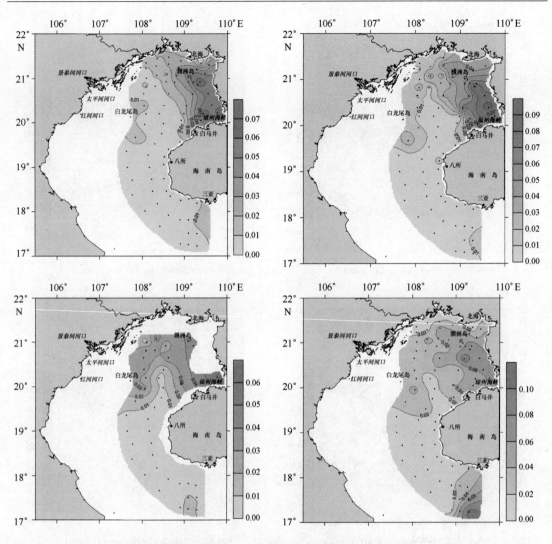

图4　春季航次北部湾DIN各层次平面分布

4　讨论

4.1　北部湾DIN污染状况评价

（1）评价方法

采用单因子评价方法,计算公式为

$$P_i = M_i/S_i;$$

式中:P_i——i污染物的污染指数;

　　　M_i——i污染物的浓度(mg/L);

　　　S_i——i污染物的海水水质标准(mg/L)。

（2）评价标准

本次调查海水污染程度评价采用中华人民共和国国家标准《海水水质标准》GB3097—

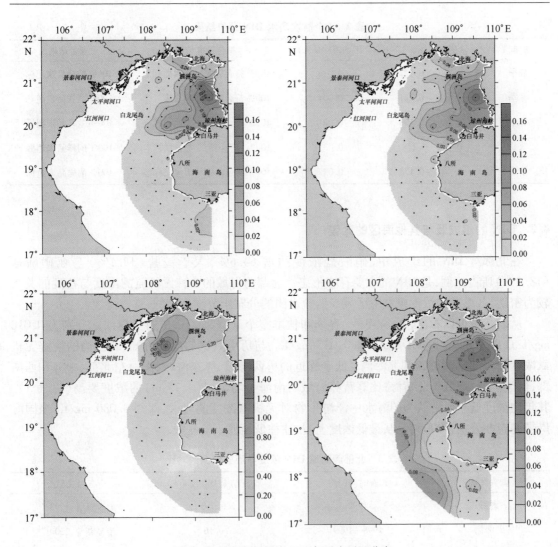

图5 秋季航次北部湾DIN各层次平面分布

1997,具体见表1。

表1 DIN的海水水质标准 GB3097—1997 单位:mg/L

第一类	第二类	第三类	第四类
0.2	0.3	0.4	0.5

(3)评价结果

如表2所示,国家一类海水水质标准的范围是不大于0.20 mg/L,夏季、冬季、春季和秋季4个航次整个海区100%站位层次的DIN均符合一类海水水质标准。

表2 4个航次海水 DIN 评价结果

时间	量值范围(mg/L)	平均值(mg/L)	符合标准类型	评价结果
夏季	未检出~0.172	0.018	100%符合国家一类水质标准	100%的样品未超标
冬季	未检出~0.141	0.033	100%符合国家一类水质标准	100%的样品未超标
春季	未检出~0.108	0.021	100%符合国家一类水质标准	100%的样品未超标
秋季	0.001~0.178	0.035	100%符合国家一类水质标准	100%的样品未超标
全部	未检出~0.178	0.027	100%符合国家一类水质标准	100%的样品未超标

4.2 DIN 的组成及与其他海区的比较

在北部湾 DIN 的组成中,硝酸盐浓度约占 64.6%,大于铵盐(17.1%)与亚硝酸盐(18.3%)所占比例,是 DIN 的主要存在形态。北部湾海域的3种无机氮的浓度与盐度的关系较为密切,各季节的浓度极大值区域与低盐水团的分布十分吻合。

从表2中可以看出,夏季、冬季、春季和秋季整个调查海区 DIN 的平均浓度分别为 0.018 mg/L、0.033 mg/L、0.021 mg/L 和 0.035 mg/L。与历史数据的比较可知,北部湾的溶解无机氮浓度低于北部湾湾顶的北海湾,低于邻近的粤西海域、粤东海域、南海东北部、中部和西南部,低于渤海,略低于北黄海;比寡营养海域的南海上均匀层(<75 m)的浓度要高(见表3)。其年均浓度低于通常认为的海水中浮游生物对无机氮浓度的要求,即约 0.080 mg/L(全国海岸带调查办公室,1990),且从最低浓度上看,往往低至低于检测限。

表3 北部湾海域 DIN 浓度与历史数据的对比

调查海域		调查时间(年)	调查结果 DIN(mg/L)	参考文献
渤海		1992	0.050	赵夕旦等,1998[4]
北海湾		1998—1999	0.16	韦蔓新等,2000[9]
北黄海		1996—1998	0.037	田恬等,2003[5]
南海上均匀层		—	低于检出限	韩舞鹰,1998[6]
南海东北部		1998—2000	0.054	贾晓平等,2004[7]
粤东海域			0.058	
粤西海域			0.055	
南海中部			0.073	
南海西南部			0.062	
北部湾	夏季	2006	0.018	本次调查
	冬季	2006	0.033	
	春季	2007	0.021	
	秋季	2007	0.035	

4.3　DIN 的季节性变化特征

根据本研究对北部湾 DIN 的平面分布特征的调查结果,四个季节 DIN 分布特征相似:整个海区浓度较低且分布均匀,并且高值区均出现在广西大陆附近至琼州海峡西口的近岸海域(秋季 30 m 层除外)。这些分布说明湾北部广西大陆的陆源径流输入和琼州海峡过道水输入是北部湾无机氮的主要来源。

从整个调查海区来看,DIN 四个季节的整体变化趋势由大到小依次为秋季、冬季、春季、夏季(见图 6)。根据 2006 年和 2007 年广西环境质量公报[13,14],广西 2006 年和 2007 年均出现了冬春连旱的气候,因此,本研究的四个航次,夏季相对而言为丰水期,秋季为平水期,而春、冬两季为枯水期。韦曼新等[8]对广西南流江下游无机氮的迁移的研究结果表明,南流江下游水域的无机氮含量具有丰水期高、平水期次之、枯水期较低的分布特征,这一特征与出海口北海湾的季节变化相一致。这一研究结果说明,北部湾北部的广西大陆径流输入的氮在丰水期较高,平水期次之、枯水期较低。因此,通过湾北部广西大陆径流输入湾内的无机氮含量顺序由大到小依次为:夏季、秋季、冬季、春季。但由于夏季和春季是浮游植物生长旺盛期,消耗了大量的无机氮,从而使秋季和冬季的无机氮含量最高,而夏季和春季较低。

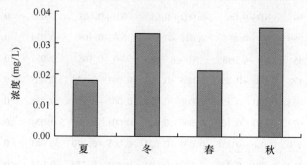

图 6　北部湾整个海区海水 DIN 季节变化

将整个调查海域分为 3 个小分区:B 区、J 区和 H 区,并将各个分区 DIN 含量列于表 4 中。从表 4 中可以发现,B 区和整个海区变化趋势一致,由大到小均为秋季、冬季、春季、夏季;J 区季节变化趋势由大到小依次为冬季、秋季、春季、夏季;H 区季节变化趋势由大到小依次为夏季、春季、秋季、冬季。比较这些季节变化趋势可以看出,B 区和 J 区均为秋、冬季大于春、夏季,说明 B 区和 J 区与整个海区一样,DIN 受控于广西大陆径流输入、琼州海峡过道水输入和浮游植物的生物作用。而 H 区与 B 区和 J 区相反,春、夏季大于秋、冬季。仔细比较各区春、夏季各层次 DIN 浓度发现,H 区春、夏季表、10 m 和 30 m 层 DIN 含量相近,并且小于同季节的 B 区和 J 区 DIN 含量,而底层远大于其他层次和其他两个区的底层,因此,H 区 DIN 的季节变化趋势可能是由于春、夏底层 DIN 含量较高所引起的。而 H 区春、夏季底层 DIN 较高的原因可能是由于 H 区与南海接近,底层低温高盐南海水侵入使底层沉积物产生扰动,增加了沉积物与水体的交换,从而使底层水体中的 DIN 含量较高。

表4　北部湾4个航次各水层和各分区的 DIN 含量

季节	层次	含量范围（mg/L）				平均浓度（mg/L）			
		B 区	J 区	H 区	调查区*	B 区	J 区	H 区	调查区*
夏季	表层	ND ~ 0.046	0.001 ~ 0.054	0.001 ~ 0.010	ND ~ 0.054	0.013	0.010	0.005	0.009
	10 m	ND ~ 0.031	ND ~ 0.056	0.001 ~ 0.008	ND ~ 0.056	0.008	0.009	0.004	0.007
	30 m	0.008 ~ 0.019	0.001 ~ 0.050	0.002 ~ 0.013	0.001 ~ 0.050	0.013	0.015	0.006	0.011
	底层	0.002 ~ 0.096	ND ~ 0.117	0.006 ~ 0.172	ND ~ 0.172	0.021	0.024	0.127	0.057
	四层	ND ~ 0.096	ND ~ 0.117	0.001 ~ 0.172	ND ~ 0.172	0.014	0.015	0.036	0.022
冬季	表层	ND ~ 0.109	0.001 ~ (< 0.133)	ND ~ 0.011	ND ~ 0.133	0.028	0.041	0.005	0.025
	10 m	0.005 ~ 0.130	0.005 ~ 0.141	0.001 ~ 0.010	0.001 ~ 0.141	0.032	0.044	0.005	0.027
	30 m	0.009 ~ 0.082	0.009 ~ 0.133	0.004 ~ 0.133	0.004 ~ 0.133	0.031	0.031	0.008	0.023
	底层	0.002 ~ 0.111	0.010 ~ 0.138	0.006 ~ 0.018	0.002 ~ 0.138	0.027	0.047	0.010	0.028
	四层	ND ~ 0.130	ND ~ 0.134	ND ~ 0.018	ND ~ 0.141	0.029	0.041	0.007	0.026
春季	表层	ND ~ 0.067	ND ~ 0.065	0.001 ~ 0.014	ND ~ 0.067	0.025	0.013	0.005	0.014
	10 m	0.005 ~ 0.085	ND ~ 0.087	ND ~ 0.014	ND ~ 0.087	0.034	0.017	0.005	0.019
	30 m	0.023 ~ 0.041	ND ~ 0.061	0.002 ~ 0.019	ND ~ 0.061	0.032	0.016	0.008	0.019
	底层	0.001 ~ 0.080	ND ~ 0.098	0.012 ~ 0.108	ND ~ 0.108	0.034	0.026	0.041	0.034
	四层	ND ~ 0.085	ND ~ 0.098	ND ~ 0.108	ND ~ 0.108	0.031	0.018	0.015	0.021
秋季	表层	0.003 ~ 0.178	0.001 ~ 0.159	0.005 ~ 0.178	0.001 ~ 0.178	0.035	0.032	0.012	0.026
	10 m	0.003 ~ 0.093	0.001 ~ 0.159	0.006 ~ 0.021	0.001 ~ 0.159	0.031	0.034	0.010	0.025
	30 m	0.009 ~ 0.073	0.001 ~ 0.105	0.006 ~ 0.023	0.001 ~ 0.105	0.034	0.023	0.012	0.023
	底层	0.005 ~ 0.170	0.006 ~ 0.155	0.009 ~ 0.024	0.005 ~ 0.170	0.041	0.063	0.015	0.040
	四层	0.003 ~ 0.178	0.001 ~ 0.159	0.005 ~ 0.024	0.001 ~ 0.178	0.038	0.038	0.012	0.028

注:ND 表示未检出。

*由于 B 区许多站位存在 5 m 层,但在此表中未列出,所以浓度范围及平均浓度与整个海区的值有出入。

5　结论

（1）北部湾海域夏季 DIN 浓度范围为未检出（ND）~ 0.328 mg/L,平均为 0.018 mg/L;冬季 DIN 浓度范围为 ND ~ 0.141 mg/L,平均为 0.033 mg/L;春季 DIN 浓度范围为 ND ~ 0.108 mg/L,平均为 0.021 mg/L;秋季 DIN 浓度范围为 0.001 ~ 0.178 mg/L,平均为 0.035 mg/L。

（2）4 个航次所有层次所有站位 DIN 含量均较低,均符合国家第一类海水水质标准。

（3）北部湾的 DIN 中,硝酸盐是主要的存在形式。DIN 的浓度低于北部湾湾顶的北海湾,低于邻近的粤西海域、粤东海域、南海东北部、中部和西南部,低于渤海,略低于北黄海;但高于寡营养海域的南海上均匀层（ <75 m ）的浓度。

（4）四个季节 DIN 分布特征相似:整个海区浓度较低且分布均匀,并且高值区均出现在广西大陆附近至琼州海峡西口的近岸海域（秋季 30 m 层除外）,说明广西大陆的陆源径流输入和琼州海峡过道水的输入是北部湾 DIN 的主要来源。

（5）从整个调查海区来看,DIN 浓度四个季节的整体变化趋势由大到小依次为秋季、冬

季、春季、夏季,B 区和整个海区变化趋势一致,由大到小依次均为秋季、冬季、春季、夏季;J 区
季节变化趋势由大到小依次为冬季、秋季、春季、夏季;H 区季节变化趋势由大到小依次为夏
季、春季、秋季、冬季。比较这些季节变化趋势可以看出,B 区和 J 区均为秋、冬季大于春、夏
季,说明 B 区和 J 区与整个海区一样,DIN 受控于广西大陆径流输入、琼州海峡过道水输入和
浮游植物的生物作用。而 H 区不同的原因可能是春、夏季底层水体中 DIN 较高所致。而 H 区
底层水体中 DIN 浓度较高的原因可能是底层沉积物与水体交换的结果。

参 考 文 献

[1]　张晓萍. 厦门马銮湾水域无机氮的化学特征[J]. 台湾海峡,2001,3:319 – 322.

[2]　沈志良,刘群,等. 长江和长江口高含量无机氮的主要控制因素[J]. 海洋与湖沼,2001,5:465 – 473.

[3]　孙丕喜,王宗灵,战闰,等. 胶州湾海水中无机氮的分布与富营养化研究[J]. 海洋科学进展,2005,4: 466 – 471.

[4]　赵夕旦,祝陈坚,举鹏,等. 胶州湾东部海水中氮的含量和分布[J]. 海洋科学,1998,1:40 – 43.

[5]　田恬,魏皓,苏健,等. 黄海氮磷营养盐的循环和收支研究[J]. 海洋科学进展,2003,21(1):42 – 46.

[6]　韩舞鹰. 南海海洋化学[M]. 北京:科学出版社,1998.

[7]　贾晓平,李纯厚,甘居利,等. 南海北部海域渔业生态环境健康状况诊断与质量评价[J]. 中国水产科 学,2005,6:91 – 99.

[8]　辛明,王保栋,孙霞,等. 广西近海营养盐的时空分布特征[J]. 海洋科学,2010,9:36 – 42.

[9]　韦蔓新,童万平,何本茂,等. 北海湾各种形态氮的分布及其影响因素[J]. 热带海洋,2000,3:59 – 66.

[10]　蓝文陆,彭小燕. 2003～2010 年铁山港湾营养盐的变化特征[J]. 广西科学,2011,4:42 – 48.

[11]　韦蔓新,何本茂,赖廷和. 北海半岛近岸水域无机氮的变化特征[J]. 海洋科学,2003,9,76 – 80.

[12]　国家海洋局"908"专项办公室. 海洋化学调查技术规程. 北京:海洋出版社, 2006:40 – 50.

[13]　广西壮族自治区环境质量公报,2006,广西壮族自治区环境保护局.

[14]　广西壮族自治区环境质量公报,2007,广西壮族自治区环境保护局.

Preliminary study on distribution and seasonal variation of total dissolved inorganic nitrogen in Beibu Gulf

LIU Chun – lan, ZHENG Ai – rong, WANG Chun – hui, ZHENG Li – dong,
JIANG Shuang – cheng

(*Department of Oceanography and Institute of Subtropical Oceanography, Xiamen University, Xiamen,* 361005, *China*)

Abstract: By investigation of three species nitrogen (NO_3^- , NO_2^- and NH_4^+) in sea water of Beibu Gulf from July 2006 to December 2007, the total dissolved inorganic nitrogen (DIN) was calculated. The water quality was estimated. Seasonal variation and main sources of DIN in Beibu Gulf were also discussed. The results showed: (1)The concentration ranges of DIN of Beibu Gulf in summer, winter, spring and autumn were ND ~ 0.172 mg/L, ND ~ 0.141 mg/L, ND ~ 0.108 mg/L and 0.001 ~ 0.178 mg/L separately. The average DIN concentrations in summer, winter, spring and autumn were 0.018 mg/L, 0.033 mg/L, 0.021 mg/L and 0.035 mg/L separately. (2)The water quality of Beibu Gulf was very well in terms of inorganic nitrogen, all water samples were better than the first class quality standard of sea water which was regulated by the National standard. (3) DIN was low and well distributed in the whole gulf in four seasons. The similar higher concentration region was the coastal area which from Guangxi province to Qiongzhou Bay except the 30 m layer in autumn. The similar trend and higher concentration region suggested that the river input of Guangxi province and Qiongzhou Bay water were the main source of inorganic nitrogen in Beibu Gulf. (4) The seasonal variation also showed that the river input of Guangxi province, Qiongzhou Bay water input and the consumption of phytoplankton influence the concentration of DIN of the Gulf together. Besides the exchange of sediment and deep water which was caused by the bottom water of the South Sea of China was another influence factor on DIN in deep water of the south of Hainan Island.

Key words: total dissolved inorganic nitrogen; Beibu Gulf; seasonal variation; influence factor

北部湾海域总氮含量分布特征与季节变化的初步研究

刘春兰,郑爱榕*,郑立东,邓永智

(厦门大学海洋与地球学院,福建 厦门 361005)

摘要: 本文根据 2006 年 7 月至 2007 年 11 月春、夏、秋、冬 4 个季节航次对北部湾海域水体中总氮含量的测定结果,初步研究了北部湾总氮含量的分布特征及季节变化,并初步探讨了北部湾总氮的主要来源。结果表明:(1)北部湾海域夏季总氮浓度范围为 0.038 ~ 0.328 mg/L,平均为 0.152 mg/L;冬季总氮浓度范围为 0.007 ~ 0.289 mg/L,平均为 0.116 mg/L;春季总氮浓度范围为 0.028 ~ 0.481 mg/L,平均为 0.202 mg/L;秋季总氮浓度范围为 0.007 ~ 0.289 mg/L,平均为 0.122 mg/L。(2)北部湾整个调查海域总氮的季节变化趋势由大到小依次为春季、夏季、秋季、冬季,夏季总氮存在北部近岸高、南部湾口低,近岸大于远岸的趋势;冬季琼州海峡西口和西南部中线附近海域较高,而其余海域均较低;春季高值区分布均匀,低值区范围小;秋季各层分布差异较大。夏季总氮主要来源于湾北部陆源径流输入,冬季主要受琼州海峡过道水的影响,而春季总氮含量最大的原因在于春季大气湿沉降远大于其他季节,秋季总氮受各种因素共同影响。(3)湾内 3 个小分区 B 区、J 区和 H 区总氮的来源各不相同,B 区主要来源于湾北部陆源径流输入;H 区表层主要来源于大气沉降,底层则主要受控于底层沉积物的再悬浮及其与上层水体的交换;而 J 区则受陆源输入、大气沉降等多种因素的影响。

关键词: 总氮;北部湾;季节变化;来源

1 引言

氮是海洋中的主要营养元素,它与生物生长、繁殖密切相关,调节着生态系统的平衡。海水中氮的形态主要包括无机氮(NO_3^-,NO_2^- 和 NH_4^+)、溶解有机氮(尿素、游离氨基酸、酰胺和维生素等)和固体有机氮(有机氮碎屑、细菌和浮游植物成分)。其主要来源于河流输入、大气沉降、沉积物与水体的交换和现场生物(如蓝细菌)的固氮作用。总氮指溶液中所有含氮化合物,即无机氮、溶解有机氮和固体有机氮的总和,是水质污染程度的重要指标。

北部湾位于我国南海的西北部,东起雷州半岛、琼州海峡,东南为海南岛,北至广西壮族自

资助项目:国家"908"专项(908 – 01 – ST09)。

作者简介:刘春兰(1981—),女,工程师。

*通讯作者:郑爱榕;教授;E – mail:arzheng@ xmu. edu. cn。

治区,西迄越南,是一个半封闭型的海湾。由于地形的关系,北部湾海域的海流、水团错综复杂,主要受北部湾沿岸水、琼州海峡过道水和南海水三种水系的影响。由于受到总氮测定方法的限制,我国对海水中总氮的研究较少,对北部湾海水中总氮的研究更少,仅韦蔓新等[1]对广西北海湾的总氮的分布及影响因素进行了分析。因此,本文拟根据我国近海海洋综合调查与评价专项("908专项")ST09区块于2006年7月—2007年11月分四个季节航次对北部湾总氮的测定结果,对北部湾总氮含量的分布特征及季节变化进行全面分析和初步研究,并初步探讨北部湾总氮的主要来源。

2　研究站位及方法

2.1　调查站位

　　"908专项"ST09区块总氮调查在整个调查区设12个断面,40个站点(其中J56和H11不在断面上),具体见图1。为方便讨论,本文将调查区域分为3个小分区,分别表示为B区(北海区)、J区(琼州海峡以西至海南岛西部海域)和H区(海南岛南区)。本研究对北部湾海域共进行了4个航次的调查。夏季航次于2006年7月12日—2006年8月10日实施,历时28天;冬季航次于2006年12月18日—2007年2月1日实施,历时44天;春季航次于2007年4月10日—2007年5月5日实施,历时25天;秋季航次于2007年10月10日—2007年11月18日实施,历时38天。

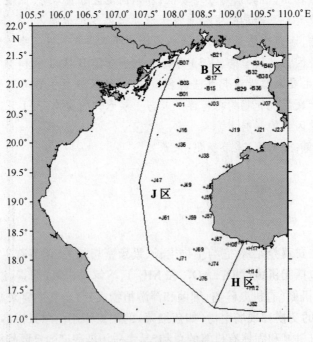

图1　北部湾总氮调查站位

2.2　样品采集与分析方法

　　采用美国Seabird仪器公司的SBE917温盐深剖面仪所附的体积为8L的Go–flo采水器

在各采样站位分别采集表层、10 m、30 m 和底层水样。

将水样摇匀后,取水样 5 mL 于 25 mL 比色管中,加入 1 mL 碱性过硫酸钾溶液,在 120℃和 1.1 kPa 的条件下消煮 30 min,待样品冷却后,加入 0.125 mL HCl 摇匀,再加入 0.5 mL 四硼酸钠溶液摇匀,用 35‰的 NaCl 溶液稀释定容至 25 mL。将定容好的溶液全量转移至 30 mL 广口瓶中,加入 1 个锌卷和 0.5 mL $CdCl_2$,振荡 10 min 后取出锌卷,加入 0.5 mL 磺胺溶液振荡 5 min,最后加入 0.5 mL 盐酸萘乙二胺溶液,摇匀,显色 15 min。显色后的溶液用 723 型分光光度计在波长为 543 nm 处测定吸光值。

2.3 质量控制方法

为确保分析质量,每个航次前均对本研究所用的仪器均进行了检定和校准。并在采样站位中选取 10 个站位进行精密度和回收率实验,4 个航次样品精密度范围为 ±4.6% ~ ±13.6%,平均为 ±7.3%,回收率范围为 77.5% ~ 113.2%,平均为 86.9%,能满足分析的要求。

3 结果

3.1 北部湾夏季总氮的平面分布特征

夏季各调查站位各层次总氮的平面分布见图 2。表层总氮范围为 0.038 ~ 0.328 mg/L,平均值为 0.145 mg/L,高值分布在北海市西侧至琼州海峡西口附近的近岸海域,低值中心位于海南岛南侧海区。10 m 层总氮浓度在 0.038 ~ 0.320 mg/L 之间,平均值为 0.138 mg/L,高值分布在北海市至琼州海峡西口附近的近岸海域,低值中心位于海南岛南侧海区。30 m 层总氮浓度在 0.061 ~ 0.281 mg/L 之间,平均值为 0.130 mg/L,高值中心位于琼州海峡西口以及海南岛西侧海区,低值分布于海南岛南侧靠近中线的区域。底层总氮范围为 0.076 ~ 0.407 mg/L,调查海域总氮平均值为 0.178 mg/L。高值中心位于北海市附近海域以及琼州海峡西口,低值分布于海南岛西侧海区以及南侧近岸站位。

夏季总氮的分布特点是各层都在北海附近有明显的高值区,并迅速向南递减。表层与 10 m 层在白龙尾岛北侧有一小范围的较高值,而这个高值区域在 30 m 层出现在海南岛西侧的八所附近,底层则在海南岛南侧的深水区域。海南岛西南近岸的浓度均较低。

夏季总氮 4 个层次的分布相似,总体趋势为北部近岸高而南部湾口低,近岸高,远岸低。高值区出现在北海至琼州海峡西口附近的近岸海域。

3.2 北部湾冬季总氮的平面分布特征

冬季各调查站位各层次总氮的平面分布见图 3。表层总氮浓度范围在 0.027 ~ 0.286 mg/L 之间,平均值为 0.119 mg/L,高值中心在涠洲岛东南侧及三亚附近海域,低值中心位于北海市西侧海域。10 m 层总氮浓度为 0.007 ~ 0.289 mg/L,平均值为 0.119 mg/L,高值中心分布于琼州海峡西口的北侧近岸站位和西侧以及海南岛西南靠近中线的海域,低值位于海南岛西北侧靠近中线的海域。30 m 层总氮浓度范围为 0.040 ~ 0.246 mg/L,平均值为 0.105 mg/L。高值中心在海南岛西南靠近中线的海域,低值中心位于白龙尾岛南侧。底层总氮测值范围在 0.047 ~ 0.220 mg/L 之间,平均值为 0.121 mg/L。高值中心分布于琼州海峡西口以及

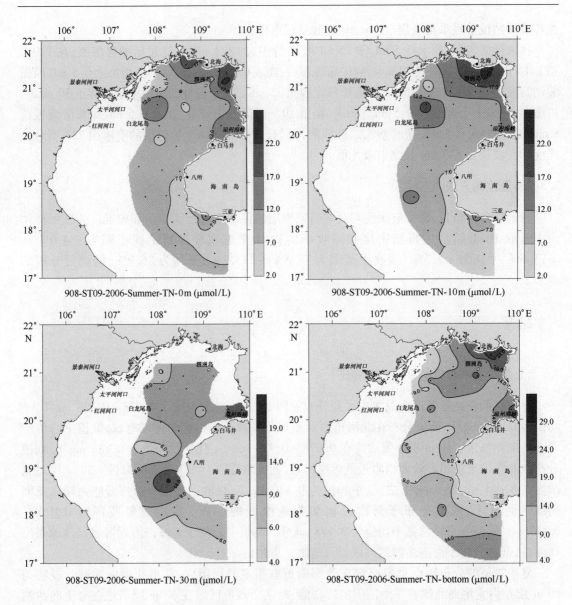

图 2　夏季航次北部湾海水总氮各层次平面分布

海南岛西南靠近中线的海域,低值分布于涠洲岛西侧、白龙尾岛东侧以及海南岛南侧远岸站位。

　　冬季总氮的分布特点是 4 个层次都有两个明显的高值区,分别在琼州海峡西口、雷州半岛西侧和海南岛西南侧中线附近。其余海区的浓度较低。北海附近在表层为较低值,而在 10 m 层和底层为较大值。

　　冬季总氮 4 个层次浓度变化总体一致,表现为琼州海峡西口和西南中线附近海域高,其余均较低。

3.3　北部湾春季总氮的平面分布特征

　　春季各调查站位各层次总氮的平面分布见图 4。表层总氮范围在 0.046 ~ 0.481 mg/L 之

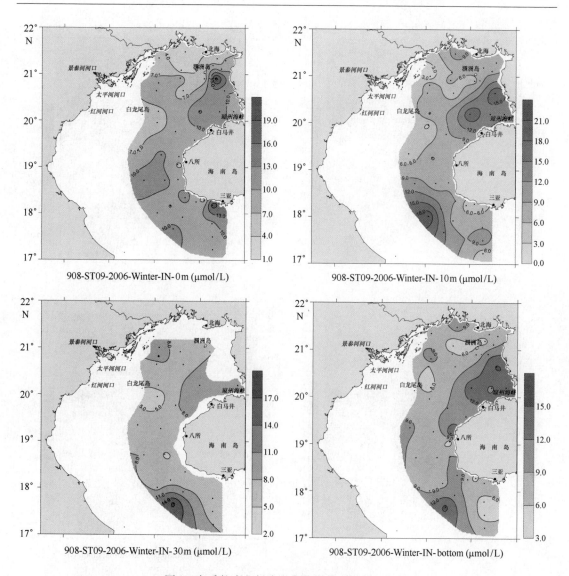

图3　冬季航次北部湾海水总氮各层次平面分布

间,平均值为0.213 mg/L。高值在琼州海峡西口的站位并向西南延伸至海南岛西侧,白龙尾岛北侧有低值。10 m层总氮范围在0.051~0.369 mg/L之间,平均值为0.200 mg/L。高值位于琼州海峡西口及雷州半岛沿岸、白龙尾岛南部靠近中线的海域,低值出现在北海附近及湾顶靠近中线的沿岸站位。30 m层总氮浓度范围为0.052~0.384 mg/L,平均值为0.203 mg/L。高值中心位于琼州海峡西口,低值中心位于湾顶沿岸以及海南岛西南中线附近海域。底层总氮浓度范围为0.028~0.398 mg/L,平均值为0.225 mg/L。高值出现在琼州海峡西口以及海南岛西部中线附近海域,低值中心在北海与涠洲岛之间。

　　春季总氮的分布特点是4层在琼州海峡西口均有高值。表层在八所附近也有高值区;该高值区在10 m略北,出现在白龙尾岛南侧;而在30 m层和底层略偏西,出现在海南岛西侧中线附近。北部中线附近以及三亚近岸海域有较低值。

　　春季总氮4个层次的平面分布相似,总体表现为高值区分布较均匀,低值区范围较小。

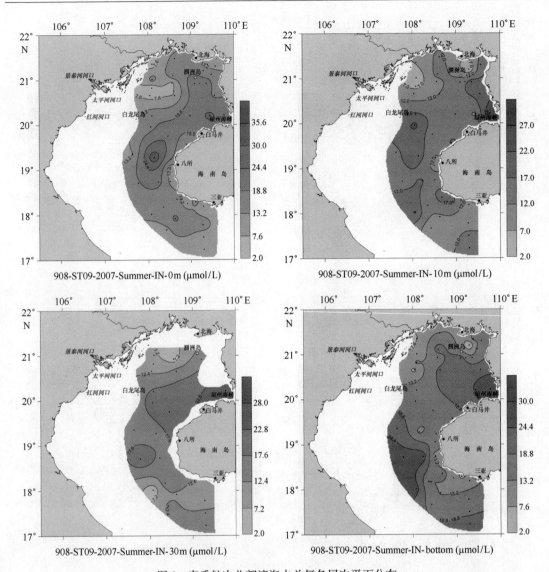

图4　春季航次北部湾海水总氮各层次平面分布

3.4　北部湾秋季总氮的平面分布特征

秋季各调查站位各层次总氮的平面分布见图5。表层总氮范围在0.035～0.471 mg/L之间,平均值为0.123 mg/L。高值位于涠洲岛东南侧海区以及八所港附近近岸站位,其余海区浓度基本较低。10 m层总氮浓度为0.032～0.241 mg/L,平均值为0.110 mg/L。高值分布于雷州半岛西侧以及湾顶近岸站位,低值中心在白龙尾岛附近海域。30 m层总氮在0.031～0.226 mg/L之间,平均值为0.112 mg/L。高值位于琼州海峡西口以及三亚附近海域,最低值出现在白龙尾岛东侧海域。底层总氮范围在0.050～0.214 mg/L之间,平均值为0.125 mg/L。高值分布与雷州半岛西侧以及海南岛西南中线附近海域,低值在白龙尾岛东北侧海区及北海市、三亚市、白马井的近岸站位及琼州海峡西口。

秋季总氮表层、10 m层和底层都在雷州半岛西侧有高值,30 m层则在琼州海峡西口。表层在八所附近有另一个高值,而10 m层和30 m层则在海南岛南侧三亚附近有高值。但这表层、

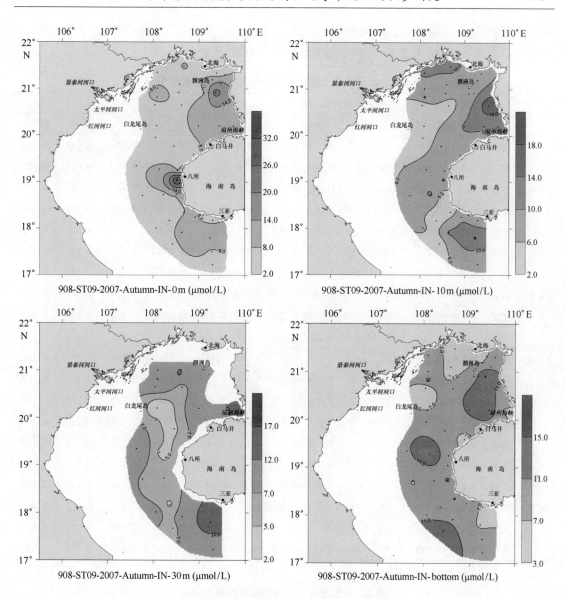

图 5　秋季航次北部湾海水总氮各层次平面分布

10 m 层、30 m 层的高值区域在底层都为较低值。底层的高值出现在海南岛西南侧中线附近。总体而言,秋季总氮浓度较低,各层分布差异较大。

4　讨论

4.1　与其他海区总氮浓度的比较

本研究 4 个航次总氮含量各层次总氮的浓度范围和平均浓度分 B 区、J 区和 H 区列于表 1 中。从表 1 中可以看出,夏季、冬季、春季和秋季整个调查海区总氮的平均浓度分别为 0.152 mg/L、0.116 mg/L、0.202 mg/L 和 0.122 mg/L。与历史数据的比较可知,北部湾海域

TN 浓度低于北部湾北部的北海湾和丹麦近海,远低于珠江口水域和胶州湾东岸,与欧洲北海西北部海域浓度接近(见表2)。整个调查海区氮污染较轻。

表1　北部湾4个航次各水层和各分区的总氮含量

季节	层次	含量范围(mg/L)				平均浓度(mg/L)			
		B 区	J 区	H 区	调查区	B 区	J 区	H 区	调查区
夏季	表层	0.038~0.328	0.051~0.231	0.071~0.101	0.038~0.328	0.189	0.139	0.087	0.147
	10 m	0.070~0.213	0.038~0.277	0.070~0.113	0.038~0.277	0.166	0.142	0.083	0.133
	30 m	0.101~0.320	0.061~0.281	0.068~0.094	0.061~0.320	0.206	0.145	0.082	0.145
	底层	0.080~0.407	0.076~0.281	0.084~0.224	0.076~0.407	0.235	0.162	0.172	0.183
	四层	0.038~0.407	0.038~0.281	0.068~0.224	0.038~0.407	0.199	0.147	0.106	0.152
冬季	表层	0.027~0.286	0.070~0.187	0.119~0.241	0.027~0.286	0.104	0.123	0.154	0.126
	10 m	0.007~0.122	0.035~0.289	0.055~0.157	0.007~0.289	0.078	0.140	0.103	0.115
	30 m	0.083~0.159	0.040~0.264	0.082~0.110	0.040~0.264	0.121	0.105	0.093	0.106
	底层	0.047~0.155	0.070~0.220	0.064~0.123	0.047~0.220	0.109	0.136	0.090	0.118
	四层	0.007~0.286	0.035~0.289	0.055~0.241	0.007~0.289	0.103	0.126	0.110	0.116
春季	表层	0.046~0.328	0.082~0.481	0.110~0.235	0.046~0.481	0.187	0.238	0.153	0.204
	10 m	0.051~0.277	0.101~0.369	0.108~0.202	0.051~0.369	0.159	0.215	0.157	0.187
	30 m	0.069~0.112	0.052~0.384	0.106~0.218	0.052~0.384	0.091	0.234	0.175	0.183
	底层	0.028~0.312	0.089~0.398	0.146~0.303	0.028~0.398	0.187	0.256	0.232	0.233
	四层	0.028~0.328	0.052~0.481	0.106~0.303	0.028~0.481	0.156	0.235	0.179	0.202
秋季	表层	0.035~0.319	0.042~0.471	0.095~0.194	0.035~0.471	0.130	0.121	0.121	0.123
	10 m	0.088~0.171	0.032~0.241	0.101~0.202	0.032~0.241	0.119	0.109	0.136	0.118
	30 m	0.097~0.174	0.031~0.155	0.104~0.226	0.031~0.226	0.148	0.095	0.162	0.125
	底层	0.059~0.214	0.050~0.197	0.087~0.134	0.050~0.214	0.122	0.129	0.110	0.122
	四层	0.035~0.319	0.031~0.471	0.087~0.226	0.031~0.471	0.130	0.114	0.132	0.122

表2　北部湾总氮含量与历史数据的对比

调查海域	调查时间(年)	TN 调查结果(mg/L)	参考文献
珠江口	1999	0.967	林以安等,2004[2]
胶州湾东岸	1990—1991	1.06	赵夕旦等,1998[3]
北海湾	1998—1999	0.45	韦蔓新等,2000[1]
丹麦近海	—	0.55	Soren 等,2002[4]
欧洲北海西北部海域	1996	0.182	Natacha 等,2004[5]
北部湾 夏季	2006	0.152	本调查
冬季	2006	0.116	
春季	2007	0.202	
秋季	2007	0.122	

4.2　北部湾整个调查海区总氮的季节性变化特征

4.2.1　整个调查海区总氮浓度的季节变化

从整个调查海区来看,总氮浓度4个季节的整体变化趋势由大到小依次为春季、夏季、秋季、冬季(见图6)。如前所述,海水中的氮主要来源于河流输入、大气沉降、沉积物与水体的交换和现场生物(如蓝细菌)的固氮作用。根据2006年和2007年广西环境质量公报[6,7],广西2006年和2007年均出现了冬春连旱的气候,因此,本研究的4个航次,夏季相对而言为丰水期,秋季为平水期,而春、冬两季为枯水期。韦曼新等[8]对广西南流江下游无机氮的迁移的研究结果表明,南流江下游水域的无机氮含量具有丰水期高、平水期次之、枯水期较低的分布特征,这一特征与出海口北海湾的季节变化相一致。这一研究结果说明,北部湾北部的广西大陆径流输入的氮在丰水期较高,平水期次之、枯水期较低。因此,本研究调查过程中北部湾夏季的总氮浓度高于秋季和冬季。本研究中春季属于枯水期,陆源径流输入很少,但总氮含量却是全年最高的,这可能是由于春季航次中空气湿度很大,调查期间整个海域经常笼罩着大雾,大量氮通过大气沉降进入水体。同时,调查海域春季总无机氮含量较同为枯水期的冬季低许多,而且硝酸盐和铵盐浓度在4个季节中最低而亚硝酸盐为4个季节最高(详见908研究报告),说明春季为春花期,浮游植物生长旺盛,现场生物生成也是春季重要的总氮来源。此外,琼州海峡过道水的影响也不可忽视。

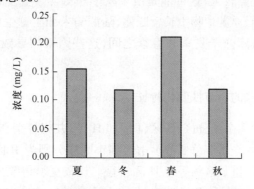

图6　北部湾整个海区海水总氮季节变化

4.2.2　整个调查海区总氮平面分布的季节变化

整个调查海区总氮平面分布的季节变化特征具体见表3。从表3中可以发现,除秋季外,其他季节总氮各层次的分布趋势基本一致,说明夏、冬、春三季各层总氮的主要来源相似。比较夏季和冬季的变化趋势可以发现,丰水期的夏季北部近岸高而南部湾口低、近岸大于远岸的趋势非常明显,而枯水期的冬季总氮分布特征为琼州海峡西口和西南部中线附近海域高,近岸大于远岸的趋势不明显,甚至还出现远岸大于近岸的现象,夏季和冬季总氮截然相反的分布特征说明北部湾北部大陆的河流输入对湾内总氮的影响较大,在陆源输入较大时,北部湾总氮主要受控于北部湾北部陆源河流输入,当北部陆源输入较少时,北部湾总氮则受控于其他来源。进一步比较夏季和冬季高值区的分布,夏季高值区在北海至琼州海峡西口附近的近岸海域,而冬季则往东移动,只出现在琼州海峡西口附近,说明在北部湾北部陆源输入较少时,琼州海峡过道水对北部湾北部总氮的影响凸显,成为北部湾北部总氮的主要来源,这一点可从平水期的秋季总氮高值区分布于雷州半岛西侧、琼州海峡西口附近海域得到印证。

表3　调查海区总氮的季节变化特征

季节	四层是否相似	变化趋势	高值区
夏季	是	① 北部近岸高而南部湾口低 ② 近岸大于远岸	① 北海至琼州海峡西口的近岸海域 ② 表层、10 m 层在白龙尾岛北侧有小范围的高值区,而 30 m 在海南岛西侧的八所附近,底层在海南岛南侧的深水区域
冬季	是	① 琼州海峡西口及西南中线附近海域高而其余较低 ② 近岸大于远岸的趋势不明显,在海南岛西南部远岸大于近岸	琼州海峡西口、雷州半岛西南侧中线附近
春季	是	① 高值区分布均匀、低值区范围较小	琼州海峡西口附近
秋季	差异较大	① 各层分布差异明显	表层、10 m 层和底层的高值区位于雷州半岛西侧,而 30 m 层高值区出现在琼州海峡西口附近

从图6和表3中还可以发现,春季与冬季虽同属枯水期,陆源输入两个季节相近,但春季总氮不仅比冬季高出许多,而且总氮含量为全年最高,同时春季总氮高值区几乎分布于整个调查海域,低值区范围很小。这同样也说明了大气沉降和生物来源是春季总氮的主要影响因素。

秋季总氮各层分布差异较大,这可能是由于秋季总氮含量受多种不同因素影响的原因。秋季相对冬季雨水较充沛、浮游生物生长较旺盛,陆源输入和生源生成的总氮均大于冬季,但却略小于夏季,且大气沉降介于夏季和春季之间,这些因素均导致了秋季总氮的层次分布差异。

4.3　北部湾不同分区总氮的季节性变化特征

将整个调查海域分为3个小分区:B 区、J 区和 H 区,并将各个季节各区总氮浓度分别列于表1中。夏、冬、春、秋4个季节总氮浓度由大到小顺序分别为 B 区、J 区、H 区;J 区约等于 H 区、B 区;J 区、H 区、B 区和 B 区约等于 H 区、J 区。比较夏季和冬、春季各区浓度,在北部湾北部陆源输入较大的夏季和秋季,B 区浓度最大,J 区或 H 区浓度次之,而在北部陆源输入最小的冬季和春季,B 区浓度最小,J 区浓度最大,这说明北部湾北部的陆源输入是 B 区和 J 区总氮的主要来源,而当北部湾北部陆源输入较小时,其他因素如大气沉降、生源生成及琼州海峡过道水等对其影响较大。

比较各区总氮的季节变化趋势可以发现,J 区总氮的季节变化趋势由大到小依次为春季、夏季、秋季、冬季,与整个调查海域的趋势一致;B 区和 H 区与整个调查海域不尽相同,B 区由大到小依次为夏季、春季、秋季、冬季,而且在 B 区所有层次均呈现同样的趋势;H 区由大到小依次为春季、秋季、冬季、夏季。从 B 区和 J 区的季节变化趋势同样可以看出北部湾北部大陆陆源河流输入对 B 区总氮的控制作用,而 J 区则是受陆源输入、琼州海峡过道水、大气沉降、浮游生物等各种因素综合控制。对于 H 区,由于距离陆地较远,陆源输入对其影响较小,而夏季作为浮游生物生长最旺盛期,在 H 区总氮浓度却为全年最低,说明生源也不是 H 区总氮的主要来源,因此,H 区总氮的主要来源应该是大气沉降和沉积物与底层水体的交换。比较表1中各个季节 H 区不同层次总氮浓度不难发现,夏季和春季总氮均存在着表、中层相近,而底层较大的现象,这可能是由于 H 区位于北部湾南部深水区,南海的低温高盐水团侵入,使 H 区底层水体产生扰动,增大了底层水体中悬浮物浓度,从而加速了沉积物与水体之间的交换,进而增加了水体中总氮的含量。这一现象同时也说明,底层沉积物的再悬浮可能是 H 区水体中底层总氮的主要来源,而表、中层总氮可能主要来源于大气沉降。

5 结论

北部湾海域夏季总氮浓度范围为 0. 038 ~ 0. 328 mg/L,平均为 0. 152 mg/L;冬季总氮浓度范围为 0. 007 ~ 0. 289 mg/L,平均为 0. 116 mg/L;春季总氮浓度范围为 0. 028 ~ 0. 481 mg/L,平均为 0. 202 mg/L;秋季总氮浓度范围为 0. 007 ~ 0. 289 mg/L,平均为 0. 122 mg/L。

夏季总氮存在明显湾北部大于南部,近岸大于远岸的趋势;冬季琼州海峡西口及西南中线附近海域高而其余低;春季高值区分布均匀,低值区范围小;秋季各层分布差异较大,总体分布特征不明显。夏季高值区在北海至琼州海峡西口附近的近岸海域,而冬季则往东移动,只出现在琼州海峡西口附近,春季高值区分布均匀,低值区范围较小,秋季表层、10 m 层和底层的高值区位于雷州半岛西侧,而 30 m 层高值区出现在琼州海峡西口附近。通过对总氮的季节变化特征分析得出夏季北部湾总氮的主要来源是湾北部的陆源径流输入,而在陆源输入较小冬季和春季,总氮的主要影响因素分别为琼州海峡过道水和大气沉降,而秋季则是各种因素共同影响的结果。

北部湾整个调查海域总氮的季节变化趋势由大到小依次为春季、夏季、秋季、冬季,J 区总氮的季节变化趋势由大到小依次为春季、夏季、秋季、冬季,与整个调查海域的趋势一致;B 区和 H 区与整个调查海域不尽相同,B 区由大到小依次为夏季、春季、秋季、冬季,而且在 B 区所有层次均呈现同样的趋势;H 区由大到小依次为春季、秋季、冬季、夏季。这主要是由于 B 区总氮含量主要受控于北部湾北部陆源河流输入,H 区表、中层和底层总氮分别主要来源于大气沉降和底层沉积物的再悬浮及其与水体的交换,而 J 区则受北部湾北部陆源河流输入、琼州海峡过道水、大气沉降、生物生长等多种因素共同影响控制。

参 考 文 献

[1] 韦蔓新,童万平,何本茂,等. 北海湾各种形态氮的分布及其影响因素[J]. 热带海洋,2000,3:59 – 66.

[2] 林以安,苏纪兰,扈传昱,等. 珠江口夏季水体中的氮和磷[J]. 海洋学报(中文版),2004,5:63 – 73.

[3] 赵夕旦,祝陈坚,举鹏,等. 胶州湾东部海水中氮的含量和分布[J]. 海洋科学,1998,1:40 – 43.

[4] Soren Laurentius Nielsen, Kaj Sand – Jensen, Jens Borum, and Ole Geertz – Hansen. Phytoplankton, Nutrients, and Transparency in Danish Coastal Waters. Estuaries and coasts, 2002, 25(5), 930 – 937.

[5] Natacha Brion, Willy Baeyens, Sandra De Galan et al. The North Sea: source or sink for nitrogen and phosphorus to the Atlantic Ocean? Biogeochemistry, 2004, 68(3), 277 – 296.

[6] 广西壮族自治区环境质量公报,2006,广西壮族自治区环境保护局.

[7] 广西壮族自治区环境质量公报,2007,广西壮族自治区环境保护局.

[8] 韦蔓新,赖廷和,何本茂,等. 南流江下游氮的迁移[J]. 南海研究与开发,2001,2:23 – 27.

Preliminary study on distribution and seasonal variation of total nitrogen in Beibu Gulf

LIU Chun – lan, ZHENG Ai – rong, ZHENG Li – dong, DENG Yong – zhi

(*Department of Oceanography and Institute of Subtropical Oceanography, Xiamen University, Xiamen, 361005, China*)

Abstract: By investigation of total nitrogen(TN) in sea water of Beibu Gulf from July 2006 to December 2007, seasonal variation and main sources of TN in Beibu Gulf were discussed. The results showed: (1) The concentration ranges of TN of Beibu Gulf in summer, winter, spring and autumn were 0.038 ~ 0.328 mg/L, 0.007 ~ 0.289 mg/L, 0.028 ~ 0.481 mg/L and 0.007 ~ 0.289 mg/L separately. The average TN concentrations in summer, winter, spring and autumn were 0.152 mg/L, 0.116 mg/L, 0.202 mg/L and 0.122 mg/L separately. (2) The tendency of TN seasonal variation of whole gulf was spring > summer > autumn > winter. In summer the concentrations of TN decreased from the north to the south and also from nearshore to offshore which suggested that TN was controlled by the river input of the northern continent. In winter TN was high in the nearshore area of Qiongzhou Bay and the middle of southwest. There was an obvious influence of water which was from Qiongzhou Bay to Beibu Gulf on TN concentration in winter. There was little lower concentration region in spring while the higher concentration regions were well distributed in whole gulf which can be attributed to the wet sink of the atmosphere. No significant spatial TN concentration change was observed in autumn. This may because of TN was not controlled by simple source but many factors. (3) The sites of whole gulf was divided into three areas based on their position, B, J and H. TN of B region was mainly from the river input of the northern continent. TN of surface layer of H region was controlled by the wet sink of atmosphere while the bottom was mainly affected by resuspended sediment and its exchange with bottom water. In J region, TN was influenced by many factors such as river input, atmospheric sink and planktons.

Key words: total nitrogen; Beibu Gulf; seasonal variation; source

北部湾海域水体质量评价

郑雪红,郑爱榕

(厦门大学海洋与地球学院,福建 厦门 361005)

摘要:以我国近海海洋综合调查与评价("908 专项")ST09 区块 2006—2007 年夏、冬、春、秋 4 个航次调查数据为依据,采用单因子评价方法,根据 GB3097—1997《海水水质标准》中规定的分类标准,对北部湾海域水体质量进行评价。pH、无机氮和重金属(Cu,Cd,Cr,As,Hg)4 个航次所有观测站均符合国家第一类海水水质标准;春冬季溶解氧所有观测站符合国家第一类海水水质标准;春季油类所有观测站符合国家第一类海水水质标准;冬季活性磷酸盐、重金属(Pb 和 Zn)所有观测站符合国家第一类海水水质标准;悬浮颗粒物浓度在每个季节中有 90.2% 以上观测站符合国家第一类海水水质标准,说明北部湾海域水体质量良好。

关键词:北部湾;水体;质量评价

1 引言

北部湾位于在我国南海海域的西北部,东接雷州半岛,北依广西,西邻越南,南边与南海相连,是一个半封闭的大海湾。随着沿岸经济的发展以及人口的不断增长,北部湾海域受到来自陆地污染源、海上工程及交通运输、海产养殖等的影响,海域环境污染与生态失衡问题日益突出,沿岸海域受到氮、磷和石油类等的污染,局部地区出现了过度利用海洋资源的现象[1]。

2006—2007 年,我国近海海洋综合调查与评价("908 专项")对广西北海南部、琼州海峡和海南岛三亚以西的北部湾水域及海南岛南部水域进行全面调查,期间共实施了夏、冬、春、秋四个季节的航次调查。调查了水体悬浮颗粒物、溶解氧、pH、营养盐、重金属和油类等要素,掌握了北部湾海域水体化学环境的基本状况;其中重金属和油类分别布设了 40 个站位,采集表层水,其他要素分别布设 76 个站位,采集表层、10 m、30 m、底层 4 个层次。根据 4 个航次的调查结果,本文对北部湾海域的水体质量进行评价,旨为海洋环境综合评价、海洋资源开发利用、海洋管理和环境保护,支持国家和地方经济可持续发展提供重要资料和基本依据。

2 评价方法和标准

本调查所有要素的评价均采用单因子评价方法。评价公式为:$P_i = M_i / S_i$;式中 P_i 为 i 污染物的污染指数;M_i 为 i 污染物的浓度(mg/L);S_i 为 i 污染物的海水水质标准(mg/L)。对溶解氧(DO)而言,当 $M_{DO} \geqslant S_{DO}$ 时,$P_{DO} = (f_{DO} - M_{DO})/f_{DO} - S_{DO}$,其中 $f_{DO} = 468/(31.6 + T)$;当 M_{DO}

$< S_{DO}$，$P_{DO} = 10 - 9 \times (M_{DO}/S_{DO})$。因为 pH > 7.0，故 $P_{pH} = (M_{pH} - 7.0)/(S_{pH} - 7.0)$。

评价标准采用 GB3097 - 1997《海水水质标准》[2] 第一类水质标准，根据水体参评要素的实测值对水体质量进行评价。

表1 海水水质标准 GB3097—1997　　　　　　　　　　　　　单位:mg/L

项目	第一类	第二类	第三类	第四类
pH	7.8 ~ 8.5 同时不超出该海域 正常变动范围的 0.2 pH 单位		6.8 ~ 8.8 同时不超出该海域 正常变动范围的 0.5 pH 单位	
溶解氧(DO) >	6	5	4	3
化学需氧量(COD) ≤	2	3	4	5
无机氮(以 N 计) ≤	0.20	0.30	0.40	0.50
活性磷酸盐(以 P 计) ≤	0.015	0.030		0.045
石油类 ≤	0.05		0.30	0.50
悬浮物质 ≤	人为增加的量 ≤10		人为增加的量 ≤100	人为增加的量 ≤150
总汞 ≤	0.000 05		0.000 2	0.000 5
锌 ≤	0.020	0.050	0.10	0.50
铅 ≤	0.001	0.005	0.010	0.050
总铬 ≤	0.05	0.10	0.20	0.50
镉 ≤	0.001	0.005	0.010	
砷 ≤	0.020	0.030	0.050	
铜 ≤	0.005	0.010	0.050	

3 评价结果

3.1 悬浮颗粒物(SS)

悬浮颗粒物的评价结果如表2所示。4 个航次有 5.0% ~ 9.8% 的 SS 观测站超国家第一类海水水质标准，夏季超标最多，春季最少。其中，夏季，90.2% 的 SS 观测站符合第一类海水水质标准，9.8% 的观测站超第二类海水水质标准。冬季，94.0% 的观测站符合第一类水质标准，6.0% 超第二类海水水质标准。春季，95.0% 的观测站符合第一类水质标准，5.0% 超第二类海水水质标准。秋季，93.0% 的观测站符合第一类水质标准，7.0% 超第二类海水水质标准。综上所述，4 个航次有 90.2% 以上的 SS 观测站符合第一类海水水质标准，有 5.0% ~ 9.8% 的观测站超第一类海水水质标准。

表2　ST09 区块海水悬浮颗粒物4 个航次评价结果

时间	量值范围（mg/L）	平均值（mg/L）	符合标准类型	评价结果
夏季	0.06 ~ 84.31	5.14	90.2% 符合第一类 9.8% 符合第三类	9.8%的观测站超第一类标准
冬季	0.30 ~ 25.16	3.45	94.0% 符合第一类 6.0% 符合第三类	6.0%的观测站超第一类标准
春季	0.01 ~ 71.44	3.09	95.0% 符合第一类 5.0% 符合第三类	5.0%的观测站超第一类标准
秋季	0.02 ~ 18.95	3.39	93.0% 符合第一类 7.0% 符合第三类	7.0%的观测站超第一类标准

3.2　溶解氧（DO）

溶解氧的评价结果详见表3。夏季，DO 浓度符合第一类标准的观测站占总观测站数的78.1%，超国家一类、二类、三类和四类水质标准的观测站分别占总观测站数的15.5%、4.5%、0.4% 和1.5%。冬季和春季，所有观测站的 DO 浓度都符合国家一类水质标准。秋季，DO 浓度符合国家一类水质标准的观测站占总观测站数的88.2%，超出国家一类水质标准的观测站占总观测站数的11.8%。冬季和春季，DO 浓度符合国家一类水质标准的观测站最多，夏季超出国家一类水质标准的观测站最多。

表3　ST09 区块海水溶解氧4 个航次评价结果

时间	量值范围（mg/L）	平均值（mg/L）	符合标准类型	评价结果
夏季	2.39 ~ 7.11	6.09	78.1% 符合第一类 15.5% 符合第二类 4.5% 符合第三类 0.4% 符合第四类 1.5% 超第四类	21.9%的观测站超第一类标准
冬季	6.72 ~ 8.73	7.41	100% 符合第一类	100%的观测站符合第一类标准
春季	5.45 ~ 8.33	7.16	100% 符合第一类	100%的观测站符合第一类标准
秋季	3.44 ~ 8.51	6.55	88.2% 符合第一类 5.3% 符合第二类 5.7% 符合第三类 0.8% 符合第三类	11.8%的观测站超第一类标准

3.3　pH

pH 的评价结果表明（表4），在所调查的4 个季节当中，ST09 区块所有观测站 pH 值均符合国家第一类海水水质标准，表明 ST09 区块水体的酸碱度情况良好。

表4　ST09区块海水pH 4个航次评价结果

时间	量值范围	平均值	国家水质标准	评价结果
夏季	7.88 ~ 8.27	8.13	100%符合第一类	100%的观测站符合第一类标准
冬季	8.16 ~ 8.37	8.23	100%符合第一类	100%的观测站符合第一类标准
春季	8.23 ~ 8.39	8.28	100%符合第一类	100%的观测站符合第一类标准
秋季	8.00 ~ 8.26	8.17	100%符合第一类	100%的观测站符合第一类标准

3.4　无机氮

无机氮评价结果如表5所示,4个航次所有观测站的无机氮浓度不大于0.178 mg/L,各季节无机氮的平均值为0.018 ~ 0.033 mg/L,与广西合浦儒艮国家自然保护区海水的无机氮调查结果(0.037 mg/L)一致[3],比福建牙城湾的调查结果低一个数量级[4]。根据国家一类海水水质标准无机氮浓度不大于0.20 mg/L,4个季节整个海区100%的观测站总无机氮均符合一类海水水质标准。

表5　ST09区块海水总无机氮4个航次评价结果

时间	量值范围(mg/L)	平均值(mg/L)	符合标准类型	评价结果
夏季	未检出 ~ 0.172	0.018	100%符合第一类	100%的观测站符合第一类标准
冬季	未检出 ~ 0.141	0.033	100%符合第一类	100%的观测站符合第一类标准
春季	未检出 ~ 0.108	0.021	100%符合第一类	100%的观测站符合第一类标准
秋季	0.001 ~ 0.178	0.035	100%符合第一类	100%的观测站符合第一类标准
全部	未检出 ~ 0.178	0.027	100%符合第一类	100%的观测站符合第一类标准

3.5　活性磷酸盐

活性磷酸盐的评价结果如表6所示。夏季,所有266个观测站中,共有4个观测站的活性磷酸盐浓度大于0.015 mg/L,属于二类水质,即1.5%的观测站超第一类水质标准,98.5%海区活性磷酸盐符合一类水质标准。冬季,整个海区100%的观测站活性磷酸盐符合一类水质标准。春季,在280个样品中,仅有1个底层水体样品的活性磷酸盐数据值大于0.015 mg/L,属于二类水质,即0.4%的观测站超第一类水质标准,99.6%观测站的活性磷酸盐符合一类水质标准。秋季,在全部270个样品中,共有8个样品的活性磷酸盐数据值大于0.015 mg/L,属于二类水质,即3.0%的观测站超一类水质标准,98.8%观测站的活性磷酸盐符合一类水质标准。总之,4个航次调查中,至少有97%的观测站活性磷酸盐结果符合一类水质标准,有0.36% ~ 3.0%的观测站超第一类水质标准。

表6 ST09区块海水活性磷酸盐4个航次评价结果

时间	量值范围(mg/L)	平均值(mg/L)	符合标准类型	评价结果
夏季	0.007 ~ 0.020	0.010	98.5%符合第一类 1.5%符合第二类	1.5%的观测站超第一类标准
冬季	未检出 ~ 0.009	0.002	100%符合第一类	100%的观测站符合第一类标准
春季	未检出 ~ 0.016	0.002	99.6%符合第一类 0.4%符合第二类	0.36%的观测站超第一类标准
秋季	未检出 ~ 0.018	0.003	97.0%符合第一类 3.0%符合第二类	3.0%的观测站超第一类标准
全部	未检出 ~ 0.020	0.004	98.8%符合第一类 1.2%符合第二类	1.2%的观测站超第一类标准

3.6 油类

油类评价结果如表7所示,4个航次的油类浓度在(0.002 0 ~ 0.063 3)mg/L,平均值为(0.013 0 ~ 0.022 0)mg/L。春季油类污染最少,秋季最大。夏季只有H11站有油类污染,其他观测站均属于一类水质;冬季除J07站出现油类污染外,其他观测站均属于一类水质;春季污染指数范围为0.13 ~ 0.99,没有出现油类污染现象,均属于一类水质,与贾晓平等[5]对北部湾渔场的水质评价结果均为一类标准相当;秋季除J74(污染指数为1.14)和J61(污染指数为1.27)出现油类污染外,其他观测站均属于一类水质,未受到油类污染。4个航次中,95%以上的观测站符合第一类水质标准,2.5% ~ 5.0%超第一类水质标准。

表7 ST09区块海水油类四个航次评价结果

时间	量值范围(mg/L)	平均值(mg/L)	符合标准类型	评价结果
夏季	0.0030 ~ 0.0560	0.0130	97.5%符合第一类 2.5%符合第三类	2.5%的观测站超第一类标准
冬季	0.0030 ~ 0.0540	0.0220	97.5%符合第一类 2.5%符合第三类	2.5%的观测站超第一类标准
春季	0.0067 ~ 0.0490	0.0196	100%符合第一类	100%的观测站符合第一类水质标准
秋季	0.0020 ~ 0.0633	0.0205	95%符合第一类 5.0%符合第三类	5.0%的观测站超第一类标准

3.7 重金属 Cu、Pb、Zn、Cd、Cr、As 和 Hg

表8为北部湾夏、冬、春、秋4个季节表层海水中重金属的污染评价结果。由此可知,Cu、Cd、Cr、As和Hg在所有观测站四季中均符合国家一类海水水质标准。Pb和Zn存在一定程度的超标,且其季节变化特点较为一致:冬季均满足国家一类海水水质标准;但在夏、春、秋3个季节中存不同程度超一类水质标准现象,其中Pb超标率分别为32.5%、7.5%和20%,Zn则为5.0%、37.5%和5.0%,说明北部湾海域受到一定程度的重金属Pb和Zn影响,这与该海域的合浦儒艮国家自然保护区的调查结果相似[3]。

表 8　ST09 区块海水重金属 4 个航次评价结果

要素	时间	量值范围(μg/L)	平均值(μg/L)	符合标准类型	评价结果
Cu	夏季	0.18~0.42	0.33	100%符合第一类	100%的观测站符合第一类标准
	冬季	0.16~0.94	0.46	100%符合第一类	100%的观测站符合第一类标准
	春季	0.14~0.66	0.33	100%符合第一类	100%的观测站符合第一类标准
	秋季	0.20~0.67	0.41	100%符合第一类	100%的观测站符合第一类标准
Pb	夏季	0.40~4.13	1.01	67.5%符合第一类 32.5%符合第二类	32.5%的观测站超第一类标准
	冬季	0.20~0.77	0.38	100%符合第一类	100%的观测站符合第一类标准
	春季	0.10~1.26	0.41	92.5%符合第一类 7.5%符合第二类	7.5%的观测站超第一类标准
	秋季	0.11~2.80	0.78	80.0%符合第一类 20.0%符合第二类	20.0%的观测站超第一类标准
Zn	夏季	0.27~25.88	6.15	95.0%符合第一类 5.0%符合第二类	5.0%的观测站超第一类标准
	冬季	4.57~10.80	6.54	100%符合第一类	100%的观测站符合第一类标准
	春季	13.70~24.02	19.00	62.5%符合第一类 37.5%符合第二类	37.5%的观测站超第一类标准
	秋季	2.04~20.97	5.96	95.0%符合第一类 5.0%符合第二类	5.0%的观测站超第一类标准
Cd	夏季	0.01~0.05	0.018	100%符合第一类	100%的观测站符合第一类标准
	冬季	0.015~0.095	0.046	100%符合第一类	100%的观测站符合第一类标准
	春季	0.0098~0.23	0.039	100%符合第一类	100%的观测站符合第一类标准
	秋季	0.0099~0.122	0.040	100%符合第一类	100%的观测站符合第一类标准
Cr	夏季	0.07~0.74	0.35	100%符合第一类	100%的观测站符合第一类标准
	冬季	0.083~0.29	0.22	100%符合第一类	100%的观测站符合第一类标准
	春季	0.12~0.28	0.17	100%符合第一类	100%的观测站符合第一类标准
	秋季	0.27~0.95	0.53	100%符合第一类	100%的观测站符合第一类标准
As	夏季	0.28~1.09	0.52	100%符合第一类	100%的观测站符合第一类标准
	冬季	0.70~2.23	1.08	100%符合第一类	100%的观测站符合第一类标准
	春季	0.32~1.19	0.73	100%符合第一类	100%的观测站符合第一类标准
	秋季	0.31~1.69	0.56	100%符合第一类	100%的观测站符合第一类标准
Hg	夏季	未检出~0.044	0.023	100%符合第一类	100%的观测站符合第一类标准
	冬季	未检出~0.040	0.012	100%符合第一类	100%的观测站符合第一类标准
	春季	未检出~0.044	0.014	100%符合第一类	100%的观测站符合第一类标准
	秋季	0.022~0.040	0.031	100%符合第一类	100%的观测站符合第一类标准

4 小结

1）pH、无机氮和重金属（Cu、Cd、Cr、As、Hg）夏、冬、春、秋4个航次所有观测站均符合国家第一类海水水质标准。

2）春冬季溶解氧100%观测站符合国家第一类海水水质标准，夏秋季分别有78.1%和88.2%的观测站符合国家第一类海水水质标准，其中夏季超国家一类、二类和三类水质标准的观测站分别为15.5%、4.5%和0.4%，秋季超出国家一类水质标准的观测站为11.8%。

3）春季油类100%观测站符合国家第一类海水水质标准，冬季活性磷酸盐、重金属Pb和Zn的100%观测站符合国家第一类海水水质标准。其他季节，油类、活性磷酸盐、重金属Pb和Zn分别有95.0%、97.0%、67.5%和62.5%以上观测站符合国家第一类海水水质标准，有2.5%～5.0%油类观测站、0.4%～3.0%活性磷酸盐观测站、7.5%～32.5%Pb观测站、5.0～37.5%Zn观测站超第一类水质标准。

4）4个季节中，悬浮颗粒物浓度有90.2%以上观测站符合国家第一类海水水质标准，有5.0%～9.8%的观测站超第一类海水水质标准。

综上所述，北部湾海域大部分水体符合国家第一类海水水质标准，说明该海域水体质量良好。

致谢：感谢我国近海海洋综合调查与评价（"908专项"）ST09区块4个航次调查的全体外业和内业调查人员。

参 考 文 献

[1] 张宏科，刘勐伶. 广西北部湾海洋环境保护的现状及对策分析[J]. 中国科技财富，2008（11）：122－123.
[2] GB3097—1997 海水水质标准[S]. 中华人民共和国，国家环境保护局1997－12－03批准.
[3] 马宁，罗帮. 广西合浦儒艮国家自然保护区海水环境质量变化趋势与评价[J]. 海洋环境科学，2007，26（4）：373－375.
[4] 王蕴，蔡明刚，黄东仁等. 福建牙城湾海水、沉积物的环境特征及其质量评价[J]. 海洋环境科学，2009，28（1）：22－25.
[5] 贾晓平，杜飞雁，林钦等. 海洋渔场生态环境质量状况综合评价方法探讨[J]. 中国水产科学，2003，10（2）：160－164.

Sea water environmental quality assessment of Beibu Gulf

ZHENG Xue－hong, ZHENG Ai－rong

（*Department of Oceanography, Xiamen University, Xiamen* 361005, *China*）

Abstract: On the basis of sea water survey in "908" project four cruises during 2006—2007 and GB 3097—1997 Sea Water Quality Standard, Sea water environmental quality of Beibu Gulf was assessed by single factor method. All samples of pH, inorganic nitrogen and heavy metal (Cu, Cd, Cr, As, Hg) were up to the first set of standard of sea water in summer, winter, spring and autumn. All samples of dissolved oxygen were up to the first set of standard of sea water in spring and winter. 100% oil samples were up to the first set of standard of sea water in spring season. Samples of active phosphate and heavy metal (Pb, Zn) were all up to the first set of standard of sea water in winter. More than 90.2% samples of suspended solid particles fit the first set of standard of sea water in every season. The results showed that sea water environment in Beibu Gulf was well.

Key words: Beibu Gulf; sea water; quality assessment

北部湾海水中总有机碳的时空分布特征及其影响因素

易月圆[1],余翔翔[1,2],王福利[1],刘　宇[1],郭卫东[1,*]

(1. 厦门大学海洋与地球学院,厦门 361005;2. 温州市环境保护设计科学研究院,温州 325000)

摘要:2006 年 7 月—2007 年 10 月在北部湾进行了夏、冬、春、秋季共 4 个航次的调查,对该海域总有机碳(TOC)的含量分布及其季节变化进行了分析,并结合同步获取的水文学和生物学等数据资料,进一步探讨了影响该海域 TOC 时空分布的主要因素。结果表明,整个调查海区 TOC 的含量范围为 0.67~2.21 mg/L,平均含量为 1.25 ± 0.22 mg/L。其中夏季 TOC 含量在 0.67~1.73 mg/L 之间,平均值为 1.25 mg/L;冬季 TOC 含量在 0.74~2.12 mg/L 之间,平均值为 1.12 mg/L;春季 TOC 含量在 1.09~1.84 mg/L 之间,平均值为 1.38 mg/L;秋季 TOC 含量在 0.74~2.21 mg/L 之间,平均值为 1.23 mg/L。春季航次 TOC 的平均含量较高而冬季航次较低,总体趋势为春季大于夏季约等于秋季大于冬季,但总体的季节变化幅度较小。水平分布上,TOC 总体呈现出近岸高、远岸低的趋势。在垂直分布上,夏季 TOC 含量存在一定的分层现象,而其他季节的垂直分布较为均匀。北部湾 TOC 的时空分布总体上是陆源输入、浮游生物的现场生产、底质再悬浮以及北部湾环流等因素综合作用的结果。在春、夏季,TOC 主要受控于沿岸冲淡水的输入,而在秋冬季则主要是陆源输入和浮游植物自生生产共同作用的结果。北部湾冬季和秋季底层的 TOC 含量略高于表层,反映了底质再悬浮的影响。夏季、冬季以及秋季海南岛西南部远岸海区出现的 TOC 斑状高值,则是北部湾环流作用的结果。

关键词:总有机碳;季节变化;陆源输入;叶绿素 a;北部湾

1　引言

海洋中的碳主要以溶解有机碳(DOC)、颗粒有机碳(POC)及溶解无机碳(DIC)等 3 种形式存在[1],前 2 种形式合称为总有机碳(TOC = DOC + POC)。海水中的 TOC 是生物圈最大的活性有机碳库[2],约占地球活性有机碳储库的 1/6,在生物地球化学循环中发挥着重要作用[3]。近海海域中的 TOC 主要来源于陆源输入、大气沉降[4~7]以及海洋生物的自生生产[8~10]。此外,近海海域具有比开阔大洋更为复杂的过程(较强的上升流,较高生产力,陆源径流输入的季节性变化等),因此,探究近海 TOC 的时空分布变化及其影响因素对深入探究近

资助项目:国家"908"专项(908 - 01 - ST09)。

作者简介:易月圆(1989 -),女,硕士研究生。E - mail:xmuyiyueyuan@ 126. com。

＊ 通讯作者:郭卫东,E - mail: wdguo@ xmu. edu. cn。

海碳循环过程的内在机理有重要意义。

北部湾位于南海西北部(17°00′—21°45′N,105°40′—110°10′E),东接雷州半岛,北依广西,西邻越南,南与南海相通,属于半封闭的浅水海湾。海域面积 $1.29 \times 10^4 \ km^2$,大部分水深 20~60 m,平均水深 38 m,最大水深 106 m。本文在 2006 年 7 月—2007 年 10 月对南海北部湾进行的夏、冬、春、秋 4 个不同季节调查航次的基础上,对不同季节南海 TOC 的含量分布与变化进行了分析,此外,还参考同步调查获取的水文学和生物学资料,探讨了影响北部湾海水中 TOC 时空分布的主要因素。这对进一步开展我国陆架边缘海的碳循环研究有重要的参考价值。

2　材料与方法

2.1　调查站位的布设

2006~2007 年搭乘“实验二”号科学考察船在北部湾进行了夏、冬、春、秋季共 4 个航次的现场调查,共设 40 个站(图 1)。其中夏季航次于 2006 年 7 月 15 日—8 月 6 日期间进行;冬季航次于 2006 年 12 月 25 日—2007 年 2 月 1 日之间进行;春季航次于 2007 年 4 月 12 日—5 月 1 日之间进行;秋季航次于 2007 年 10 月 15 日—11 月 14 日之间进行。

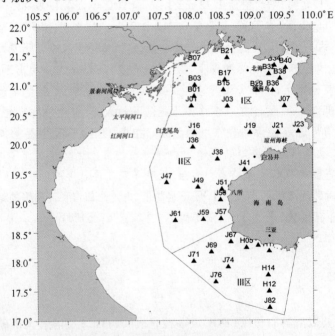

图 1　北部湾的站位布设示意图

采样的水层根据海区水深的变化而有所不同:水深小于 15 m 的海区,采集表层、5 m 层及底层水样;水深 15~30 m 的海域,采集表层、10 m 层及底层样品;水深大于 30 m 的海区,采集表层、10 m 层、30 m 层及底层样品。为简便起见,下文中水深小于 15 m 海区的 5 m 层的数据与水深大于 15 m 区域的 10 m 层的数据作为 1 个水层进行讨论。

2.2　样品的采集与分析

TOC 样品用 40 mL 棕色瓶(稀 HCl 浸泡后用超纯水洗净,马弗炉中 450℃下灼烧 5 h 以上）直接从采水器的出水口进行采集,采样体积约 30 mL。为避免采样过程中的污染,不同水层的 TOC 样都专门在指定的采水瓶中进行采集,采样后立即加盖旋紧以最大程度减少与环境空气的接触。样品带回实验室加浓 HCl 至 pH 值小于 2,置于 -20℃ 的冰柜中冷冻保存。

采用 Multi N/C 3100 TOC - TN 分析仪(耶拿,德国)进行 TOC 测定,该仪器的工作原理为高温催化氧化法。以 Milli - Q 水为空白,利用邻苯二甲酸氢钾溶液绘制标准工作曲线。每个样品测定 3 次取平均值,仪器标准偏差不大于 2%。选取美国 Miami 大学研制的 DOC 的深海水(DSW)和低碳水(LCW)参考标准样进行质量控制,DSW 和 LCW 的测定浓度均落在推荐值的范围内,表明分析的数据质量可靠。

盐度数据利用 CTD 仪现场测定,叶绿素 a 数据引自吴易超等(2011)。

3　结果与讨论

3.1　TOC 的含量及季节变化

调查期间北部湾海域 TOC 的含量范围为 0.67 ~ 2.21 mg/L,平均为 1.25 ± 0.22 mg/L。表 1 给出了不同季节不同水层 TOC 的含量范围及平均值。从表 1 可见,TOC 含量的季节变化趋势为由大到小依次为春季、夏季约等于秋季、冬季,春季航次 TOC 的平均含量较高,冬季航次 TOC 的平均含量较低,但不同季节的总体变化幅度不是很大。从表 2 可知,北部湾 TOC 含量与邻近的台湾海峡夏季 TOC 含量相近,高于阿拉伯海而略低于南黄海,但远低于受人类污染严重影响的深圳湾和大亚湾等近岸海域。

表 1　北部湾总有机碳(TOC)的含量分布

时间	层次	含量范围(mg/L)	平均值(mg/L)	时间	层次	含量范围(mg/L)	平均值(mg/L)
夏季	表层	0.98 ~ 1.73	1.29	春季	表层	1.09 ~ 1.67	1.37
	中层	0.97 ~ 1.57	1.24		中层	1.16 ~ 1.84	1.38
	底层	0.67 ~ 1.64	1.21		底层	1.10 ~ 1.65	1.38
	整个水体	0.67 ~ 1.73	1.25		整个水体	1.09 ~ 1.84	1.38
冬季	表层	0.75 ~ 1.60	1.11	秋季	表层	0.75 ~ 1.60	1.12
	中层	0.74 ~ 1.62	1.11		中层	0.74 ~ 1.62	1.12
	底层	0.77 ~ 2.12	1.14		底层	0.77 ~ 2.21	1.15
	整个水体	0.74 ~ 2.12	1.12		整个水体	0.74 ~ 2.21	1.23

表 2　不同海域 TOC 的含量对比

研究区域	TOC 范围(mg/L)	TOC 平均值(mg/L)	季节	数据来源
台湾海峡	0.54 ~ 3.68	1.20	夏季	孙秀武等(2012)[11]
深圳湾	2.06 ~ 5.92	3.58	全年	胡利芳等(2010)[12]
大亚湾	1.30 ~ 6.30	2.78	全年	江志坚等(2009)[13]
南黄海	0.68 ~ 13.8	1.67	全年	谢琳萍(2008)[14]
爱琴海	0.56 ~ 1.54	—	秋季	Sempere et al. (2002)[15]
阿拉伯海	0.48 ~ 1.08	—		Hansell et al. (1998)[16]
北部湾	0.67 ~ 2.21	1.25	全年	本文

3.2　TOC 的平面分布特征

3.2.1　夏季

调查海域夏季 TOC 的含量范围在 0.67~1.73 mg/L 之间,平均值为 1.25 mg/L(表1),与台湾海峡夏季 TOC 的平均含量(1.2 mg/L)接近[11],低于深圳湾夏季 TOC 的平均含量(3.47 mg/L)[12]。如图 2 所示,TOC 的水平分布总体上呈现 3 个高值区:广西沿海、白龙尾岛附近海域及海南岛西南海域。表层和 10 m 层均表现为北部湾西北、东北部及东南部海域高、中部海域低的趋势,在西南海区出现斑状高值区;在 30 m 层,TOC 浓度表现为北部湾南北海域高、中部海域低的趋势,西南海区也出现较周围水体含量高的斑状区。北部海区表层、10 m 层、30 m 层的高值主要是由 TOC 含量高的陆地冲淡水的输入引起;从夏季北部湾环流情况可知,西南部海域的斑状高值区明显是受北部湾环流的影响[17,18],环流将 TOC 含量高的红河等河流输入

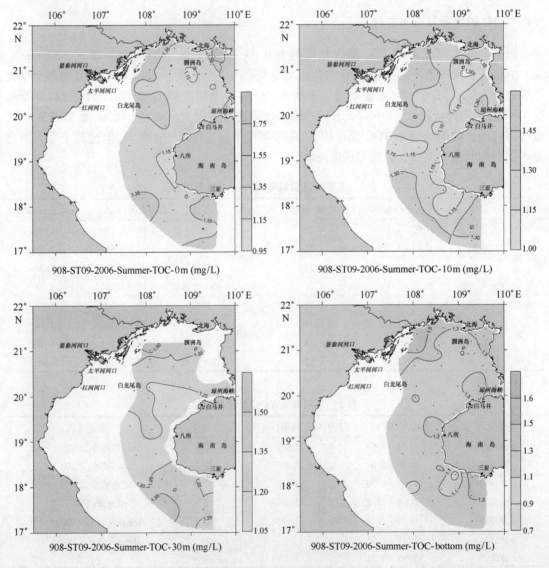

图 2　北部湾夏季海水中 TOC 的平面分布

的冲淡水带入西南部海区。底层 TOC 表现为北部高南部低的特征,在八所、白马井以及三亚附近有斑状的高值区域;从离岸距离来看,整体呈现近岸高、离岸低的趋势。同航次的温盐资料表明,调查海域夏季盐度分布呈现北低南高的总体趋势,这表明,夏季北部湾主要受北部湾环流[17,18]及沿岸冲淡水输入的影响。夏季,由于江河径流量大,河流冲淡水的影响显著[19],陆源输入的有机物可直接影响近岸海域 TOC 的空间分布。

3.2.2 冬季

冬季,调查海域 TOC 含量范围为 0.74 ~ 2.12 mg/L,平均值为 1.12 mg/L(表 1)。如图 3 所示,冬季航次 TOC 的水平分布特征与夏季航次有所不同,总体上呈现湾北部大于湾南部的特征。表层的高值区主要出现在涠洲岛附近、白龙尾岛附近及海南岛西北部的近岸海区,低值区主要出现在八所附近的海区以及海南岛南部。中、底层 TOC 的分布与表层相似,表现为北部海域高、南部海域低的特点。北部湾冬季叶绿素 a 的平均含量最高且表现为北部海域高于

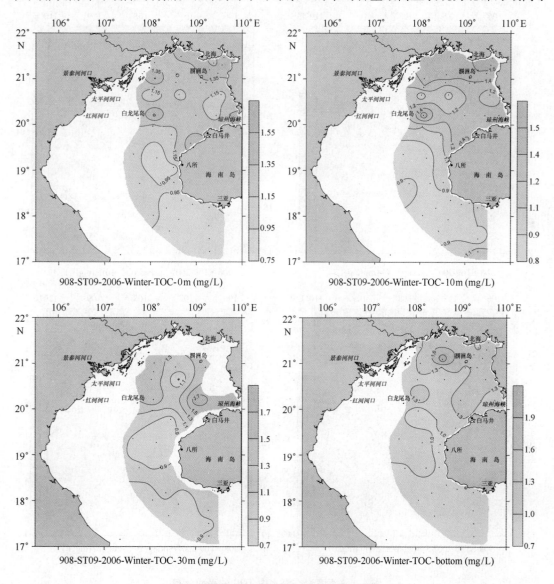

图 3　北部湾冬季海水中 TOC 的平面分布

南部的特征[20],与 TOC 的分布趋势正好一致,说明冬季 TOC 的分布可能也受到海洋自生生产的影响。另外,从盐度分布来看,冬季北部广西沿海海域的盐度总体上也低于南部海域,这说明冬季 TOC 的含量分布同时也受到陆源径流输入的影响。这两方面的因素综合起来,导致冬季北部湾 TOC 的水平分布总体呈现出由北向南逐渐降低的趋势。

3.2.3　春季

春季,调查海域 TOC 含量在 1.09 ~ 1.84 mg/L 之间,平均值为 1.38 mg/L(表 1)。如图 4 所示,春季航次 TOC 的水平分布总体上呈现出斑点状分布的特征,近岸高、离岸低,说明沿岸冲淡水的输入对 TOC 浓度分布有较大影响。表层的高值区主要出现在雷州半岛西侧、海南岛白马井以西、海南岛八所港以西以及海南岛三亚以南的湾口水域。中层的水平分布较为分散,海南岛西南部海域出现低值区。底层的总体分布与表层有些相似。春季 TOC 的空间分布较为复杂,可能反映了浮游生物生长的影响较陆源输入更为显著。

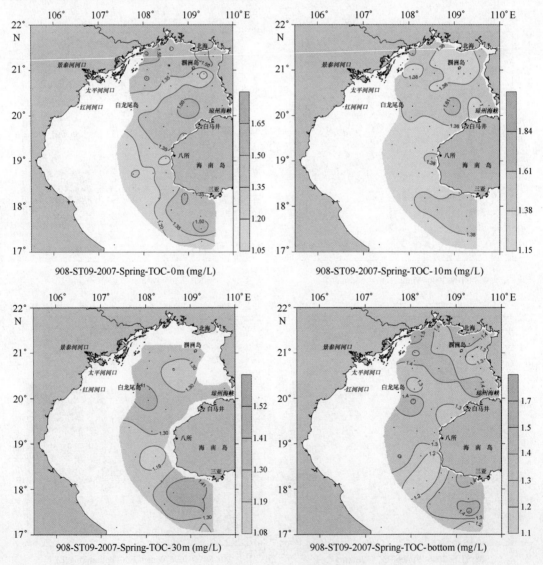

908-ST09-2007-Spring-TOC-0m (mg/L)　　　　　　908-ST09-2007-Spring-TOC-10m (mg/L)

908-ST09-2007-Spring-TOC-30m (mg/L)　　　　　　908-ST09-2007-Spring-TOC-bottom (mg/L)

图 4　北部湾春季海水中 TOC 的平面分布

3.2.4　秋季

　　秋季,调查海域 TOC 含量范围介于 0.74～2.21 mg/L 之间,平均值为 1.23 mg/L(表 1)。如图 5 所示,秋季航次 TOC 的水平分布特征总体上与冬季航次相似,呈现北部高、南部低的分布趋势。从盐度分布来看,秋季 TOC 的空间分布也主要受沿岸冲淡水输入的影响,这与冬季的情况类似。表层的高值区主要出现在北部湾西北、东北部海域及八所附近,低值区在白龙尾岛附近以及海南岛南部海区。中层的分布与表层相似。30 m 层在海南岛中部的远岸海区也出现一个相对高值区,海南岛近岸海区含量较低,这与同航次叶绿素 a 远岸的一个高值正好对应[20],说明这个远岸海区的高值可能主要与浮游植物的生长有关。

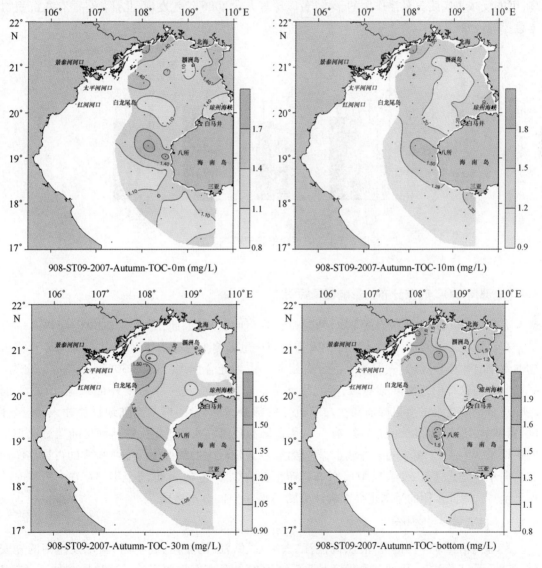

908-ST09-2007-Autumn-TOC-0m (mg/L)　　　　908-ST09-2007-Autumn-TOC-10m (mg/L)

908-ST09-2007-Autumn-TOC-30m (mg/L)　　　　908-ST09-2007-Autumn-TOC-bottom (mg/L)

图 5　北部湾秋季海水中 TOC 的平面分布

3.3　TOC 含量的垂直分布

　　南海北部表层海水主要受到河流冲淡水、沿岸水、上升流等水团的影响[21~24]。从图 6 中可见,春季航次各层 TOC 的平均含量均高于其他 3 个季节,夏季航次 TOC 的平均含量也高于秋、冬季航次。此外,夏季航次的含量分布顺序由大到小依次是表层、中层、底层,而冬季和秋季则是底层的 TOC 含量略高于表层,春季的 TOC 垂直分布变化不大,各层 TOC 的平均含量基本一致。由于夏季为丰水期,表层海水受到红河等北部湾沿岸冲淡水以及表底层的温度差异等因素的影响,存在一定的分层现象[25],而其他季节垂直分布比较均匀。秋冬季底层含量较高,可能反映了底质再悬浮作用的影响,黄以琛等人在 2006 年就发现,北部湾冬季存在沉积物再悬浮的现象[18]。

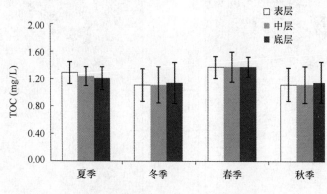

图 6　北部湾不同季节 TOC 的垂直分布

3.4　北部湾 TOC 时空分布的影响因素探讨

　　海洋中的 TOC 由溶解态的 DOC 和颗粒态的 POC 构成,因此,无论对 DOC 还是 POC 的含量分布有影响的因素都可能对 TOC 的时空分布产生影响。海洋中的 DOC 主要来源于浮游植物的现场自生生产,研究表明这一部分有机质可占到光合作用产物的 30% ~ 40%[26],此外,对像北部湾这样的近海陆架海域,陆源径流输入也是 DOC 的一个重要外部来源[27~29]。而 POC 可分为非生命的有机碎屑和生命有机体两部分,其含量同样受到陆地径流输入、光照强度、营养盐及生物活动等因素的影响[30]。因此陆源径流输入和现场生物活动是陆架海域 TOC 的主要来源[31~33]。由于陆架海域水深都较浅,在风浪较大的情况下海底沉积物的再悬浮作用也会向水体输送 TOC,对底层 TOC 分布的产生影响[32]。此外,北部湾全年都存在一个逆时针的环流[34],因此水团的运动也会影响该海域 TOC 的空间分布格局。

3.4.1　陆源输入的影响

　　北部湾沿岸有中国的九州江、南流江、大风江、钦江、防城河、北仑河、昌江及越南的先安河、红河、马江等注入,因此陆源径流对北部湾 TOC 的分布有重要影响。这种影响的途径有 2 种效应[11,35]:一种是河流携带的陆源有机物的直接输入,主要是从土壤中冲刷出来的有机物,也包含了由人类活动排放到河流中的大量有机质[28]。二是由陆源输入的营养盐引发浮游植物的生长繁殖,这也会导致水体中 TOC 含量的间接增加。

　　盐度通常是指示近海海域咸淡水混合的一个典型指标,在一定程度上可以反映陆源输入的影响程度。依据季节的不同,将北部湾各个航次的 TOC 含量与盐度之间进行相关性分析,结果如图 7 所示。从图 7 中可见,各季节北部湾水体中 TOC 的含量基本上随着盐度的增加而呈减小趋势,TOC 与盐度之间存在很好的负相关性(Pearson 检验,$P < 0.01$),其中冬季水体中 TOC 含量与盐度之间的相关性最好,这些关系表明,陆源径流输入是可能北部湾 TOC 的一个重要来源,特别是在沿岸区域。

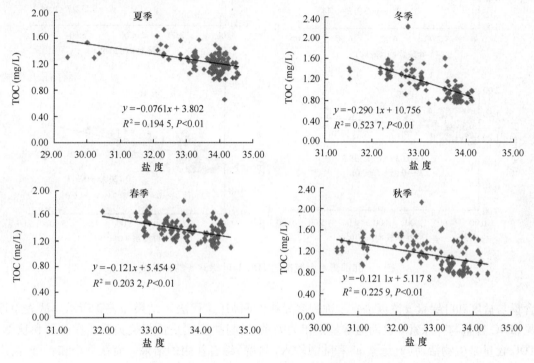

图 7　北部湾 4 个航次的 TOC 与盐度的相关性

3.4.2　生物活动的影响

叶绿素 a 是浮游植物进行光合作用的主要色素,同时也是表征海洋初级生产力的一个重要指标[11,35]。浮游植物进行光合作用和生物代谢活动会产生大量的溶解有机碳和颗粒有机碳。

依据季节的不同,将北部湾 4 个航次的 TOC 含量与叶绿素 a 浓度进行相关性分析,结果如图 8 所示。从图中可见,夏季 TOC 含量与叶绿素 a 浓度之间的相关性并不显著,说明在该季节,北部湾海区 TOC 含量分布与浮游植物的生长之间没有直接的对应关系。与之相反,冬季、秋季和春季这 3 个季节 TOC 含量与叶绿素 a 浓度之间有较好的相关性,尤其是秋、冬季相关性更好一些。根据吴易超等人的研究结果,在本次调查中,叶绿素 a 浓度为冬季>秋季>夏季>春季[20]。说明在生物生产力高的季节,叶绿素 a 和 TOC 有较好的相关性。夏季两者之间的相关性较差,可能是因为夏季径流量较大,径流输入的影响削弱了生物学过程对 TOC 含量分布的影响程度。总体而言,TOC 含量高值通常对应着叶绿素 a 的高值,表明浮游植物活动对 TOC 含量的增加有一定贡献,这与孙秀武(2012)[11]、谢琳萍(2008)[14]等在台湾海峡及南黄海所获得的结果相似。

基于北部湾 TOC 的时空分布与陆源输入和生物活动等 2 种因素都有关系的事实,将 TOC

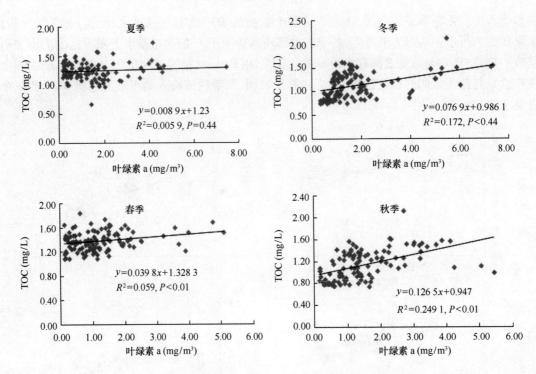

图 8　北部湾 4 个航次的 TOC 与叶绿素 a 的相关性

含量与盐度和叶绿素 a 浓度进一步进行多元线性回归(迭代法),结果如表 3 所示。从表中可见,TOC 含量与叶绿素 a 之间通常呈正相关关系,而与盐度则呈负相关关系。在冬季和秋季,TOC 含量是生物活动(叶绿素 a)和陆源输入(盐度)综合作用的结果。而在夏季和春季,沿岸冲淡水的输入对 TOC 浓度的影响要大于浮游植物的现场自生生产,TOC 主要受控于沿岸冲淡水的输入及其与外海水之间的混合。

表 3　北部湾 TOC 与盐度(S)、叶绿素 a(Chl a)之间的多元线性回归结果

采样时间	TOC 与盐度(S)、Chl a 的关系	显著性水平(Pearson 检验)
夏季	$TOC = -0.075S + 3.734$	$R^2 = 0.155, P_s = 0.00$
冬季	$TOC = 0.042 \times Chl\ a - 0.261S + 9.731$	$R^2 = 0.570, P_{Chl\ a} = 0.01; P_s = 0.00$
春季	$TOC = -0.0121S + 5.455$	$R^2 = 0.203, P_s = 0.00$
秋季	$TOC = 0.086 \times Chl\ a - 0.077S + 3.554$	$R^2 = 0.311, P_{Chl\ a} = 0.00; P_s = 0.01$

3.4.3　其他因素的影响

北部湾海域水深较浅,在风浪较大的时候海底沉积物的再悬浮作用也会向水体输送 TOC,对底层 TOC 分布有显著影响。北部湾冬季和秋季底层的 TOC 含量略高于表层,可能反映了底质再悬浮作用的影响。黄以琛等人在 2006 年发现,北部湾冬季存在沉积物再悬浮的现象[18],特别是在环北部湾沿岸浅水区。

北部湾常年存在逆时针环流,该环流可将北部湾越南一侧的红河等河流冲淡水输入的 TOC 输送至海南岛西南部的远岸海区。在夏季各层、冬季的表层和 10 m 层以及秋季表层在海南岛西南部出现一个斑状高值,应是该环流作用的结果(图 2～图 5)。夏季西南季风加强了

北部湾反气旋式的风生环流,在白龙尾岛附近形成一个小的逆时针环流[17,34],该环流对北部湾沿岸流的输送也导致夏季在白龙尾岛附近海域出现一个 TOC 的高值区(图2)。这表明,水团运动也是开展陆架海域有机碳及其他生源要素生物地球化学过程研究中不能忽视的重要因素。

4 结论

(1)整个调查海区 DOC 的含量范围为 0.67~2.21 mg/L,平均含量为(1.25±0.22)mg/L。春季航次 TOC 的平均含量较高而冬季航次较低,总体的季节变化幅度较小。

(2)夏季海水 TOC 的垂直分布存在一定的分层现象,其他季节 TOC 的垂直分布相对比较均匀,但秋、冬季节底层 TOC 含量略高,可能反映了再悬浮作用的贡献。

(3)北部湾 TOC 含量与盐度之间存在较强的负相关关系,表明陆源径流输入是北部湾 TOC 的主要来源之一,特别是在沿岸区,陆源输入的影响更为明显。

(4)在冬季、秋季和春季,南海北部湾海区 TOC 含量与浮游植物的生长也存在一定的对应关系。

(5)北部湾 TOC 的时空分布还受到北部湾环流的影响。夏季各层、冬季的表层和 10 m 层以及秋季表层海南岛西南部远岸海区出现的斑状高值,是北部湾环流作用的结果。

参 考 文 献

[1] Eatherall A, Naden P S, Cooper D M. Simulating carbon flux to the estuary: the first step [J]. The Science of the total Environment, 210 –211: 519 –533.

[2] Rainer W A, Ronald B. Bacterial utilization of different size classed of dissolved organic matter [J]. Limnology & Oceanography, 1996, 41(1): 41 –51.

[3] Hedges J I, Oades J M, Comparative organic geochemistries of soils and marine sediments [J]. Oceanic Geochemistry, 1997, 27(7/8): 319 –361.

[4] Willey J D, Kieber R J, Eyman M S, et al. Rainwater dissolved organic carbon: Concentrations and global flux [J]. Global Biogeochemical Cycles. 2000, 14(1): 139 –148.

[5] Mladenov N, Lopez – Ramos J, McKnight D M, et al. Alpine lake optical properties as sentinels of dust deposition and global change [J]. Limnology & Oceanography,, , 2009, 54(6): 2386 –2400.

[6] 邓荀. 厦门湾雨水中的溶解有机物及其光谱表征[D]. 厦门: 厦门大学, 2011.

[7] Tzortziou M, Neale P J, Osburn C L, et al. Tidal marshes as a source of optically and chemically distinctive colored dissolved in coastal waters [J]. Journal of Geophysical Research, 2001, 106(C2): 2545 –2560.

[8] Rochelle – Newall E J, Fisher T R. Production of chromophoric dissolved organic matter fluorescence in marine and estuarine environments: an investigation into the role of phytoplankton [J]. Marine Chemistry, 2002, 77(1): 7 –21.

[9] D'Sa E J, DiMarco S F. Seasonal variability and controls on chromophoric dissolved organic matter in a large river – dominated coastal margin [J]. Limnology & Oceanography, 2009, 54(6): 2233 –2242.

[10] Zhang Y, van Dijk M A, Liu M, et al. The contribution of phytoplankton degradation to chromophoric dissolved organic matter (CDOM) in eutrophic shallow lakes: Field and experimental evidence [J]. Water. Res. , 2009, 43(18): 4685 –4697.

[11] 孙秀武, 林彩, 黄海宁, 等. 夏季台湾海峡及邻近海域总有机碳含量的分布特征和影响因素[J]. 台湾海峡, 2012, 31(1): 12 –19.

[12] 胡利芳, 李雪英, 孙省利, 等. 深圳湾 COD 与 TOC 分布特征及其相关性[J]. 海洋环境科学. 2010, 29
     (1): 221 –224.

[13] 江志坚, 黄小平, 张景平. 大亚湾海水中总有机碳的时空分布及其影响因素[J]. 海洋学报. 2009, 31
     (1): 91 –98.

[14] 谢琳萍. 南黄海有机碳的分布、变化特征及其影响因素[D]. 青岛: 中国海洋大学, 2008.

[15] Sempere R, Panagiotopoulos C et al., Total organic carbon dynamics in the Aegean Sea [J]. Jounal of Ma-
     rine Systems, 2002, 33 –34: 355 –364.

[16] Hansell D A, Peltzer T E et al. Spatial and temporal variations of total organic carbon in the Arabian Sea
     [J]. Deep –Sea Research. 1998, 45: 2171 –2193.

[17] 俎婷婷. 北部湾环流及其机制的分析[D]. 青岛: 中国海洋大学, 2005.

[18] 黄以琛, 李炎, 邵浩, 等. 北部湾夏冬季海表温度、叶绿素和浊度的分布特征及其调控因素[J]. 厦门大
     学学报. 2008, 47(6): 856 –863.

[19] 苏纪兰等. 中国近海水文[M]. 海洋出版社, 2005: 291 –293.

[20] 吴易超, 郭丰, 黄凌风, 等. 北部湾叶绿素 a 含量的分布特征与季节变化[C]. 林元烧, 蔡立哲主编.
     北部湾海洋科学研究论文集(第三辑). 北京: 海洋出版社. 2011.

[21] 贾晓平, 李纯厚, 邱永松, 等. 广东海洋渔业资源调查评估与可持续利用对策[M]. 北京: 中国海洋
     出版社, 2005: 27 –146.

[22] 冯士筰, 李风歧, 李少菁. 海洋科学导论[M]. 北京: 高等教育出版社, 1999.

[23] 李立. 南海中尺度海洋现象研究概述[J]. 台湾海峡, 2002, 21(2): 265 –274.

[24] 刘凤树, 于天常. 北部湾环流的初步探讨[J]. 海洋湖沼通报, 1980, 01: 9 –14.

[25] 孙双文, 王毅, 兰健. 2006 年夏季及冬季北部湾东部的海洋水文特征与环流[C]. 胡建宇, 杨圣云主
     编. 北部湾海洋科学研究论文集(第一辑). 北京: 海洋出版社. 2011.

[26] Rilley J P, Skirrow G. 化学海洋学 (第二卷) [M]. 崔清晨译. 北京: 海洋出版社.

[27] Zweifel U L, Wikner J, Hagstrom A, et al. Dynamics of dissolved organic carbon in a coastal ecosystem
     [J]. Limnology and Oceanography, 1995, 40 (2): 299 –305.

[28] Guo W D, Yang L Y, Hong H S, et al., Assessing the dynamics of chromophoric dissolved organic matter in
     a subtropical estuary using parallel factor analysis. Marine Chemistry, 2011, 124(1 –4): 125 –133.

[29] Hong H S, Yang L Y, Guo W D, et al., Characterization of dissolved organic matter under contrasting
     hydrologic regimes in a subtropical watershed using PARAFAC model. Biogeochemistry, 2012, 109:
     163 –174.

[30] 林晶. 长江口及其毗邻海区溶解有机碳和颗粒有机碳的分布[D]. 上海: 华东师范大学, 2007.

[31] Hedges J I. Global biogeochemical cycles: progress and problems [J]. Marine Chemistry, 1992, 39:
     67 –93.

[32] Bøsrheim K Y, Myklestad S M. Dynamics of DOC in the Norwegian Sea inferred from monthly profiles col-
     lected during 3 years at 66°N, 2°E [J]. Deep Sea Research (Part I: Oceanographic Research Papers),
     1997, 44 (4): 593 –601.

[33] 郑国侠, 宋金明, 戴纪翠, 等. 南黄海秋季叶绿素 a 的分布特征与浮游植物的固碳强度[J]. 海洋学
     报, 2006, 28(3): 109 –118.

[34] 夏华永, 李树华, 侍茂崇. 北部湾三维风生流及密度流模拟. [J]海洋学报. 23(6): 11 –23.

[35] Thurman E M. Amount of organic carbon in natural waters[C]. Organic geochemistry of natural waters. Dor-
     drecht: Martinus Nijhoff/Dr W Junk Publishers, 1984: 7 –65.

Temporal and spatial distributions of total organic carbon and its influencing factors in Beibu Gulf

YI Yue – yuan[1], YU Xiang – xiang[1,2], WANG Fu – li[1], LIU Yu[1], GUO Wei – dong[1,*]

(1. *College of Oceam & Earth Sciences, Xiamen University*   2. *Wenzhou Environmental Protection Design Scientific Institute*)

Abstract: Four cruises were carried out during summer, winter, spring and autumn seasons from July 2006 to October 2007 in Beibu Gulf of the South China Sea. The spatial and seasonal variations of total organic carbon (TOC) content and the main influencing factors were analyzed combined with the hydrological and biological data. The results show that the TOC contents of the whole investigation sea area ranged from 0.67 to 2.21 mg/L, with an average content of (1.25 ± 0.22) mg/L. The TOC contents in summer, winter, spring and autumn seasons were between 0.67 ~ 1.73 mg/L, 0.74 ~ 2.12 mg/L, 1.09 ~ 1.84 mg/L and 0.74 ~ 2.21 mg/L, with an average values of 1.25 mg/L, 1.12 mg/L, 1.38 mg/L and 1.23 mg/L, respectively. The average TOC content is highest in spring and lowest in winter seasons, with the overall variation trend as spring > summer ≈ autumn > winter. The horizontal distribution of TOC showed a general decrease trend from the nearshore to offshore area. The vertical distribution of TOC is relatively uniform except some stratification occurred in summer season. The overall temporal and spatial distribution of TOC is influenced by both terrestrial input and phytoplankton growth, especially during the autumn and winter seasons. However, during the spring and summer season, the input of coastal diluted waters had greater influence on the distribution of TOC than the in situ primary production, i. e. TOC distribution was mainly controlled by the terrestrial input.

Keywords: total organic carbon (TOC); seasonal variation; terrestrial input; Chl a; Beibu Gulf

北部湾海水碱度的季节变化
及其水文学意义

何文涛,杨伟锋*,杨　志,郑敏芳,林　峰,刘瑞华,陈　敏

(厦门大学海洋与地球学院,厦门 361005)

摘要:2006—2007 年间,对北部湾海水总碱度进行了春、夏、秋、冬四个季节的研究。结果表明,冬季总碱度平均值最高,夏季最低,秋季高于春季。四个季节总碱度的空间分布差异较大,春季中部海域总碱度较高,南北则较低。夏季总体上总碱度变化较小,秋季和冬季总碱度呈现北低南高的特征。总碱度与盐度和温度的关系能够较好地指示北部湾海水的混合。秋季和冬季总碱度与盐度之间存在较好的正相关关系,自北向南总碱度呈增加的趋势,表明水体由沿岸水逐步过渡到琼州海峡过道水和南海外海水。春季,总碱度与盐度和温度的关系表明湾顶为北部湾近岸水,琼州海峡过道水和南海外海水以八所西北侧海域为界。夏季除北部近岸海域外,湾内大部分水体混合较为充分。

关键词:北部湾;碱度;季节变化

引言

海水的总碱度是海水重要参数之一,是计算海水碳酸盐各分量的重要参数[1],其严格定义为:温度为 20℃时,1 升海水中弱酸阴离子全部被释放时所需要氢离子的毫摩尔数,单位采用"mol/dm^3"。因此,海水总碱度代表了 HCO_3^-、CO_3^{2-}、$H_2BO_3^-$、$H_2PO_4^-$ 和 $SiO(OH)_3^-$ 等氢离子接受体浓度的总和。总碱度变化主要受陆地径流、潮汐作用及生物活动等因素影响[2]。河口和海湾区域,碱度与盐度或氯度具有良好的线性关系[3~6],因此,碱度在淡水－海水混合过程中表现为保守性,可以指示不同来源水团的混合过程[7,8]。

北部湾位于我国广西南部(16°—21°30′N,105°30′—111°E),其东面是海南岛、琼州海峡和雷州半岛,通过琼州海峡与广州湾相通,北面和西面分别与广西壮族自治区和越南相接,南面与南海相通,是三面靠陆、一面接海的半封闭大海湾[9]。湾内水深小于 100 m,其等深线分布趋势大致与海岸线平行,水深由沿岸较浅向湾口逐渐加深。北部湾海域季风盛行,每年 11 月至次年 3 月盛行东北风,6—8 月盛行偏南风。受季风影响,冬季北部湾存在逆时针方向海流,外海的水沿湾的东侧北上,湾内的水顺着湾的西侧南下,形成一个环流;夏季,在西南季风

基金项目:国家 908 专项(908－01－ST09);海洋公益性行业科研专项(2010050012－3)。

作者简介:何文涛(1985－),男,硕士研究生,从事海洋化学研究。E－mail:darkblue_8750@ qq. com。

*通讯作者:杨伟锋(1978－),男,副教授,从事海洋化学研究。E－mail:wyang@ xmu. edu. cn。

的推动下,形成一个方向相反的环流[10~12],也有研究认为夏季北部湾内是逆时针方向环流[13]。

北部湾主要通过琼州海峡与南部的湾口同外部进行水交换。北部湾海区存在3种水团:北部湾沿岸水、南海外海水及琼州海峡过道水团[14],也有研究将琼州海峡过道水称为混合水[15]。北部湾沿岸水团主要为湾内沿岸各江河径流的冲淡水,位于北部湾湾顶和湾西沿岸的表层,其势力强弱与陆地径流的季节性变化密切相关,因此夏季较强,而冬季较弱。琼州海峡过道水团主要由南海北部沿岸水形成,为北部湾次高盐水系,温度偏低。水系终年自东向西流动[16],北部湾东北部海域会受到此水系的影响。南海外海水,是南海暖流的余脉,反映了外海深层水的固有性质,具有盐度高($S > 34.1$)、温度变化小的特征,终年盘踞在湾口,在季风和环流的作用下对北部湾内的水体造成一定的影响。这三种水团的形成和性质不仅与海流、河流、地形、风等因素有着密切的关系,同时还存在季节性的差异[14,15]。

虽然已经对北部湾水团进行过一定的研究,但是对于北部湾水团的季节性变化和水团结构的研究相对较少。本文利用我国近海海洋综合调查与评价专项,即"908专项"(ST09区块)2006—2007年期间北部湾春、夏、秋、冬4个季节的总碱度数据,分析了其季节分布特征及差异,结合总碱度与温度和盐度的关系,示踪了北部湾水团的结构。

1 样品采集与分析

于2006年7月(夏季)、2006年12月(冬季)、2007年4月(春季)和2007年10月(秋季)由"实验2号"科学考察船对908专项ST09区块北部湾海水总碱度进行了调查,4个航次采样站位相同,均为76个站位(图1)。空间上,采样区域可以分为北部B区、中部J区和南部H区。每站位采集表层、10 m、30 m和底层样品,四个季节共获得1 080个总碱度数据。

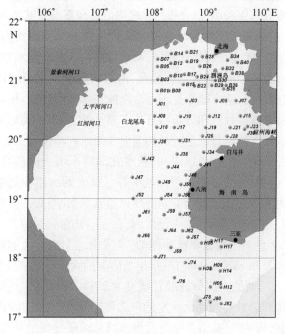

图1　北部湾碱度采样站位

温度、盐度数据来自于 SBE917 PLUS 温盐深剖面观测系统,系统由国家海洋标准计量中心标定。采样层次及总碱度测定依据《海洋调查规范:海水化学要素调查》进行,采用 pH 法测定[17]。

2　结果与讨论

2.1　总碱度水平分布与断面分布的季节变化

2.1.2　总碱度水平分布的季节变化

所调查的北部湾海域,除秋季外,其他 3 个季节,各个深度(0 m、10 m、30 m 和底层)总碱度的水平分布具有比较相似的特征,因此,以 4 个季节表层总碱度的水平分布为主要对象,进行分析讨论,并对秋季 30 m 以深总碱度分布进行单独讨论(图2)。

春季,北部湾中北部海域总碱度高,最高值区域出现在琼州海峡西侧海域,向北递减,北部沿岸区域较低,但仍比中南部海域高;在海南岛西面八所西北侧海域总碱度沿东北 – 西南方向呈现明显的变化梯度,可以认为是琼州海峡过道水和南海外海水相互混合的表现。其他各深度总碱度具有相似的空间分布特征。

夏季,除了在北部湾西部近岸水域存在极小值,而在涠洲岛附近海域总碱度最高以外,大部分海域总碱度变化不大,介于 2.15 ~ 2.25 mmol/dm³,涠洲岛附近的高值可能与此处夏季存在上升流[18]有关。底层高盐、高总碱度水上升,使涠洲岛附近海域表层水较高。白龙尾岛周围海域和海南岛西南海域呈现较低总碱度特征,但是该特征随着深度的增加迅速消失,表明该区域表层水受陆地冲淡水影响比较明显,但随深度增加该影响迅速减弱。琼州海峡口西侧附近小范围海域总碱度也比湾内略低,这可能是受琼海海峡过道水的影响,也表明夏季琼州海峡过道水对湾内影响范围较小,与夏季湾内环流阻碍琼州海峡过道水的进入有关。总体上,除北部近岸海域水体以外,北部湾夏季水体总碱度变化范围较小,混合作用比较强。这和夏季北部湾水团的分布特点有关,琼州海峡过道水相对较弱,进入北部湾的水流量约为 0.1 ~ 0.2 Sv[16],对湾内水体影响较小,沿岸水使得湾顶西部海域总碱度较低,而较强的南海外海水与湾内大部分海水相互混合较为均匀。

秋季表层总碱度在北部湾北部近岸水体最低,由北向南呈现逐渐增加的趋势。海南岛西南靠近湾中央处总碱度相对较低,这可能是受越南沿岸冲淡水的影响,但是该影响较夏季弱。10 m以浅水体混合比较均匀,总碱度数值和分布特征均非常一致。30 m 和底层水总碱度由北向南逐渐增加的趋势不变,但是具有较高总碱度特征的南海外海水向湾内扩张,说明秋季北部湾水体垂直混合较弱,存在一定的层化特征。总体说来,秋季北部湾水团结构具有以下特征:低总碱度特征的沿岸水存在于北部近岸;雷州半岛以西海域中等总碱度的水体和夏季湾内水体的总碱度较为接近,可能是夏季湾内水体的残余和受琼州海峡过道水的影响;较高总碱度的南海外海水占据了北部湾的中部和南部,且呈楔形由下层入侵湾内,在底层甚至到达琼州海峡以西的海域。

冬季北部湾表层海水总碱度分布和秋季相似,呈现由北向南增大的特征。北部湾北海西侧近岸海域总碱度最低(< 2.26 mmol/dm³),雷州半岛西侧的大部分调查海域总碱度为 2.30 ~ 2.34 mmol/dm³,海南岛西侧和南侧的大部分海域总碱度为 2.34 mmol/dm³,三亚附近海域最高,达到2.39 mmol/dm³。冬季琼州海峡受强劲而稳定的东北风影响,风海流由东向西流动[19],且受冬季北部湾湾内逆时针环流的影响[9,10],雷州半岛西侧海域总碱度呈现的是琼州海峡过道水特征,在中层和底层更为明显。海南岛西侧 19°N 附近海域总碱度存在一定的梯度,说明冬季南海外海水主要活动在 19°N 以南附近海域,和秋季相比,更靠近湾口外侧。和其他 3 个季节相比,冬季北部

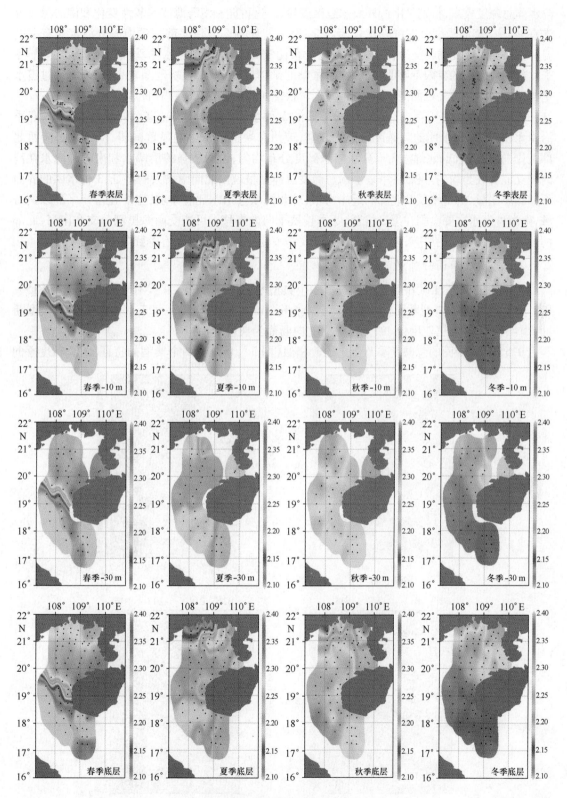

图2　不同季节北部湾海水碱度的平面分布

湾水体总碱度较高,特别是南海外海水总碱度较高,这可能和南海海流季节性变化和南海黑潮分支有关[11]。南海黑潮分支可以达到西沙北部海域,使冬季入侵北部湾的南海外海水具有了高温、高盐、高总碱度的特征。各层位总碱度分布比较类似,表明冬季水体垂直混合比较均匀。冬季北部湾各水团的界限不够明显:沿岸水紧贴北部湾近岸海域,影响范围较小;琼州海峡过道水主要分布在雷州半岛以西海域;南海外海水较秋季向外推移,主要在湾口位置。

　　综上,春季北部湾存在总碱度明显不同的3种水团,琼州海峡过道水的总碱度最高,春季沿岸水次之,南海水团的总碱度最低。夏季,琼州海峡过道水影响显著减弱,除了北部湾西北部近岸总碱度较低,北部湾大部分水体总碱度分布均匀,说明较强的沿岸水和南海外海水在湾内相互混合较为均匀。秋、冬季表层水总碱度总体上呈现由北向南增大的特征,3种水团的界面不如春季明显,沿岸水紧贴北部湾近岸海域,琼州海峡过道水比春季弱,主要在雷州半岛以西海域,南海外海水主要盘踞在湾口位置,冬季较秋季向外推移。可能受南海黑潮分支和南海、北部湾环流季节性变化的影响,南海外海水总碱度季节变化范围较大,从春季到冬季逐渐增大。

2.1.2　总碱度断面分布的季节变化

　　在调查的B区、J区和H区分别选择一个典型断面进行分析。靠近沿岸的B区选择B15～B21南北向断面为典型断面,中部的J区以琼州海峡西侧附近J16～J23东西向断面为典型断面,南部的H区以三亚南侧J82～H17南北向断面为典型断面。

　　B15～B21断面的总碱度季节变化比较相似(图3),且具有两个典型的特征:①总碱度垂向

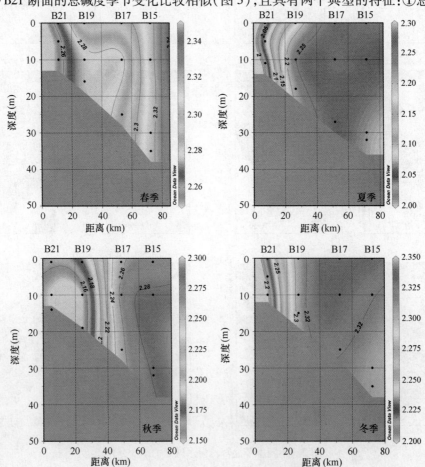

图3　B15～B21断面总碱度的季节变化

分布均匀;②随着离岸距离的增加总碱度逐渐增大,即向湾中心方向总碱度升高。此断面反映了由沿岸水到湾内混合水的过渡,从总碱度季节变化可以看出,在此处存在明显不同的两种水团,界限比较分明。沿岸水团从春季到秋季逐渐变强,并向外扩展。夏、秋两季较强,春、冬两季较弱。

J16～J23 断面总碱度的季节变化比较复杂(图4),这可能是因为该断面所在的 J 区不同水团不同季节混合作用复杂。春季,该断面 J19 站以东海域,总碱度呈随深度增加逐渐增加的趋势,J23 站表层比下层较高,在 J21 站表层出现总碱度的极小值区,J17 站 10 m 以深水体总碱度较低,最低值出现在 30 m 层,J16 站最低值在 50 m 层。夏季,在 J21 站以东的琼州海峡西口附近海域,总碱度由西向东逐渐减小,J21 和 J23 之间总碱度变化梯度明显,可以作为琼州海峡过道水和湾内混合较为均匀水体的界面。在 J21～J19 围绕的区域表层出现总碱度极大值区,并随深度增加逐渐减小。J19 站以西向湾中心方向总碱度逐渐减小,J16 和 J17 之间存在明显的总碱度变化梯度,可作为沿岸水和湾内混合较为均匀水体的界面。但总体上,此处总碱度没有明显的层化结构。秋季,该断面总碱度分布比较规律,在 J21 站以西向湾中心,总碱度由表层向底层逐渐增大,并且在 J19 站底层出现一高值区。但在 J21 站以东至琼州海峡西口海域,总碱度变化很小,且垂直分布比较均匀,此处为秋季琼州海峡过道水。冬季总体上表现为表层总碱度较高,随深度增加总碱度逐渐减小,和秋季总碱度呈现相反的变化,但 J19 站以东区域总碱度低于 J19 站西侧海域总碱度。

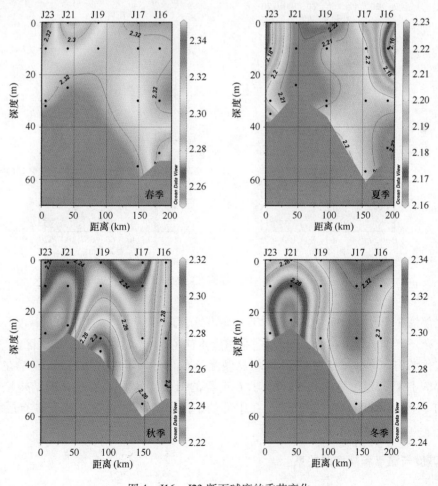

图4　J16～J23 断面碱度的季节变化

　　春季,H17~J82断面总碱度沿海底坡面呈梯度变化(图5),在J82站和H17站底层分别出现较高的海水总碱度。夏季,该断面总碱度具有较明显的层化分布特征,即表层总碱度比较低,随深度增加总碱度逐渐增大。秋季,海水总碱度总体表现为南北两端总碱度高,中部总碱度低的特点,低值主要出现在H14站10 m以深水体。冬季,该断面总碱度具有一定的层化分布特征,但不如夏季明显。H12站以北至近岸表层总碱度较高,随深度增加总碱度逐渐减小,在H12站底层,存在总碱度极大值。

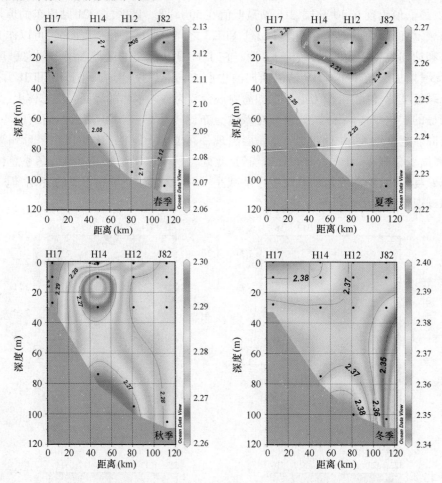

图5　J82~H17断面碱度的季节变化

　　从北部湾3个典型断面总碱度的季节分布可见,春季和秋季ST09区块总碱度分布比夏季和冬季复杂。春季和秋季在北部的B区,总碱度垂向均匀分布,秋季在中部J区,总碱度存在一定的层化结构。夏季和冬季ST09区块总碱度分布具有一定的区域特征,夏季在北部的B区和中部的J区,总碱度垂向分布较均匀,在南部的H区总碱度具有层化的结构特征。冬季在北部的B区,总碱度垂向均匀分布,在中部的J区和南部的H区总碱度具有层化的结构特征。

2.2　总碱度与温度和盐度的关系

　　北部湾海域的总碱度平均值冬季最高(2.32 mmol/dm^3),夏季最低(2.21 mmol/dm^3)。春季北部湾中部海域总碱度较高,夏季除湾口总碱度较低外,其他海域总碱度变化相对较小,秋季和冬季湾内总碱度总体上呈现由北向南增大的特征。

夏季琼州海峡过道水较弱,由总碱度与盐度的关系可以看出,除北部湾北部近岸水体之外,湾内大部分水体总碱度与盐度变化较小(图6),表明夏季北部湾沿岸水和南海外海水混合较为充分,具有较为稳定的盐度与总碱度。北部湾湾顶近岸海域温度变化范围较小,东侧近岸水体总碱度高于西侧近岸水体(图7),这可能与东侧水体受琼州海峡过道水影响而西侧水体被沿岸水冲淡有关。

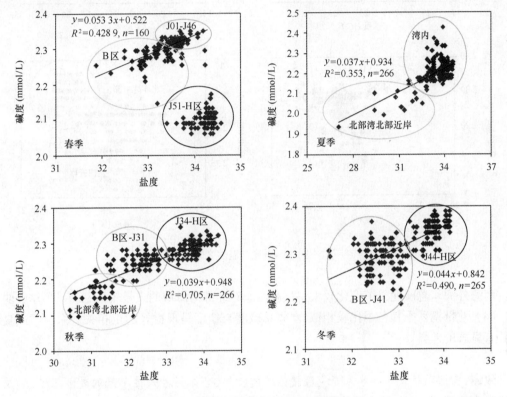

图6 不同季节碱度与盐度之间的关系

秋季北部湾水体总碱度与盐度存在非常明显的正相关关系(图6),3种水体的界面虽然不明显,但是可以根据采样站位区分低总碱度、低盐度的沿岸水,较高总碱度、较高盐度的琼州海峡过道水,高总碱度、高盐度的南海外海水。温度与总碱度无明显特征(图7)。冬季北部湾水体总碱度与盐度和温度的关系与秋季类似。

3 结论

(1)北部湾海域的总碱度平均值冬季最高(2.32 mmol/dm³),夏季最低(2.21 mmol/dm³),秋季和春季总碱度平均值分别为2.26 mmol/L 和 2.22 mmol/L。

(2)春季北部湾中部海域总碱度较高,夏季除北部近岸和湾口总碱度较低外,其他海域总碱度变化相对较小,秋季和冬季湾内总碱度总体上呈现由北向南增大的特征。

(3)北部总碱度较低的沿岸水影响范围主要在北部湾北部近岸海域,夏季较强而冬季较

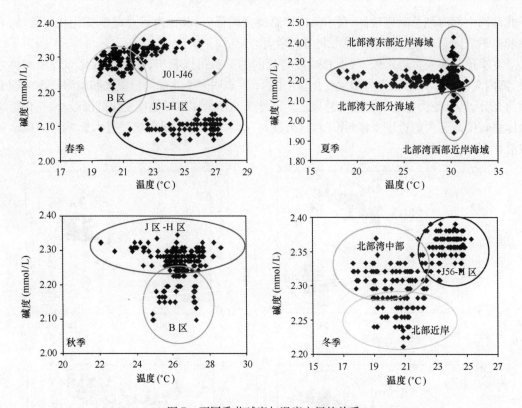

图7　不同季节碱度与温度之间的关系

弱。南海外海水总碱度季节变化较大，夏、秋两季对北部湾海域的入侵较强，而春、冬季较弱。

（4）北部湾秋季和冬季比较相似，水体总碱度与盐度呈现良好的正相关关系，与春、夏两季具有显著的差异。

致谢：感谢项目首席科学家李炎教授给予的指导、全体科考人员辛勤的外业工作，以及中科院南海研究所"实验2"号科学考察船船长和全体船员的支持和帮助。

参 考 文 献

[1]　洪华生，丘书院，阮五崎，等．闽南－台湾浅滩渔场上升流区生态系研究[M]，北京：科学出版社，1991，205－210.

[2]　Riley J P, Skirrow G. Chemical Oceanography[M]. Britain：Academic Press, 1976, 2：1－149.

[3]　王晓亮，张龙军，苏征，等．黄河口总碱度保守与非保守行为探讨[J]．中国海洋大学学报．2005. 35（6）：1063－1066.

[4]　孙秉一，王永辰，林光岩．黄河口及邻近海域水体中总碱度的研究[J]．海洋学报．1988. 10（3）：294－301.

[5]　李福荣，陈国华，纪红．珠江口海水碱度研究[J]．青岛海洋大学学报．1999，（增刊）：49－54.

[6]　王宪，李文权，郭劳动．罗源湾水体碱度的探讨[J]．厦门大学学报，1989，28（增刊）：148－151.

[7]　Wong G T F. Alkalinity and pH in the Southern Chesapeake Bay and the James River Estuary[J]. Limnology and Oceanography, 1979, 24(5)：970－977.

[8]　Juracic M T, et al. The role of suspended matter in the biogeochemical cycles in the Adige River estuary

(Northern Adridic Sea)[J]. Estuarine, Coastal and Shelf Science, 1987, 3(24): 349 – 362.

[9]   俎婷婷. 北部湾环流及其机制的分析[D]. 中国海洋大学, 2005, 4 – 8.

[10]   刘凤树, 于天常. 北部湾环流的初步探讨[J]. 海洋湖沼通报, 1980, 1: 9 – 14.

[11]   俞慕耕, 刘金芳. 南海海流系统与环流形势[J]. 海洋预报, 1993, 10(2): 13 – 17.

[12]   袁叔尧, 邓九仔. 北部湾环流数值研究[J]. 南海研究与开发, 1999, 12(2): 41 – 46.

[13]   夏华永, 李树华, 侍茂崇. 北部湾三维风生流及密度流模拟[J]. 海洋学报, 2001, 23(6): 11 – 23.

[14]   刘宇. 北部湾溶解有机物及其光学性质的时空变化与示踪应用[D]. 厦门大学, 2009, 11 – 12.

[15]   陈波. 北部湾水系形成及其性质的初步探讨[J]. 广西科学院学报, 1986, 2(2): 92 – 95.

[16]   Shi M, Chen C, Xu Q, et al. The Role of the Qiong zhou Strait in the Seasonal Variation of the South China Sea Circulation[J]. Journal of physical oceanography, 2002, 32(1): 103 – 121.

[17]   国家海洋局 908 专项办公室. 海洋调查规范第 4 部分: 海水化学要素调查[M]. 北京:海洋出版社, 2006, 12 – 13.

[18]   杨士瑛, 陈波, 李培良. 用温盐资料研究夏季南海水通过琼州海峡进入北部湾的特征[J]. 海洋湖沼通报, 2006, 1: 1 – 7.

[19]   陈达森, 陈波, 严金辉, 等. 琼州海峡余流场季节性变化特征[J]. 海洋湖沼通报, 2006, 2: 12 – 17.

Seasonal variations of alkalinity and hydrological applications in the Beibu Gulf, China

HE Wen – tao, YANG Wei – feng*, YANG Zhi, ZHENG Min – fang,

LIN Feng, LIU Rui – hua, CHEN Min

(*College of Ocean & Earth Sciences, Xiamen University, Xiamen 361005, China*)

Abstract: Seasonal variations of alkalinity were investigated from 2006 to 2007 in the Beibu Gulf, China. The highest average alkalinity occurred in winter, followed by autumn and spring. Different spatial patterns of alkalinity between various seasons were observed. In spring, the alkalinity in the middle region was higher than those in both northern and southern areas. In summer, alkalinity showed little variation. In autumn and winter, high and low alkalinity occurred in south and north, respectively. The relationship between alkalinity and salinity and temperature provided valuable insight into the water masses mixing in the Beibu Gulf. There were good correlations between alkalinity and salinity in both autumn and winter, corresponding to the southward increasing pattern of alkalinity. In spring, the relationships between alkalinity and salinity and temperature indicated that the water mass in the northmost part represented the coastal water. Seawater from the South China Sea clearly interfaced with the water mass from the Qiongzhou Strait to the northwest of Basuo, Hainan. In summer, the waster masses mixed fairly well in the Beibu Gulf except the coastal region.

Key words: Beibu Gulf; alkalinity; seasonal variation

北部湾沉积物质量评价

郑雪红，郑爱榕

（厦门大学海洋与地球学院，福建 厦门 361005）

摘要：以我国近海海洋综合调查与评价（"908 专项"）ST09 区块 2007 秋季沉积物调查数据为依据，采用单因子评价方法，根据 GB 18668—2002《海洋沉积物质量》中规定的沉积物分类标准，对北部湾底质进行评价。结果表明，ST09 区块海洋沉积环境调查要素——硫化物、有机碳、油类、重金属（Cu、Pb、Zn、Cd、Cr、As、Hg）均符合国家海洋沉积物质量第一类标准，说明调查海域沉积环境良好，未受污染。

关键词：北部湾；沉积物；质量评价

1 引言

2007 秋季，我国近海海洋综合调查与评价（"908 专项"）ST09 区块环境调查与研究对广西北海南部、琼州海峡和海南岛三亚以西的北部湾水域和海南岛南部海域进行海洋沉积环境化学调查，共调查了有机碳、硫化物、油类、重金属（Cu、Pb、Zn、Cd、Cr、As、Hg）等要素，初步掌握了北部湾海域沉积物的质量情况。根据秋季航次的调查结果，本文对北部湾海域的沉积物质量进行评价，旨为海洋环境综合评价、海洋资源开发利用、海洋管理和环境保护，支持国家和地方经济可持续发展提供重要资料和基本依据。

2 评价方法与标准

"908 专项"ST09 区块海洋沉积环境化学调查要素采用单因子评价方法。评价公式为：$P_i = M_i/S_i$。式中：P_i 表示 i 污染物的污染指数；M_i 表示 i 污染物的浓度；S_i 表示 i 污染物的海洋沉积物质量标准。

评价标准采用 GB 18668—2002《海洋沉积物质量》（表 1）[1]中第一类标准值。根据沉积物中参加评价要素的实测值对底质进行评价，优于或等于一类沉积物质量标准为未超标，劣于一类沉积物质量标准的为超标。

表 1　海洋沉积物质量标准 GB 18668—2002

项目	标准值		
	第一类	第二类	第三类
硫化物（$\times 10^{-6}$）$\leqslant$	300.0	500.0	600.0
有机碳（$\times 10^{-2}$）$\leqslant$	2.0	3.0	4.0
油类（$\times 10^{-6}$）$\leqslant$	500.0	1 000.0	1 500.0
铜（$\times 10^{-6}$）$\leqslant$	35.0	100.0	200.0
铅（$\times 10^{-6}$）$\leqslant$	60.0	130.0	250.0
锌（$\times 10^{-6}$）$\leqslant$	150.0	350.0	600.0
镉（$\times 10^{-6}$）$\leqslant$	0.50	1.50	5.00
铬（$\times 10^{-6}$）$\leqslant$	80.0	150.0	270.0
砷（$\times 10^{-6}$）$\leqslant$	20.0	65.0	93.0
汞（$\times 10^{-6}$）$\leqslant$	0.20	0.50	1.00

3　评价结果

ST09 区块沉积物调查要素的污染指数值见表 2。由表可知,有机碳污染指数变化范围为 0~0.4,平均 0.2,未超标;硫化物污染指数变化范围为 0.01~0.24,平均为 0.04,未超标;油类污染指数变化范围为 0~0.16,平均 0.02,未超标;Cu 污染指数变化范围为 0.2~0.7,平均 0.5,未超标;Pb 污染指数变化范围为 0.3~1.0,平均 0.5,未超标;Zn 污染指数变化范围为 0.5~0.7,平均 0.6,未超标;Cd 污染指数变化范围 0.1~0.2,平均 0.2,未超标;Cr 污染指数变化范围为 0.3~0.7,平均 0.4,未超标;As 污染指数变化范围为 0~0.8,平均 0.3,未超标;Hg 污染指数变化范围为 0.1~0.3,平均 0.2,未超标。总之,硫化物、油类两项的污染指数均值$\leqslant$0.04,其他参数的污染指数均值为 0.2~0.6。

表 2　ST09 区块秋季航次沉积物调查要素污染指数值

站号	有机碳	硫化物	油类	铜	铅	锌	镉	铬	砷	汞
B36	0.1	0.02	0.06	0.7	0.7	0.7	0.2	0.4	0.8	0.2
B40	0.1	0.03	0.00	0.6	1.0	0.6	0.2	0.4	0.6	0.2
B34	0.1	0.05	0.04	0.5	0.7	0.5	0.1	0.4	0.1	0.2
B32	0.3	0.01	0.01	0.5	0.6	0.5	0.1	0.3	0.3	0.2
B29	0.2	0.05	0.06	0.5	0.5	0.6	0.1	0.3	0.3	0.2
B21	0.4	0.24	0.16	0.6	0.8	0.6	0.2	0.4	0.5	0.3
B17	0.2	0.03	0.01	0.6	0.6	0.6	0.1	0.4	0.4	0.2
B15	0.2	0.05	0.01	0.6	0.6	0.7	0.2	0.4	0.2	0.2
B07	0.1	0.01	0.06	0.5	0.5	0.5	0.1	0.3	0.2	0.2
B03	0.2	0.03	0.00	0.5	0.6	0.6	0.1	0.4	0.1	0.1
B01	0.3	0.04	0.01	0.5	0.6	0.6	0.2	0.4	0.1	0.1

续表

站号	有机碳	硫化物	油类	铜	铅	锌	镉	铬	砷	汞
J01	0.1	0.01	0.00	0.5	0.6	0.7	0.2	0.4	0.1	0.2
J03	0.2	0.03	0.00	0.5	0.5	0.6	0.2	0.5	0.1	0.2
J07	0.3	0.12	0.11	0.7	0.7	0.7	0.3	0.7	0.7	0.2
J16	0.1	0.02	0.00	0.4	0.5	0.6	0.2	0.5	0.5	0.2
J19	0.3	0.01	0.02	0.4	0.4	0.6	0.2	0.6	0.5	0.2
J21	0.1	0.01	0.01	0.6	0.6	0.7	0.2	0.5	0.4	0.2
J41	0.2	0.11	0.01	0.6	0.6	0.7	0.2	0.7	0.3	0.2
J38	0.1	0.01	0.00	0.6	0.6	0.7	0.2	0.5	0.3	0.2
J42	0.1	0.03	0.00	0.5	0.5	0.7	0.2	0.7	0.1	0.2
J49	0.2	0.05	0.00	0.4	0.5	0.7	0.1	0.5	0.4	0.2
J47	0.2	0.03	0.00	0.4	0.4	0.7	0.2	0.6	0.0	0.2
J56	0.2	0.03	0.07	0.4	0.5	0.6	0.1	0.4	0.3	0.2
J57	0.2	0.13	0.00	0.2	0.3	0.5	0.1	0.4	0.1	0.2
J59	0.1	0.07	0.00	0.3	0.4	0.6	0.1	0.4	0.3	0.2
J61	0.2	0.03	0.00	0.3	0.4	0.5	0.1	0.5	0.1	0.2
J67	0.1	0.01	0.00	0.3	0.3	0.5	0.1	0.4	0.3	0.2
J69	0.1	0.01	0.00	0.4	0.4	0.6	0.2	0.5	0.2	0.2
J76	0.1	0.03	0.00	0.4	0.5	0.7	0.2	0.5	0.3	0.2
J74	0.2	0.02	0.02	0.4	0.5	0.6	0.1	0.5	0.3	0.2
H05	0.1	0.02	0.00	0.4	0.4	0.5	0.1	0.5	0.3	0.2
H17	0.2	0.01	0.04	0.4	0.4	0.5	0.1	0.3	0.4	0.2
H02	0.0	0.03	0.00	0.5	0.5	0.7	0.2	0.5	0.3	0.2
J82	0.1	0.03	0.00	0.4	0.4	0.6	0.1	0.4	0.6	0.2
平均	0.2	0.04	0.02	0.5	0.5	0.6	0.2	0.4	0.4	0.2

　　各调查要素的量值范围和均值如表3所示。由表2和表3可知,ST09区块海洋沉积环境调查要素硫化物、有机碳、油类、重金属(Cu、Pb、Zn、Cd、Cr、As、Hg)等10项均符合国家海洋沉积物质量第一类标准,所有样品未超标,表明调查海域沉积环境良好,未受污染。何松琴等[2]在2005年夏季研究长江口及邻近海域表层沉积物时发现,重金属(Cu、Pb、Zn、Cr)、硫化物、有机碳、油类等7个要素均符合第一类标准,海州湾北部海域表层沉积物的硫化物、有机碳、油类、重金属(Cu、Pb、Zn、Cd、Cr、Hg)等9项评价指标均符合第一类标准[3],福建牙城湾的硫化物、有机碳、重金属(Cu、Pb、Cd、Hg)等6项评价指标均符合第一类标准[4],胶州湾湿地浅海区域表层沉积物的重金属(Cu、Pb、Zn、Cd、As、Hg)6项评价指标均符合第一类标准[5],与本文一

致。从表4可知,尽管不同海域的表层沉积物污染指数均值均小于1,但有所区别,本文研究的硫化物和油类的污染指数比海州湾北部低一个数量级。

表3 ST09区块秋季航次沉积物常规要素评价结果

要素	样品量值范围	样品平均值	符合标准类别	评价结果
硫化物($\times 10^{-6}$)	2.5~71.6	12.3	100%符合第一类	所有样品未超标
有机碳($\times 10^{-2}$)	0.03~0.79	0.32	100%符合第一类	所有样品未超标
油类($\times 10^{-6}$)	未检出~80.2	9.45	100%符合第一类	所有样品未超标
铜($\times 10^{-6}$)	6.72~25.95	16.37	100%符合第一类	所有样品未超标
铅($\times 10^{-6}$)	16.99~57.98	32.23	100%符合第一类	所有样品未超标
锌($\times 10^{-6}$)	73.15~112.25	93.12	100%符合第一类	所有样品未超标
镉($\times 10^{-6}$)	0.03~0.12	0.08	100%符合第一类	所有样品未超标
铬($\times 10^{-6}$)	20.69~56.47	35.51	100%符合第一类	所有样品未超标
砷($\times 10^{-6}$)	1.70~17.1	8.20	100%符合第一类	所有样品未超标
汞($\times 10^{-6}$)	0.025~0.051	0.042	100%符合第一类	所有样品未超标

表4 不同海域表层沉积物污染指数均值

海域	有机碳	硫化物	油类	铜	铅	锌	镉	铬	砷	汞
北部湾(本研究)	0.2	0.04	0.02	0.5	0.5	0.6	0.2	0.4	0.4	0.2
海州湾北部[3]	0.16	0.21	0.18	0.37	0.22	0.25	0.32	0.39	—	0.12
牙城湾[4]	0.47	0.69	—	0.84	0.66	—	0.24	—	—	0.45
胶州湾浅海区[5]	—	—	—	0.53	0.57	0.66	0.10	—	0.17	0.3

4 小结

综上所述,硫化物、有机碳、油类、重金属(Cu、Pb、Zn、Cd、Cr、As、Hg)等要素均符合国家海洋沉积物质量第一类标准,所有样品未超标,表明调查海域沉积环境良好,未受污染。

致谢: 感谢我国近海海洋综合调查与评价("908专项")ST09区块2007年秋季航次调查的全体外业和内业调查人员。

参 考 文 献

[1] GB 18668—2002 海洋沉积物质量[S]. 中华人民共和国, 国家质量监督检验检疫总局2002-03-10发布.

[2] 何松琴,宋金明,李学刚等. 长江口及邻近海域夏季表层沉积物中重金属等的分布、来源与沉积物环境质量[J]. 海洋科学, 2011, 35(5): 3-9.

[3] 张亮,吴凤丛,宋春丽等. 海州湾北部海域表层沉积物污染分布特征及环境质量评价[J]. 海岸工程, 2012, 31(2): 54-61.

[4] 王蕴,蔡明刚,黄东仁等. 福建牙城湾海水、沉积物的环境特征及其质量评价[J]. 海洋环境科学,

　　　2009. 28(1): 22 - 25.

[5]　马洪瑞，陈聚法，崔毅等. 胶州湾湿地海域水体和表层沉积物环境质量评价[J]. 应用生态学报，
　　　2011, 22(10): 2749 - 2756.

Sediment environmental quality assessment of Beibu Gulf

ZHENG Xue - hong, ZHENG Ai - rong

(*Department of Oceanography, Xiamen University, Xiamen* 361005, *China*)

Abstract: On the basis of sediment survey in "908" project autumn cruise and GB 18668—2002 《marine sediment quality》, sediment environmental quality of Beibu Gulf was assessed by single factor method. The sediment survey elements included sulfide, organic carbon, oil and heavy metal (Cu、Pb、Zn、Cd、Cr、AS、Hg). All the samples were up to the first set of standard of marine sediment. The results showed that sedimentary environment in Beibu Gulf was well and out of pollution.

Key words: Beibu Gulf; sediment; quality assessment

北部湾北部海域各种溶解态氮的
含量与分布特征

吴敏兰,郑爱榕*,厉月含,马春宇,方仔铭

(厦门大学海洋与地球学院,福建 厦门 361005)

摘要:根据 2011 年 4 月和 8 月海湾公益性项目的调查资料,分析了北部湾北部海域表层海水中各种溶解态氮的含量、分布特征及其与环境因子的关系。各种溶解态氮的高值区主要出现在陆地沿岸海域。结果表明:春夏两季,北部湾北部海域表层海水中 DIN 的主要形态为 $NH_4^+ - N$ 和 $NO_3^- - N$,超过 50%,其中夏季的 $NO_3^- - N$ 比例会有所降低,以 $NH_4^+ - N$ 为主。TN 的形态以 TDN 为主,超过 55%,而 TDN 的形态以 DON 为主,超过 70%。春季各形态的溶解态氮含量均高于夏季,主要与生物活动过程有关。北部湾北部海域溶解态氮的含量和分布主要受生物作用、陆源径流和南海暖流水系及琼州海峡东部水系的综合影响。

关键词:溶解氮;含量;分布;北部湾

中图分类号:P734.2　　　　　**文献标识码**:A

引言

海洋中溶解态氮分有机态和无机态;而无机态的氮(无机氮)有三种形态,即亚硝酸盐、硝酸盐和铵盐。浮游植物对无机氮的不同形态具有优先选择性的吸收,三种不同形态的无机氮之间也会通过硝化作用等过程进行转化,其存在形态与分布受生物活动制约,也受化学、地质和水文等因素的影响。氮是海洋生物生长所必需的营养元素,是生物体中蛋白质、核酸、光合色素等有机分子的重要组成元素,对海洋中浮游生物的组成有重要的影响,是许多海域初级生产力和碳输出的主要控制,但其在海洋中的含量与分布并不均匀,也不恒定,存在明显的季节性和区域性变化[1]。此外,海洋中无机氮的含量和组成的变化会影响海洋生物生产力和生态系统结构,从而导致海洋中碳的吸收和释放通量的变化,进而影响生物泵碳输出的效率,因此,海洋中的氮与大气 CO_2 浓度的变化乃至全球气候变化有密切联系。韦蔓新等人[1~6]在早期曾对广西沿岸的港湾进行了营养盐的含量和分布的调查和研究。本文根据 2011 年 4 月和 8 月海湾公益性项目的调查资料,分析了北部湾北部海域不同形态溶解态氮的含量、分布特征及其与环境因子的关系,对于了解该海域的水质状况及其生态系统健康水平和循环过程具有重要

资助项目:国家海洋公益性科研专项201005012。

作者简介:吴敏兰,厦门大学海洋与地球学院 2011 级硕士研究生。

*通信作者:arzheng@xmu.edu.cn。

意义,希望对该海域的环境保护和合理开发有一定的参考价值。

1　调查区域与分析方法

　　本文研究的调查区域为北部湾北部,湾顶是广西沿海地区,东面为广东雷州半岛和海南,与琼州海峡相通,为一半封闭式的亚热带海湾[1]。北部湾北部沿岸港湾众多,受陆地径流影响较大,广西沿岸港湾主要有英罗港、铁山港、廉州湾、南流江、大风江、茅尾海、钦州湾、防城港和珍珠港[2]。北部湾有三大水系,即沿岸水系、琼州海峡东部水系和南海暖流水系[3]。沿岸水系主要出现在雷州半岛至越南北部一带的沿岸,是由越南沿岸、广西沿岸江河入海的径流与海水混合而成,特点是盐度低($S<32.5$),夏秋季强而冬春季弱。南海暖流水系指南海水终年由南部湾口中央及东侧侵入北部湾的海水,即南海暖流的余脉,其春夏季强而秋冬季弱,具有盐度高的特点。琼州海峡东部水系,主要是由海南岛以东的沿岸水经琼州海峡进入北部湾后混合形成的,分布在北部湾中部的广大海域,夏季表层无混合水团存在,特点是终年具有次高盐的性质。

　　春季和夏季调查分别于2011年4月20日—4月26日和8月9日—8月12日进行,春季调查船为“天鹰”号,夏季为“天龙”号。调查范围为20.0°—21.5°N,108.2°—109.8°E。共布设21个站位,站点布设如图1所示。

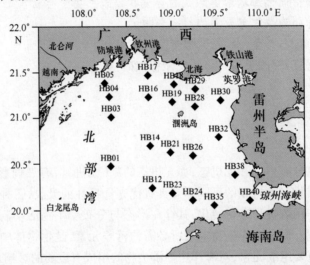

图1　北部湾北部海域调查站点分布

　　海水温度和盐度由温盐深仪(CTD)现场直接测定。水样的采集用卡盖横式采水器按《海洋监测规范》[4]要求采集,然后用0.45 μm醋酸纤维微孔滤膜(预先用稀盐酸浸泡24 h,纯净水冲洗至中性)进行现场过滤,滤液装于330 mL聚丙烯塑料瓶中,再加入1.5 mL氯仿固定水样,于-20℃冷冻保存。用于测定总氮的水样直接采集于330 mL聚丙烯塑料瓶中,不进行过滤,于-20℃冷冻保存。运回实验室解冻后测定各种形态的氮。测定方法依据《海洋监测规范》进行,亚硝酸盐($NO_2^- -N$)用萘乙二胺分光光度法、硝酸盐($NO_3^- -N$)用锌镉还原比色法、铵盐($NH_4^+ -N$)用次溴酸盐氧化法测定,$NO_3^- -N$、$NO_2^- -N$、$NH_4^+ -N$之和为总溶解态无机氮(DIN),总溶解态氮(TDN)的测定是将过滤水样用过硫酸钾氧化,再用锌镉还原法测定,TDN

减去 DIN 为总溶解态有机氮(DON)。总氮(TN)的测定是将未过滤水样用过硫酸钾氧化,再用锌镉还原法测定。

2　结果与讨论

2.1　总溶解态氮(TDN)分布

2011 年春季,北部湾北部海域表层海水 TDN 浓度均值为(24.10 ± 26.57)μmol/L,变化范围为 2.315 ~ 92.922 μmol/L,高于夏季表层海水[均值(11.54 ± 3.30)μmol/L,变化范围为 4.097 ~ 15.952 μmol/L],详见表 1。由图 2 可知,春季 TDN 的高值区在海南岛的西北部海域,最高值达 92.922 μmol/L,可能是海南岛西北部局部海域 DON 的排放,而 DON 是 TDN 的主要组成,TDN 向北有降低趋势;夏季受南海暖流余脉的影响[3],高值区主要位于北部湾中部海域,防城港、英罗港和琼州海峡附近的站位也呈现高值,北海至钦州湾沿岸存在一低值区。

表 1　北部湾北部海域春夏两季各种溶解态氮的均值和含量范围

航次时间	2011 - 04		2011 - 08	
	平均值 ± 标准偏差	含量范围(μmol/L)	平均值 ± 标准偏差	含量范围(μmol/L)
$NH_4^+ - N$	1.01 ± 0.37	0.417 ~ 2.089	0.91 ± 0.85	0.273 ~ 3.999
$NO_2^- - N$	0.38 ± 0.62	未检出 ~ 2.189	0.21 ± 0.34	0.035 ~ 1.532
$NO_3^- - N$	5.94 ± 10.82	0.096 ~ 37.876	1.26 ± 2.81	未检出 ~ 12.521
DIN	7.33 ± 11.22	0.554 ~ 39.232	2.35 ± 2.96	0.344 ~ 13.583
DON	16.77 ± 17.44	1.063 ~ 71.771	9.17 ± 4.13	0.368 ~ 15.031
TDN	24.10 ± 26.57	2.315 ~ 92.922	11.54 ± 3.30	4.097 ~ 15.952
TN	26.48 ± 15.10	11.658 ~ 81.917	17.36 ± 7.04	6.246 ~ 36.794

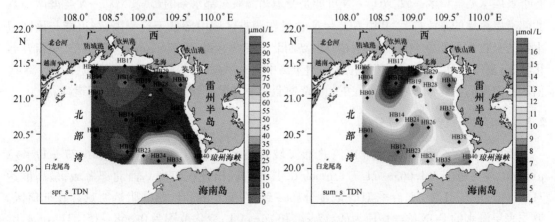

图 2　北部湾北部海域春季和夏季表层 TDN 的含量平面分布

2.2 总溶解态无机氮(DIN)分布

2011 年春季,北部湾北部海域表层海水 DIN 浓度均值为(7.33 ± 11.22) μmol/L,变化范围为 0.554 ~ 39.232 μmol/L,相较夏季表层海水的 DIN 浓度高[均值(2.35 ± 2.96) μmol/L,变化范围为 0.344 ~ 13.583 μmol/L](见表1)。由图3可知,春季 DIN 浓度的高值区在海南岛的西北部海域,有两个站点的含量已达富营养化状态,向北逐渐降低;夏季 DIN 浓度在研究区域中部的一个站位出现高值,达 13.583 μmol/L,然后向四周逐渐降低,在雷州半岛中部至琼州海峡的沿岸海域也呈现较高浓度的 DIN。春夏两季均有部分站点 DIN 的含量低于 1 μmol/L,即浮游植物生长所需的无机氮阈值[5]。

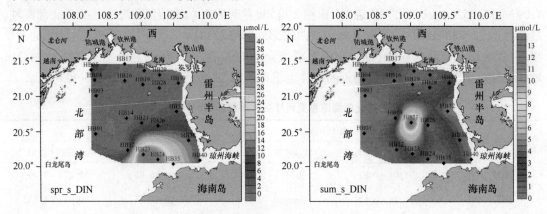

图3 北部湾北部海域春季和夏季表层 DIN 的含量平面分布图

由表1可知,春季北部湾北部海域表层海水中的 $NO_2^- - N$ 和 $NO_3^- - N$ 浓度均高于夏季,而 $NH_4^+ - N$ 的浓度春夏两季差异不大。如图4所示,除了夏季 $NO_3^- - N$ 的表层高值区在研究区域中部外,其他形态的溶解态氮的高值区均在沿岸海域,可能与陆地径流有关。春季,三种形态的溶解氮的高值区主要是在雷州半岛至海南岛区域的沿岸海域,然后向中部逐渐递减,与春季表层水温低值区一致,$NO_2^- - N$ 可能是受琼州海峡东部水系的影响,$NO_3^- - N$ 与海南岛西北部沿岸海域的排放有关,其中 $NO_3^- - N$ 含量在调查区域中部低于检测限,这可能与该区域生物的吸收大于外源的输入,但是在海南岛西北部海域达到 37.876 μmol/L 的高值,呈富营养化状态;夏季,$NO_2^- - N$ 的高值区位于雷州半岛中部沿岸海域,然后自西逐渐递减,$NH_4^+ - N$ 高值区在海南岛西北部海域,另外在雷州半岛靠近英罗港处有较高值区,并向中部递减。

2.3 总溶解有机氮(DON)分布

由表1及图5可知,春季北部湾北部海域表层海水 DON 浓度均值为(16.77 ± 17.44) μmol/L,变化范围为 1.063 ~ 71.771 μmol/L,其高值区出现在海南岛西北部海域,最高值达 71.771 μmol/L,其趋势与春季 TDN 浓度分布一致,在英罗港和钦州港附近海域存在低值区。夏季表层海水的 DON 浓度均值为(9.17 ± 4.13) μmol/L,变化范围为 0.368 ~ 15.031 μmol/L,其含量明显低于春季。夏季 DON 高值区主要位于北部湾中部,与 TDN 的分布较一致,可能是受外海水团的影响,其低值区位于调查区域中部、雷州半岛中部沿岸海域及北海至钦州港附近海域。

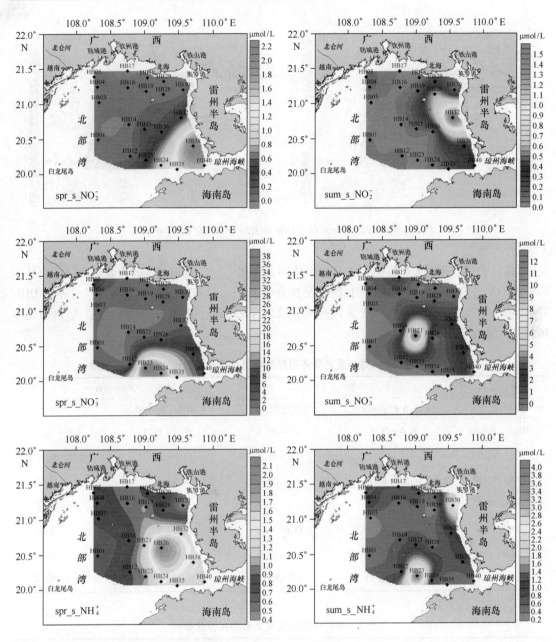

图 4 北部湾北部海域春季和夏季表层 $NO_2^- - N$、$NO_3^- - N$ 和 $NH_4^+ - N$ 的含量平面分布

2.4 溶解氮各形态之间的浓度比例和相关性分析

春季 TDN/TN 的均值为 58.0% ± 28.72%，夏季则为 69.0% ± 23.23%，可见，TN 的主要形态为溶解态。春季 DIN 与 TDN 比值均值为 26.8% ± 18.15%，范围为 5.3% ~ 56.4%，DON/TDN 均值为 73.2% ± 18.15%，范围为 43.6% ~ 94.7%。夏季 DIN 与 TDN 比值均值为 21.4% ± 23.27%，范围为 3.6% ~ 97.4%，DON/TDN 均值为 78.6% ± 23.27%，范围为 2.6% ~ 96.4%（见表 2）。春夏两季，DON 占 TDN 的比例均超过 50%，与夏季长江口及附近海域的组成比例相似[6]。在表层水体中部分站位的 DIN 的含量比较低，而此时 DON 的含量仍然比较

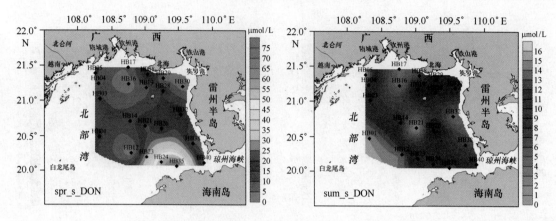

图5　北部湾北部海域春季和夏季表层 DON 的含量平面分布

高,通常认为水体中的 ON 可能主要来自生物固氮作用[7]。Capone 等认为,表层水体中有将近50% 的 ON 是来自生物固氮作用的,特别是在寡营养的海区有着重要的作用[8,9]。春季 DIN/TN 均值为 22.1% ± 23.78% ,变化范围为 3.2% ~ 93.0% ,夏季 DIN/TN 均值为 14.9% ± 16.24% ,变化范围为 2.2% ~ 58.1% 。

表2　北部湾北部海域春夏两季不同形态溶解氮所占百分比均值和变化范围

航次时间	2011 - 04		2011 - 08	
各种形态比值	平均值 ± 标准偏差	变化范围(%)	平均值 ± 标准偏差	变化范围(%)
$NH_4^+ - N/DIN$	44.0 ± 26.32	2.5 ~ 77.4	59.3 ± 29.73	7.0 ~ 98.0
$NO_2^- - N/DIN$	5.6 ± 5.04	0.4 ~ 18.4	12.1 ± 12.52	0.8 ~ 46.5
$NO_3^- - N/DIN$	50.4 ± 25.5	17.3 ~ 96.5	28.6 ± 28.72	1.1 ~ 92.2
DIN/TDN	26.8 ± 18.15	5.3 ~ 56.4	21.4 ± 23.27	3.6 ~ 97.4
DON/TDN	73.2 ± 18.15	43.6 ~ 94.7	78.6 ± 23.27	2.6 ~ 96.4
DIN/TN	22.1 ± 23.78	3.2 ~ 93.0	14.9 ± 16.24	2.2 ~ 58.1
TDN/TN	58.0 ± 28.72	8.7 ~ 98.2	69.0 ± 23.23	23.9 ~ 98.4

表3　不同形态溶解氮之间相关性分析

不同形态氮	$NO_2^- - N$	$NO_3^- - N$	$NH_4^+ - N$	DIN	TDN	DON
$NO_2^- - N$	1					
$NO_3^- - N$	0.272 * *	1				
$NH_4^+ - N$	0.171	0.162	1			
DIN	0.363 * *	0.991 * *	0.265 * *	1		
TDN	0.259 * *	0.876 * *	0.174	0.873 * *	1	
DON	0.130	0.628 * *	0.071	0.616 * *	0.922 * *	1

* * 表示在 0.01 水平(双侧)上显著相关。

春季 $NO_2^- - N$ 均值为 (0.38 ± 0.62) μmol/L,含量范围为未检出 ~ 2.189 μmol/L,占 DIN 比例为 5.6% ± 5.04%;$NO_3^- - N$ 均值为 (5.94 ± 10.82) μmol/L,含量范围为 0.096 ~ 37.876 μmol/L,占 DIN 比例为 50.4% ± 25.5%;$NH_4^+ - N$ 均值为 (1.01 ± 0.37) μmol/L,含量范围为 0.417 ~ 2.089 μmol/L,占 DIN 比例为 44.0% ± 26.32%(见表1和表2)。显然,春季北部湾表层水体中的溶解态无机氮 $NH_4^+ - N$ 和 $NO_3^- - N$ 占优势,其中 $NO_3^- - N$ 所占比例略高于 $NH_4^+ - N$,$NO_2^- - N$ 所占比例最低。

夏季 $NO_2^- - N$ 均值为 (0.21 ± 0.34) μmol/L,含量范围为 0.035 ~ 1.532 μmol/L,占 DIN 比例为 12.1% ± 12.52%,与春季相比,比例有所提高;$NO_3^- - N$ 均值为 (1.26 ± 2.81) μmol/L,含量范围为未检出 ~ 12.521 μmol/L,占 DIN 比例为 28.6% ± 28.72%,所占比例相较春季有所降低;$NH_4^+ - N$ 均值为 (0.91 ± 0.85) μmol/L,含量范围为 0.273 ~ 3.999 μmol/L,占 DIN 比例为 59.3% ± 29.73%(见表1和表2),该比例与夏季大鹏湾海水中无机氮各形态组成比例相似[10]。夏季北部湾表层水体中的溶解态无机氮所占比例由大到小依次为 $NH_4^+ - N$、$NO_3^- - N$、$NO_2^- - N$,显然以 $NH_4^+ - N$ 为主,且与春季相比,夏季三种形态的溶解态无机氮的浓度均降低,与春季浮游植物开始生长,吸收营养盐,至夏季达到旺盛时期有关。

由表3可知,不同形态的溶解氮之间,$NO_3^- - N$、DIN 和 TDN 之间呈极显著正相关($p < 0.01, n = 125$),其中 $NO_3^- - N$ 与 DIN 的相关系数为 0.991,与 TDN 的相关系数为 0.876。DIN 和 DON 均与 TDN 呈极显著正相关,相关系数分别为 0.873 和 0.922($p < 0.01, n = 125$),$NO_2^- - N$ 和 $NO_3^- - N$ 之间呈显著正相关($p < 0.01, n = 125$),表明它们有同样的来源和消耗过程。

2.5 与环境因子的相关性分析

表4所示的是经 SPSS16.0 两两相关分析的结果,主要是不同形态溶解氮与水温(T)、盐度(S)、溶解氧(DO)、悬浮颗粒物(SS)、叶绿素 a(Chl a)、活性硅酸盐(DSi)和活性磷酸盐(SRP)之间的关系。

春季,$NO_2^- - N$ 和 $NH_4^+ - N$ 与水温之间呈极显著负相关($p < 0.01, n = 63$),这可能与春季北部湾受"冷水团"影响较大有关。由于北部湾北部海域水体混合较好,盐度变化不大,因此溶解氮与盐度没有很好的相关性,仅春季的 TDN 和 DON 与盐度呈显著负相关($p < 0.05, n = 63$),说明还是有受到沿岸径流输入的影响。春、夏季的 $NO_2^- - N$ 和夏季的 DIN 均与 DO 呈极显著负相关($p < 0.01, n = 62 ~ 63$),春季的 $NH_4^+ - N$ 与 DO 呈显著负相关($p < 0.05, n = 63$),这与浮游植物的光合作用有关。

夏季的 $NO_2^- - N$ 与 DIN 与 SS 存在极显著正相关关系($p < 0.01, n = 62$),春季则不存在明显相关性。春季的 $NO_3^- - N$ 和 DIN 与 Chl a 之间呈极显著负相关($p < 0.01, n = 62$),春季的 TDN 及夏季的 TDN 和 DON 与 Chl a 之间呈显著负相关($p < 0.05, n = 62 ~ 63$),说明浮游植物的生长消耗对营养盐含量有所影响。春季的 $NO_2^- - N$ 与 DSi 和 SRP 之间均呈极显著正相关($p < 0.01, n = 63$),其他形态的溶解氮无明显相关性。夏季的 $NO_2^- - N$ 和 DIN 与 DSi 存在极显著正相关关系($p < 0.01, n = 62$),且与 SRP 存在显著正相关关系($p < 0.05, n = 62$)。这说明溶解态无机氮与 DSi 和 SRP 有着相似的来源和消耗过程[11]。

表4　不同形态溶解氮与生态环境因子相关性分析

调查时间	不同形态的氮	T	S	DO	SS	Chl a	DSi	SRP
2011-04 n=63	$NO_2^- - N$	-0.556**	-0.129	-0.531**	0.120	-0.134	0.367**	0.729**
	$NO_3^- - N$	-0.117	-0.220	-0.046	-0.138	-0.330**	0.006	0.059
	$NH_4^+ - N$	-0.376**	-0.113	-0.275*	-0.080	0.018	0.021	0.236
	DIN	-0.166	-0.225	0.091	-0.128	-0.325**	0.030	0.115
	TDN	-0.077	-0.284*	0.041	-0.105	-0.266*	-0.019	0.035
	DON	0.010	-0.287*	0.144	-0.069	-0.174	-0.057	-0.036
2011-08 n=62	$NO_2^- - N$	-0.064	-0.014	-0.826**	0.213	0.114	0.462**	0.321*
	$NO_3^- - N$	-0.081	0.143	-0.189	0.370**	-0.053	0.119	0.218
	$NH_4^+ - N$	-0.149	0.067	-0.171	-0.021	0.201	0.244	0.018
	DIN	-0.142	0.134	-0.464**	0.345**	0.073	0.328**	0.274*
	TDN	-0.053	-0.044	-0.086	0.151	-0.256*	-0.054	-0.011
	DON	0.016	-0.110	0.140	-0.017	-0.292*	-0.214	-0.145

＊＊表示在0.01水平(双侧)上显著相关。

＊表示在0.05水平(双侧)上显著相关。

2.6　与其他海域的比较

表5所示的是其他海域表层海水溶解态无机氮的含量,北部湾北部海域表层海水的 $NO_2^- - N$ 含量高于长江口、大鹏湾及南海,低于胶州湾; $NH_4^+ - N$ 含量高于大鹏湾,低于其他海域; $NO_3^- - N$ 含量仅高于长江口及浙江近岸海域。北部湾北部海域表层海水的DIN含量并不高,仅高于大鹏湾和三娘湾,但相较2006和2007年广西近海的调查数据,2011年该区域的DIN含量有所升高。根据2007年、2010年和2011年广西海洋环境质量公报可知[12~14],2007年广西5条主要入海河流主要入海污染物总量为156 864.6 t,其中营养盐为8 572 t,2010年河流入海污染物总量为339 838 t,其中营养盐为11 431 t,2011年河流入海污染物总量为363 704 t,其中营养盐为6 767 t,另外,2010年广西入海排污口超标率100%,2011年工业排污口超标率75%,市政排污口超标率95%,其主要污染物之一为营养盐。因此,2011年该海域的DIN含量升高可能与周边地区经济发展导致的工业废水和生活污水的排放量增加有关。

表5　与其他海域的比较

海域	$NO_2^- - N(\mu mol/L)$	$NO_3^- - N(\mu mol/L)$	$NH_4^+ - N(\mu mol/L)$	DIN($\mu mol/L$)	调查时间
长江口及浙江近岸海域[6]	0.17±0.29	14.6±17.4	0.43±0.84	15.2±17.3	2008-07—08
	0.29±0.29	31.4±26.6	0.38±0.46	32.1±26.6	2009-04—05
胶州湾[15]	0.637	8.674	6.171	15.486	2003 春
	1.5	6.482	5.527	13.509	2003 夏
大鹏湾[10]	0.14±0.21	0.86±1.57	2.93±2.93	3.93	1998—2007-04
	0.14±0.43	0.50±0.86	2.93±2.29	2.64	1998—2007-08
南海[11]	0.05	12.87	1.34	14.22	1998-06—07

续表

海域	$NO_2^- - N(\mu mol/L)$	$NO_3^- - N(\mu mol/L)$	$NH_4^+ - N(\mu mol/L)$	$DIN(\mu mol/L)$	调查时间
深圳湾[16]	—	—	—	150.00	1986—2007
北海湾[17]	—	—	—	26.06	1999 – 04
钦州湾[18]	—	—	—	42.54	1999 – 05
铁山港[19]	—	—	—	5.42	2003—2010 春
	—	—	—	12.49	2003—2010 夏
三娘湾[20]	—	—	—	2.85	2000 – 03
广西近海[2]	—	—	—	3.16	2006 – 07
	—	—	—	2.96	2007 – 04
本研究	0.38 ± 0.62	5.94 ± 10.82	1.01 ± 0.37	7.33 ± 11.22	2011 – 04
	0.21 ± 0.34	1.26 ± 2.81	0.91 ± 0.85	2.35 ± 2.96	2011 – 08

3 结论

(1)各种形态溶解态氮的高值区基本出现在陆地沿岸海域,主要是个别站点的含量较高。春季表层海水的溶解态氮高值区主要是在海南岛西北部海域,向北逐渐降低;夏季表层海水的 TDN 和 DON 高值区主要在北部湾中部海域,三种形态的溶解无机氮的高值区主要在近岸海域。

(2)2011 年春季北部湾北部海域表层海水 TDN 浓度均值为(24.10 ± 26.57)$\mu mol/L$,夏季均值为(11.54 ± 3.30)$\mu mol/L$,春季表层海水 DIN 浓度均值为(7.33 ± 11.22)$\mu mol/L$,夏季均值为(2.35 ± 2.96)$\mu mol/L$,春季 $NO_2^- - N$、$NO_3^- - N$ 和 $NH_4^+ - N$ 含量均值分别为(0.38 ± 0.62)$\mu mol/L$、(5.94 ± 10.82)$\mu mol/L$ 和(1.01 ± 0.37)$\mu mol/L$,夏季 $NO_2^- - N$、$NO_3^- - N$ 和 $NH_4^+ - N$ 含量均值分别为(0.21 ± 0.34)$\mu mol/L$、(1.26 ± 2.81)$\mu mol/L$ 和(0.91 ± 0.85)$\mu mol/L$。春季各种形态溶解态氮含量均高于夏季,主要与生物活动过程有关。与其他海域比较,北部湾北部海域表层水体中的溶解态氮含量处于较低的水平,但相较 2006 和 2007 年的调查数据,该区域溶解态氮的含量有所上升。

(3)春夏两季,北部湾北部海域表层海水中 DIN 的主要形态为 $NH_4^+ - N$ 和 $NO_3^- - N$,超过 50%,其中春季各种形态溶解无机氮占 DIN 的比例由大到小依次为 $NO_3^- - N$、$NH_4^+ - N$、$NO_2^- - N$,夏季的 $NO_3^- - N$ 比例则有所降低,由大到小依次为 $NH_4^+ - N$、$NO_3^- - N$、$NO_2^- - N$。TN 的形态以 TDN 为主,超过 55%,而 TDN 的形态以 DON 为主,超过 70%。不同形态的溶解氮之间,$NO_3^- - N$、DIN 和 TDN 之间呈极显著正相关,DIN 和 DON 均与 TDN 呈极显著正相关,$NO_2^- - N$ 和 $NO_3^- - N$ 之间呈显著正相关。

(4)不同形态的溶解氮与环境因子之间,其中 $NO_2^- - N$ 与 DSi 和 SRP 之间呈显著正相关,与 DO 呈显著负相关。春季的 $NO_2^- - N$ 和 $NH_4^+ - N$ 与水温之间呈极显著负相关,TDN 和 DON 与盐度呈显著负相关,夏季溶解氮与温盐的相关性并不显著。春季的 $NO_3^- - N$、DIN 和 TDN 及夏季的 TDN 和 DON 与 Chl a 之间呈显著负相关,夏季的 $NO_2^- - N$ 与 DIN 与 SS 存在极显著正相关关系,春季则不存在明显相关性。

致谢：感谢"天鹰"号和"天龙"号调查船船长和船员以及考察队其他成员在现场调查和样品采集和测定时所给予的帮助和支持！

参 考 文 献

[1] 韦蔓新，何本茂. 北部湾北部沿海硝酸盐含量分布的初步探讨[J]. 海洋科学，1988，(4)：46-52.

[2] 辛明，王保栋，孙霞，等. 广西近海营养盐的时空分布特征[J]. 海洋科学，2010，34(9)：5-9.

[3] 陈波. 北部湾水系形成及其性质的初步探讨[J]. 广西科学院学报，1986，2(2)：92-95.

[4] GB17378.4-1998. 海洋监测规范第4部分：海水分析[S].

[5] Justic D, Rabalais N N, Turner R E, et al. Changes in nutrient structure of river-dominated coastal waters: stoichiometric nutrient balance and its consequences [J]. Estuarine, Coastal and Shelf Science, 1995, 40: 339-356.

[6] 王益鸣，吴烨飞，王键，等. 浙江近岸海域表层沉积物中氮的存在形态及其含量的分布特征[J]. 台湾海峡，2012，31(3)：345-352.

[7] 倪建宇，刘小骐，赵宏樵，等. 北太平洋中低纬度海区水体中营养盐的分布特征[J]. 海洋地质与第四纪地质，2011，31(2)：11-19.

[8] Capone D G, Burns J A, Montora J P, et al. Nitrogen fixation by *Trichodesmium spp.* : An important source of new nitrogen to the tropical and subtropical North Atlantic Ocean [J]. Global Biogeochem. Cycles, 2005, 19, GB2024, doi: 10. 1029/2004GB002331.

[9] Karl D, Letelier R, Tupas L, et al. The role of nitrogen fixation in biogeochemical cycling in the subtropical North Pacific Ocean [J]. Nature, 1997, 388: 533-538.

[10] 周凯，李绪录，夏华永. 大鹏湾海水中各形态无机氮的分布变化[J]. 热带海洋学报，2011，30(3)：105-111.

[11] 郭水伙. 南海水体三项无机氮含量的垂直变化特征及其他环境要素的相关性[J]. 台湾海峡，2009，28(1)：71-76.

[12] 广西壮族自治区海洋局. 广西壮族自治区2007年海洋环境质量公报. 2008.2.

[13] 广西壮族自治区海洋局. 广西壮族自治区2010年海洋环境质量公报. 2011.1.

[14] 广西壮族自治区海洋局. 广西壮族自治区2011年海洋环境质量公报. 2012.5.

[15] 孙丕喜，王宗灵，战闰，等. 胶州湾海水中无机氮的分布与富营养化研究[J]. 海洋科学进展，2005，23(4)：466-471.

[16] 孙金水，王伟，雷立，等. 深圳湾海域氮磷营养盐变化及富营养化特征[J]. 北京大学学报(自然科学版)，2010，46(6)：960-964.

[17] 韦蔓新，童万平，何本茂，等. 北海湾无机氮的分布及其与环境因子的关系[J]. 海洋环境科学，2000，19(2)：25-29.

[18] 韦蔓新，童万平，赖延和，等. 钦州湾内湾贝类养殖海区水环境特征及营养状况初探[J]. 黄渤海海洋，2011，19(4)：51-55.

[19] 蓝文陆，彭小燕. 2003~2010年铁山港湾营养盐的变化特征[J]. 广西科学，2011，18(4)：380-384,391.

[20] 韦蔓新，赖延和，何本茂. 钦州三娘湾营养盐的分布及其化学特性[J]. 广西科学，2011，8(4)：291-294.

The contents and distributions characteristic of dissolved nitrogen in north waters of Beibu Gulf

WU Min – lan, ZHENG Ai – rong*, LI Yue – han, MA Chun – yu, FANG Zai – ming

(*College of Ocean and Earth Sciences, Xiamen University, Xiamen 361005, P. R. China*)

Abstract: According to the data from cruises in April and August, 2011 in the north waters of Beibu Gulf, we studied the content and distribution characteristics of different dissolved nitrogen forms and analyzed the relationship between dissolved nitrogen and environmental factors. We found that dissolved nitrogen were high in the coastal area. The results showed that in the surface water the main form was $NH_4^+ - N$ and $NO_3^- - N$ in DIN, and their percent were above 50% in spring and summer, hereinto the proportion of $NO_3^- - N$ reduced slightly in summer. The percent of TDN in TN was the highest, more than 55%, in addition, the main form in TDN was DON, and its proportion was higher than 70%. The content of all forms dissolved nitrogen in spring were higher than in summer, and this related to biological activities. The content and distribution of dissolved nitrogen in the north waters of Beibu Gulf are mainly influenced integrate by the biological processes, terrestrial runoff, the flow of the South China Sea Warm Current and water from the eastern Qiongzhou Strait.

Key words: dissolved nitrogen; content; distribution; Beibu Gulf

北部湾铵盐含量的分布特征与季节变化[*]

郑立东[1]   郑爱榕[2]

(1. 余姚市海洋与渔业局,浙江余姚 315400;2. 厦门大学海洋与地球学院,福建厦门 361005)

摘要:利用 2006 年 7 月(夏季)和 12 月(冬季)、2007 年 4 月(春季)和 10 月(秋季)ST09 区块"908 专项"4 个航次的调查结果,研究北部湾铵盐含量的分布与季节变化特征。结果表明:北部湾的铵盐含量较低,其分布趋势表现为高值比较分散,不同水层分布差异也较大。总体上,含量夏秋季大于冬春季,区域分布在冬季南北部含量差异不大,其余季节北高南低。

关键词:北部湾;铵盐;分布特征;季节变化

1   前言

北部湾(又称东京湾)位于西太平洋南中国海大陆架的西北部,是一个天然的半封闭浅海湾,三面被陆地和岛屿环绕,西向凸出、湾口朝南呈扇形[1]。海水中的铵盐包括 NH_4^+、NH_3 和部分游离的氨基酸氮。铵氮是海水生源要素之一,能够被浮游植物优先吸收,它的浓度是海区营养贫富的重要指标之一。NH_3 浓度过高,对水生生物有毒害作用,因此也是环境污染的一个重要参数。铵氮($NH_4^+ - N$)是海水中溶解无机氮的重要组分之一,其含量受生物的新陈代谢、硝酸盐及亚硝酸盐的还原、海 - 气界面及海水 - 沉积物界面之间的交换等多种过程的影响[2,3]。本文研究北部湾铵盐含量的分布特征与季节变化,旨在较为系统的认识和揭示北部湾铵盐含量的分布特征、季节变化,为研究北部湾海洋营养盐结构、生态系统研究以及海洋资源合理开发和持续利用提供科学依据。

2   材料和方法

2.1   水样采集。水样采集按照《我国近海海洋综合调查与评价专项—海洋化学调查技术规程》(以下简称调查技术规程)规定的标准层次采集表层、5 m/10 m、30 m 和底层水样[4,5],用美国 Seabird 仪器公司的 SBE917 温盐深剖面仪所附的 8 L 葵式 Go - flo 采水器采水。北部湾海水透明度大体上以白龙尾岛为中心呈闭合等值线分布,海湾中部透明度约 14 m

*收稿日期:20120510,修订日期:20120513。

基金项目:国家 908 专项(9082012ST09)。

作者简介:郑立东(1981—),男,浙江余姚市人,硕士研究生,主要从事海洋化学研究。

通讯作者:郑爱榕,E - mail: arzheng@ xmu. edu. cn。

左右,并顺次向岸边递减至 2 m 左右的特点,以及有文献报道湾中部某观测站表层和 10 m 层的水温变化趋势一致的特点[6]。为此,本文将水深 5 m 层和水深 10 m 层作为次表层进行统计分析,在讨论区域分布时,将北部湾分为湾顶区域(B 区)、湾中部(J 区)和湾口部(H 区)进行统计分析。在"908 专项"ST09 区块调查中,海水化学布设 76 个站位,分表层、次表层、30 m 和底层采样。每个航次均按实施方案完成所有站位的铵盐分析任务。4 个航次获取的数据量分别为 266、265、280 和 270,共获取数据 1 081 个。

2.2 测定方法。按照《调查技术规程》用次溴酸盐氧化法在海上调查船实验室现场测定。

2.3 调查时间。夏季航次,2006 年 7 月 12 日至 2006 年 8 月 10 日;冬季航次,2006 年 12 月 20 日至 2007 年 2 月 1 日;春季航次,2007 年 4 月 11 日至 2007 年 5 月 5 日;秋季航次,2007 年 10 月 11 日至 2007 年 11 月 8 日。

3 结果

3.1 铵盐含量特征

铵盐含量不同季节不同水层含量统计结果见表 1。结果表明,铵盐测值范围为在低于检出限 ~0.027 mg/L 之间,主要特征北部湾的铵盐含量较低,夏秋季大于冬春季,不同季节不同水层差异也较大。

表 1 北部湾海水四个航次铵盐含量分析结果统计数据　　　　　　　单位:mg/L

层次	夏季 2006-07—2006-08		冬季 2006-12—2007-02		春季 2007-04—2007-05		秋季 2007-01—2007-11	
	量值范围	平均值	量值范围	平均值	量值范围	平均值	量值范围	平均值
表层	ND ~0.019	0.005	ND ~0.011	0.004	ND ~0.015	0.003	ND ~0.023	0.006
10 m	ND ~0.013	0.005	ND ~0.023	0.004	ND ~0.027	0.003	ND ~0.020	0.005
30 m	ND ~0.015	0.004	ND ~0.012	0.004	ND ~0.013	0.002	0.001 ~0.019	0.006
底层	ND ~0.025	0.007	ND ~0.013	0.005	ND ~0.022	0.003	ND ~0.025	0.007
整个水体	ND ~0.025	0.006	ND ~0.023	0.004	ND ~0.027	0.003	ND ~0.025	0.006

注:ND 表示数据未检测。

3.2 铵盐含量各季时空变化特征

3.2.1 夏季

1)平面分布(图 1)

表层　铵盐测值范围在低于检出限 ~0.019 mg/L 之间,调查海域铵盐平均值为 0.005 mg/L。高值中心在北海市东侧、白龙尾岛北侧以及八所近岸的 J51 站。

10 m 层　铵盐测值范围在低于检出限 ~0.013 mg/L 之间,调查海域铵盐平均值为 0.005 mg/L。高值出现在北海市附近海域,低值分布在海南岛西侧及南侧远岸站位。

30 m 层　铵盐测值范围在低于检出限 ~0.015 mg/L 之间,调查海域铵盐平均值为 0.004 mg/L。高值中心在白龙尾岛东南侧,低值分布在海南岛西侧及南侧远岸站位。

　　底层　铵盐测值范围在低于检出限 ~ 0.025 mg/L 之间,调查海域铵盐平均值为 0.007 mg/L。高值出现在北海市附近海域,低值分布在海南岛西侧及南侧大部分海区。

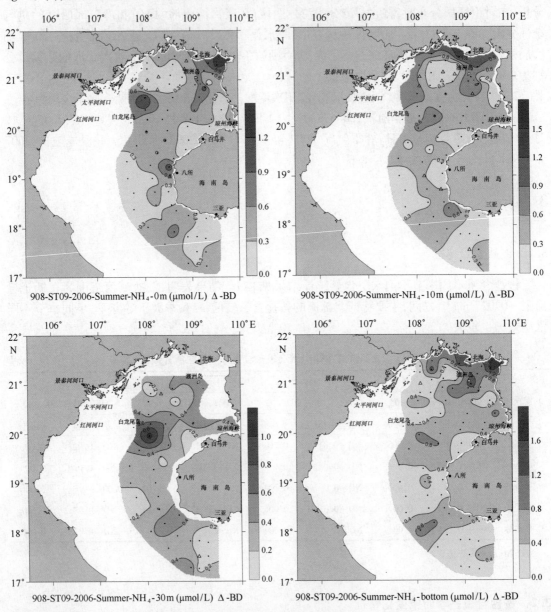

图 1　北部湾夏季航次海水铵盐浓度平面分布

　　夏季铵盐的分布,高值区非常分散,分别有表层、10 m 层、底层的雷州半岛北部高值区;表层、30 m 层的白龙尾岛附近高值区;表层的八所附近高值区以及表层、10 m 层和底层的海南岛西南较高值区。底层在海南岛南部大水深的站点浓度较其他海域要低,并没有出现高值。

　　总体趋势表现为北高南低,高值在整个湾内分布较分散,浅层和深层分布较一致。

　　2)断面分布(图 2)

　　B15 ~ B21 断面　近岸站位中层有明显的高值,最远岸站位底层有较高值,向其余区域递减,表层均为低值区。

J16～J23 断面 断面中部偏西的中层站位有高值,依次向表层、底层以及琼州海峡方向递减。低值区在表层以及断面最西端的底层站位。

H17～J82 断面 该断面出现 3 个较高值区域,分别在远岸站位的表层、中部底层以及近岸站位的底层。断面中部的中层站位浓度最低。

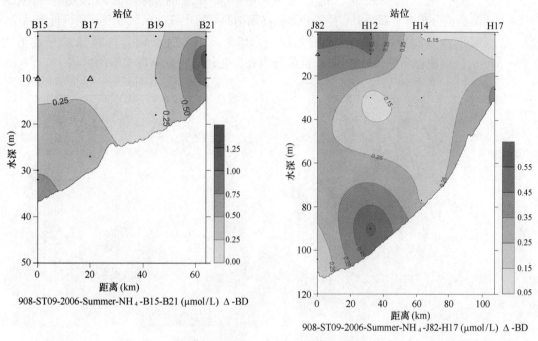

908-ST09-2006-Summer-NH₄-B15-B21 (μmol/L) Δ-BD

908-ST09-2006-Summer-NH₄-J82-H17 (μmol/L) Δ-BD

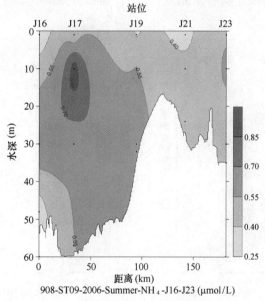

908-ST09-2006-Summer-NH₄-J16-J23 (μmol/L)

图 2　北部湾夏季航次海水铵盐浓度典型断面分布

3）垂直分布

夏季的铵盐垂直分布的各类型比较平均,其中表层至底层浓度依次增大的Ⅱ型,约占总站位数的 17%;表层至底层浓度依次减小的Ⅰ型占 17% 左右;中层最大的和中层比表底层都小的其他型分别占总站位数的21%和25%。

3.2.2 冬季

1）平面分布（图3）

表层 铵盐测值范围在低于检出限~0.011 mg/L之间，调查海域铵盐平均值为0.004 mg/L。高值分布湾北部的中心位置和海南岛西南侧靠近中线的区域以及八所港近岸站位。

10 m层 铵盐测值范围在低于检出限~0.023 mg/L之间，调查海域铵盐平均值为0.004 mg/L。高值中心在琼州海峡西口，低值分布在白龙尾岛附近靠近中线的区域。

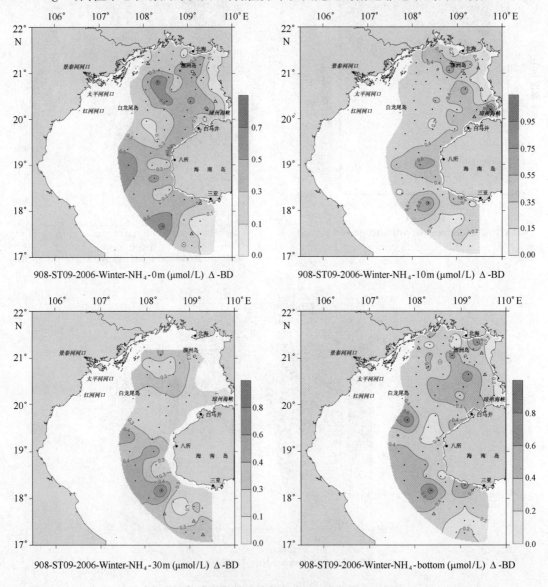

图3 北部湾冬季航次海水铵盐浓度平面分布

30 m层 铵盐测值范围在低于检出限~0.012 mg/L之间，调查海域铵盐平均值为0.004 mg/L。高值分布于海南岛西南侧靠近中线的区域，低值中心在海南岛南侧远岸站位。

底层 铵盐测值范围在低于检出限~0.013 mg/L之间，调查海域铵盐平均值为

0.005 mg/L。高值分布于北海市东侧、涠洲岛附近、白龙尾岛南侧以及海南岛西南侧,低值中心在海南岛南侧远岸站位。

冬季铵盐的分布特点是4层的分布趋势基本一致,各层在海南岛西南靠近湾中线的海区都有大范围的高值,其中10 m层的该高值区域不太明显。表层特有的高值区域在涠洲岛和白龙尾岛连线的中点处。10 m层在琼州海峡西口有个范围较小的高值区,这在其余各层没有发现。

总体表现为湾内平面分布较均匀,近岸较低远岸较高。4层的分布趋势比较一致。

2)断面分布(图4)

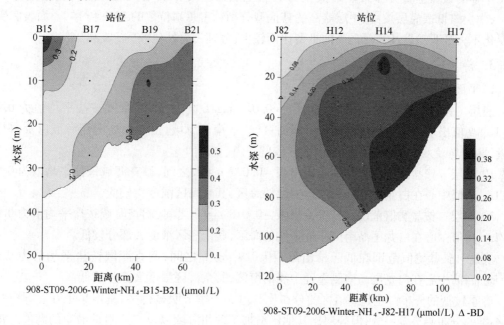

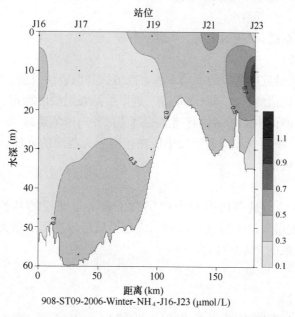

图4　北部湾冬季航次海水铵盐浓度典型断面分布

B15～B21 断面　最远岸的站位表层以及最近岸站位的底层分别存在高值,并向断面中部递减,最远岸站位的底层有低值区。

J16～J23 断面　琼州海峡口的中层有明显的高值区,其余区域的较大值比较分散。

H17～J82 断面　近岸两个站的底层有大范围的高值区并向表层及远岸递减。

远岸站位的表层及底层浓度最低。

3)垂直分布

冬季的铵盐垂直分布最多的类型为表层至底层浓度依次增大的Ⅱ型约占总站位数的41%;中层略低表底层较高、中层略高的其他型分别约占总站位数的18%和14%,而表底层浓度变化不大的Ⅲ型以及表层最高的Ⅰ型比例较少,分别占总站位数的5%和9%。

3.2.3　春季

1)平面分布(图5)

表层　铵盐测值范围在低于检出限～0.015 mg/L 之间,调查海域铵盐平均值为 0.003 mg/L。高值出现在湾顶中线附近和沿岸海区、三亚南侧海域、白龙尾岛南侧海域以及白马井附近,涠洲岛及八所港连线附近海区浓度较低。

10 m 层　铵盐测值范围在低于检出限～0.027 mg/L 之间,调查海域铵盐平均值为 0.003 mg/L。高值中心在白龙尾岛南侧靠近中线的海区,其余海区浓度均较低。

30 m 层　铵盐测值范围在低于检出限～0.013 mg/L 之间,调查海域铵盐平均值为 0.002 mg/L。高值中心在白龙尾岛南侧靠近中线的海区,其余海区浓度大部分较低。

底层　铵盐测值范围在低于检出限～0.029 mg/L 之间,调查海域铵盐平均值为 0.003 mg/L。高值中心在白龙尾岛南侧靠近中线的海区,其余海区浓度大部分较低。

春季铵盐的分布特点是高值区的分布比其他3个季节明显得多,基本集中在北部中线附近,4 层的分布趋势较一致,但表层比其他层增加了琼州海峡以及三亚附近沿岸的高值。雷州半岛西侧的大部分海区为低值区。

总体表现为西高东低,中线附近高。4 层分布较一致。

2)断面分布(图6)

B15～B21 断面　最近岸站位的中层水体有高值区并向表层及底层延伸,该高值区域由该站向远岸迅速递减。等值线基本与海底垂直。远岸数站表层浓度均很低。

J16～J23 断面　断面中部的站位有明显的高值区并向两侧递减,断面西侧数站浓度较低。

H17～J82 断面　断面中部的表层及中层站位有较大范围的高值区,并向底层均匀递减,近岸数站的底层浓度较低。

3)垂直分布

春季的铵盐垂直分布最多的类型为中层高于表层与底层的其他型,约占总站位数的55%;其次为表层浓度最大的Ⅰ型,约占27%;表层至底层浓度依次增大的Ⅱ型和垂直均匀分布的Ⅲ型都占总站位数的9%左右。

3.2.4　秋季

1)平面分布(图7)

表层　铵盐测值范围在低于检出限～0.023 mg/L 之间,调查海域铵盐平均值为 0.006 mg/L。高值分布于湾顶东北部近岸站位,低值分布于白龙尾岛附近、琼州海峡西口以及海南岛西南侧海域。

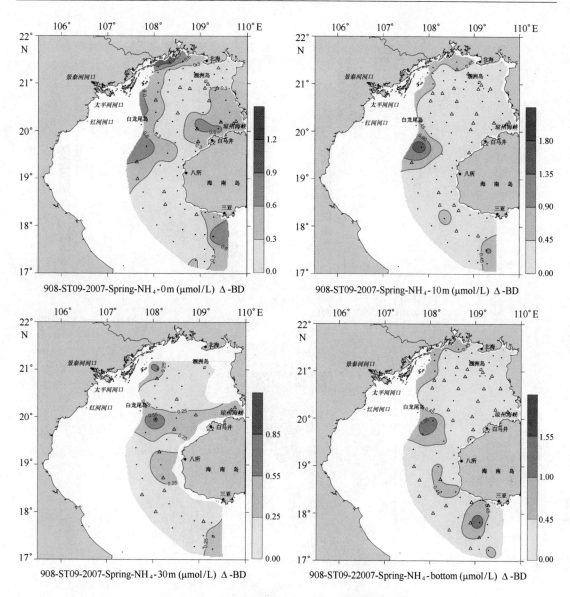

图 5　北部湾春季航次海水铵盐浓度平面分布

10 m 层　铵盐测值范围在低于检出限～0.020 mg/L 之间,调查海域铵盐平均值为 0.005 mg/L。高值中心在北海市西侧近岸站位,海南岛西侧及南侧离岸站位浓度均较低。

30 m 层　铵盐测值范围在 0.001～0.019 mg/L 之间,调查海域铵盐平均值为 0.006 mg/L。高值位于白龙尾岛东侧海区以及海南岛南部水深较大的海区,低值位于雷州半岛以西的大部分海域以及海南岛西南侧海区。

底层　铵盐测值范围在低于检出限～0.025 mg/L 之间,调查海域铵盐平均值为 0.007 mg/L。高值位于北海市西侧近岸站位以及涠洲岛东侧海区,低值中心在琼州海峡西口以及海南岛南部远岸站位。

秋季铵盐的分布特点是 4 层的分布趋势都不相同,10 m 和 30 m 层在白龙尾岛附近有较高值;但该位置的表层和底层则是低值区域。表层、10 m 层、底层的北海附近为高值区,而

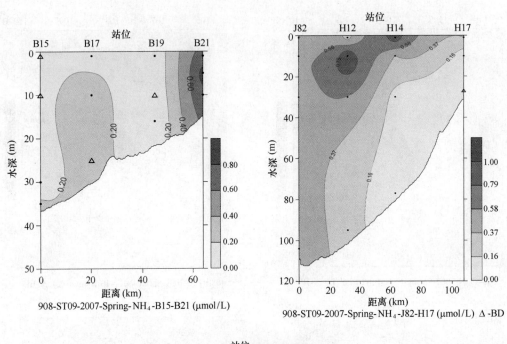

908-ST09-2007-Spring-NH$_4$-B15-B21 (μmol/L)

908-ST09-2007-Spring-NH$_4$-J82-H17 (μmol/L) Δ-BD

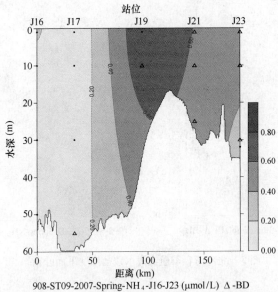

908-ST09-2007-Spring-NH$_4$-J16-J23 (μmol/L) Δ-BD

图 6　北部湾春季航次海水铵盐浓度典型断面分布

30m 层在相同海域为低值区。4 层琼州海峡附近浓度均较低,八所略往北的近岸在 4 层都有较高值。

总体表现为以琼州海峡为界北高南低,琼州海峡以北分布较均匀。

2)断面分布(图 8)

B15～B21 断面　高值在最近岸站的底层,并向远岸递减。较远岸的 B17 站中层也有一个较高值。近岸部分的等值线基本与海底垂直。

J16～J23 断面　整个断面的高值区分布比较分散,高值主要在断面最西侧的中层水体、相邻站位的底层、断面东侧的中层水体以及相邻站位的表层水。低值零星地分布在各站的

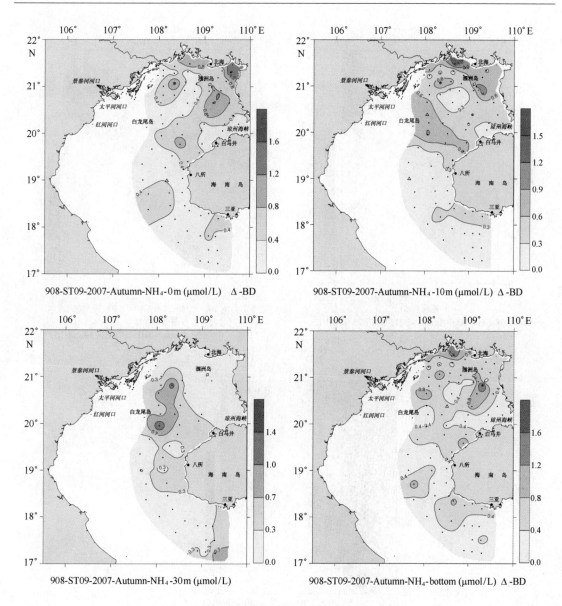

图 7　北部湾秋季航次海水铵盐浓度平面分布

底层。

　　H17～J82 断面　最远岸站位的中层有明显的高值,并向近岸递减。近岸站的表层至底层也有一个较高值区域。最低值在远岸数站的表层。

　　3)垂直分布

　　秋季的铵盐垂直分布的各类型比较平均,其中表层至底层浓度依次增大的Ⅱ型,约占总站位数的 25%;表层浓度最高的Ⅰ型、各层均匀分布的Ⅲ型以及中层浓度略高于表底层的其他型,三者分别占总站位数的 17% 左右;再次为中层略低表底层高的其他型,约占总站位数的 13%。

3.2.5　季节变化特征

　　从湾内不同区域的季节变化来看,铵盐在 B 区的季节变化趋势由大到小依次为秋、夏、

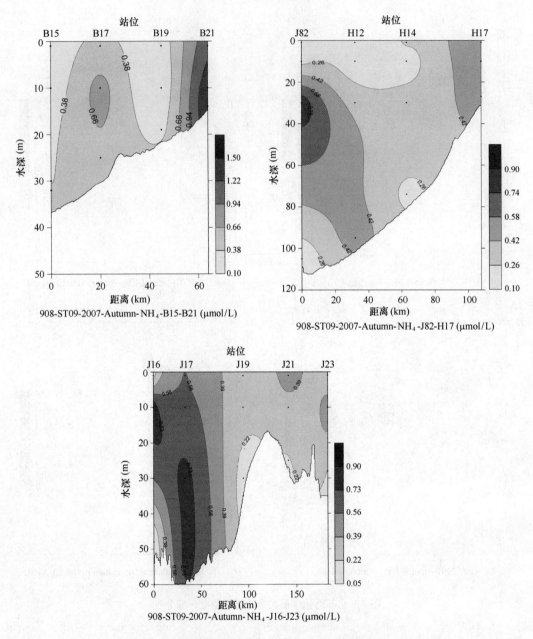

图 8　北部湾秋季航次海水铵盐浓度典型断面分布图

冬、春,J 区为夏、秋、冬、春,H 区为秋、春、夏、冬。

　　从整个调查海区来看,铵盐四季的变化趋势由大到小依次是秋季、夏季、冬季、春季(图 3-1)。铵盐的高值中心分布总体上来说比较分散,其分布趋势表现为高值比较分散,四层分布差异也较大。冬季南北部浓度差异不大,其余季节北高南低夏季,四层的高值主要在北海附近、白龙尾岛附近。

　　秋季表层的高值中心向东移至雷州半岛,而深层的高值中心不变。冬季浅层和深层的高值中心都移到海南岛西侧中线附近区域。春季这个高值区则向北移到白龙尾岛南侧中线附近区域。

4 结论

(1)北部湾铵盐的含量较低,夏秋季大于冬春季,各个季节不同水层分布差异也较大。

(2)从整个调查海区来看,铵盐四季的变化特征,趋势由大到小依次是秋季、夏季、冬季、春季。从不同区域的季节变化来看,铵盐在 B 区的季节变化趋势由大到小依次为秋、夏、冬、春,J 区为夏、秋、冬、春,H 区为秋、春、夏、冬。

(3)铵盐的高值中心分布总体上来说比较分散。夏季 4 个采样层的高值主要在北海附近、白龙尾岛附近;秋季表层的高值中心向东移至雷州半岛,而深层的高值中心不变;冬季浅层和深层的高值中心都移到海南岛西侧中线附近区域;春季这个高值区则向北移到白龙尾岛南侧中线附近区域。

参 考 文 献

[1] 全国海岸带办公室. 中国海岸带海水化学调查报告[M]. 北京:海洋出版社,1990.

[2] 赖利 J. P. ,斯基罗 G. 主编,崔清晨,钱佐国,唐思齐译. 化学海洋学[M]. 北京:海洋出版社,1982.

[3] 郭锦宝. 化学海洋学[M]. 厦门:厦门大学出版社,1997.

[4] 国家海洋局. GB 17378. 4 – 1998:海洋监测规范(海水分析)[S]. 北京:海洋出版社,1998.

[5] 国家海洋局 908 专项办公室. 中国近海海洋综合调查与评价专项—海洋化学调查技术规程[M]. 北京:海洋出版社,2006.

[6] 孙湘平. 中国近海区域海洋[M]. 北京:海洋出版社,2006.

Distribution characteristics and seasonal variations of ammonium salts in the Beibu Gulf

ZHENG LI – dong[1] , ZHENG Ai – rong[2]

(1. *Ocean and Fishery Bureau of Yuyao*, *Yuyao of Zhejiang* 315400, *China*; 2. *Department of Oceanography*, *Xiamen* 316005, *China*)

Abstract: Base on the survey data of ammonium salts in the Beibu Gulf during 2006—2007, distribution characteristics and seasonal variations of ammonium salts were analyzed. The results showed the concentration of ammonium salts in the surveyed area was low, the high value was dispersed, and distribution of different water layer also was quite different. In general, the concentrations of ammonium salts of summer and autumn were higher than that of winter and spring. In winter concentrations of ammonium salts between the north region and south region had little difference, but the rest of the season concentrations of higher in north region than that in south region.

Key words: The Gulf of Tonkin; Ammonium salts; Distribution characteristics; seasonal variations